# はじめて読む数学の歴史



上垣 渉

角川文庫
19934

# はじめに

数学は天文学とともに、最も古い歴史を持っています。古代のエジプト、メソポタミアなどの大河の流域において国家が形成され始めて、灌漑《かんがい》農業生活が営まれるようになり、数学あるいは天文学に関わる諸活動が行われるようになったのです。初期の数学は、農業生活を営む上で欠かせない実用上の問題解決や国家維持のための行政上の諸問題を解決するために形成されていきました。そして、文字や数字によって記録する行為もなされるようになっていったのです。

古代エジプト、メソポタミアの地において発達した数学は、タレスやピュタゴラスなどによって小アジアのイオニア地方、南イタリアの地へもたらされ、実用上の問題解決を超えて、人間の精神的営みへと質的な転換をとげました。その端的な例が「証明」概念の成立です。

地中海世界における数学的活動はギリシア本土へと移行し、さらに、紀元前300年頃から始まるヘレニズム時代に至って、アレクサンドリアにおいて展開されるようになります。この時代は科学史上、最も多産な活動が展開された時期の1つであり、第1次科学革命の時代と位置づけられています。

紀元4世紀になると、古代ギリシアにおける独創的な数学研究は衰退していきますが、主要な研究成果はギリシア文明圏からビザンティン文明圏へ、そしてシリア文明圏へと引き継がれていきます。さらにシリア的ヘレニズム諸科学は、アラビア語訳されてアラビア文明圏へ移入され、アラビア学術文化の勃興《ぼっこう》の時代が始まることになります。

アラビア学術文化は11世紀に黄金時代を迎えますが、この学術文化を今度は西欧世界が摂取することになります。それが12世紀の西欧における大翻訳時代の到来であり、一般には「12世紀ルネッサンス」と呼ばれます。

ムハンマド（マホメット）に始まるイスラム帝国は、アラビア半島から地中海沿岸の北アフリカ地域、そしてイベリア半島にまで及びましたが、12世紀ルネッサンスの中心となったのはカタロニアを含む北東スペインと中央部のトレドを中心とする地域、パレルモを中心とするシチリア島、そして北イタリアなどの地域でした。これらの地域でアラビア語文献やギリシア語文献のラテン語訳が進められていったのです。

これらのラテン語訳を通して、西欧世界に学術文化の華が開花することになります。その中心となったのはイタリア、フランス、ドイツ、そしてイギリスであり、これらの地で、3次、4次方程式の解法、記号代数学の発明、解析幾何学の誕生、確率論の発生などが進行し、ニュートンとライプニッツによる微積分法の発見へと繋《つな》がっていきます。この時代は今日、第2次科学革命の時代と呼ばれています。

一方、東洋に目を向けてみれば、インダス河や黄河《こうが》の流域に早くから文明が誕生し、数学的諸科学が発達していきました。インドではゼロの発見とともに今日の算用数字の原型が発明されましたし、中国では方程式解法や級数など多くの分野で西欧世界に並ぶ研究成果が収められています。

この中国の数学は室町時代末期の日本に輸入されましたが、その数学をもとにして、日本独自の数学が形成されていったのが江戸時代でした。この日本独自の数学は、幕末・明治の時代に西洋から輸入された数学を「洋算」と呼んだのに対して、「和算」と呼ばれています。

本書は3部から構成されています。第Ⅰ部は「古代の数学」として、エジプト、メソポタミアの地で蓄積されたオリエントの数学から説き起こし、古代ギリシアの数学を中心にまとめてみました。第Ⅱ部は「中世の数学」として、インド、アラビア、中国、日本、中世ヨーロッパの数学を扱いました。必ずしも中世の時代のものとは言えない内容もありますが、中世の時代を目安にした便宜的な構成と理解して下さい。第Ⅲ部は「近代の数学」として、記号代数学の成立から微積分法の発見までを解説しました。ここでは文字通り近代の数学を扱っています。

本書の書名『はじめて読む　数学の歴史』が示すように、本書は数学の歴史の入り口を平易に解説したものです。本書を通して数学の歴史に親しむと同時に、より広く、より深く、数学の歴史への興味と関心を抱いていただければ幸いです。

著者

目次

はじめに　3

第Ⅰ部　古代の数学

1　古代オリエントの数学　16

数と四則計算／算術の問題／アハの問題／セケドの問題／正方形の対角線の長さ／円の面積／古代オリエント数学の特徴

2　タレスとピュタゴラス学派　37

神話から理性へ／自然哲学の2つの伝統／原理からの導出／背理法の発明／ピュタゴラス学派の四科／協和音程の数比の発見／ピュタゴラス音階／ピュタゴラスの定理／ピュタゴラス学派の徽章／無理量の発見

**3　プラトンの数学論　75**

イデア論の誕生――『パイドン』／イデア論の完成――『国家』／プラトン主義的数学観／プラトンの立体／ギリシアの3大難問

**4　論証数学の成立　96**

ギリシア初期の証明概念／ユークリッドの『原論』／定義・公準・公理／平面幾何学／幾何学的代数／比例論とその応用

**5　数論とその発展　113**

ピュタゴラス学派の数論／ユークリッド『原論』第7～9巻／ニコマコスの数論／ディオファントスの『数論』――省略的代数

6 ヘレニズム時代の数学 129
エウドクソスの取り尽し法／アルキメデスによる円の求積／円周率の計算／アルキメデスの求積法／重心の研究／アポロニオスの円錐曲線論

7 ギリシアの三角法 152
太陽と月の大きさ／地球の大きさ／メネラオスの定理／プトレマイオスの「弦の表」／トレミーの定理

8 ギリシア数学の終焉 169
ヘロンの公式とヘロン3角形／パッポスの『数学集成』／平均の図示／アルベーロスの問題／準正多面体／分析と総合／パッポスの諸定理

## 第Ⅱ部　中世の数学


1　インドの数学　188

祭壇の数学／ゼロの発見／アールヤバタの数学／ブラフマグプタの数学／バースカラの数学

2　アラビアの数学　205

アラビアの算術／アラビアの代数学／アラビアの三角法／アラビアの幾何学／アラビアの数論

3　中国の数学　222

劉徽と『九章算術』／祖沖之と祖暅之／「算経十書」の成立／垜積術と天元術／朱世傑と程大位

4　日本の数学　247
中国数学の輸入と算盤の伝来／割算天下一と号した毛利重能／『塵劫記』と遺題継承／関孝和と関流和算／算額奉納

5　中世ヨーロッパの数学　279
フィボナッチの『算盤の書』／アリストテレスの運動論／フィロポノスの運動論／インペトゥス理論／質の量化とグラフ表示

第Ⅲ部　近代の数学

1　記号代数学の成立　300
3次、4次方程式の解法／代数記号の発明／ヴィエタの記号代数

2 近代力学の形成 312
初期のガリレオ運動論／アルキメデスに学ぶ／下降のモメント／第2落下法則——時間2乗法則の発見／第2落下法則——速度・時間比例法則の発見／第1落下法則の発見

3 確率論の始まり 335
カルダノとガリレオ／ド・メレの疑問／2人の賭博者の分配問題（その1）／2人の賭博者の分配問題（その2）／2人の賭博者の分配問題（その3）／フェルマーの解法／3人の賭博者の分配問題／パスカルによる数学的帰納法の発見

4 解析幾何学の誕生 358
デカルトの『規則論』／「同次元の法則」からの脱却／代数的演算と幾何学的作図／デカルトの記号法／デカルトの解析幾何学／フェルマーの解

析幾何学／デカルトとフェルマーの比較

5 接線問題と求積問題 373
デカルトの接線法／フェルマーの接線法／デカルトの新しい接線法／ケプラーの求積法／カヴァリエリの不可分法／パスカルの求積法

6 無限の算術化 401
巾数の求和法／円の求積問題

7 接線法と求積法の統一への途 418
基本定理への運動学的アプローチ／基本定理への幾何学的アプローチ

8　微積分法の発見　430
ニュートンによる一般2項定理の発見／ニュートンの接線法／ニュートンにおける流率概念の登場／ニュートンの1666年10月論文／ライプニッツの変換定理／ライプニッツの「求積解析第2部」／ライプニッツにおける微分と積分の統一的把握

文庫版へのあとがき……459
参考文献……463
人名索引……468
事項索引……474

# 第Ⅰ部　古代の数学

# 1　古代オリエントの数学

人類が狩猟採集生活から定着農業生活へと移行したのは紀元前6000年頃だと言われています。とくに、大河の流域では定住的な地域社会が形成され、村から町へ、町から都市へと発展していき、多数の人間の共同生活を組織的・機能的に維持するための行政組織も発達していきました。

こうして、紀元前3500年頃には、ティグリス・ユーフラテス河の流域（メソポタミア）(注1)に、シュメール人による最初の都市文明が現れたのです。シュメール人の後にメソポタミアを支配したバビロン王朝の時代、文明が一層栄えたことにより、この地域の文明は「バビロニア文明」と通称されています。

一方、エジプトのナイル河流域にも、紀元前2800年頃には統一王朝が成立し、神の代理人である王（ファラオ）を頂点とする専制君主国家が形成されていきました。メソポタミアでもエジプトでも、文字・数字が発明され、高度な数学的知識も蓄積されていきました。また、季節の変化を知ることは農業生活には欠かせないことですから、天体観測も

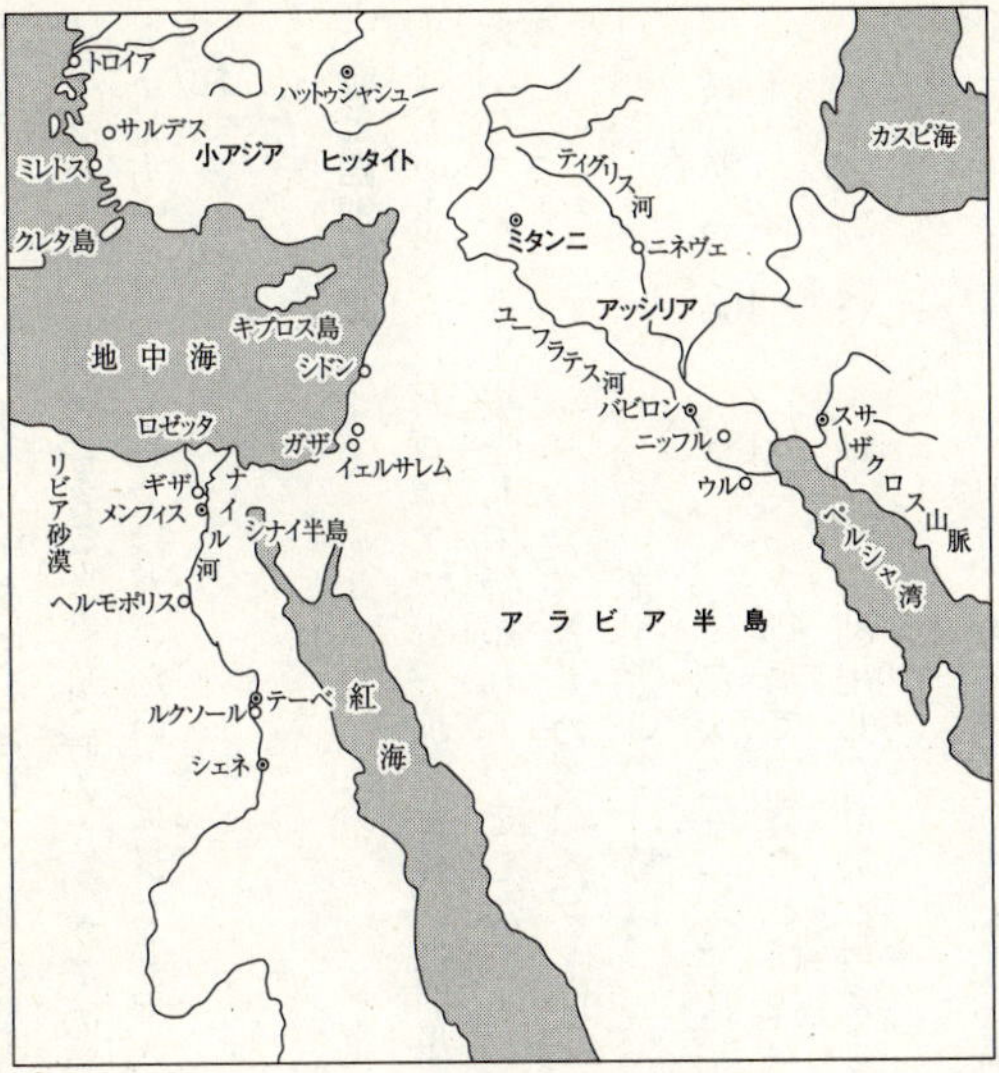


古くから継続的になされてきました。

バビロニア人は1年を360日とし、それを各30日からなる12ヶ月に分けていましたし、(注2)1日を12の2時間に分け、1時間を60分、1分を60秒に分けたのも彼らでした。また、エジプトでは1年が365日であることが知られていました。

このように、人類史上、数学的諸科学が初めて現れたのはメソポタミアとエジプトの地域だったのです。この地域は今日「オリエント地方」と呼ばれています。「オリエント」という言葉は、ラテン語で「日の出ずる所」を意味する単語であるオリエンス（oriens）に由来しています。ラテン語を公用語とした古代ローマ人たちが自国イタリアを中心として、その東方の地域を「オリエンス」、西方の地域を「オクシデンス」（occidens）と呼んだのがその語源なのです。このことから、「オリエント地方」とは、今日ではだいたい、エジプトやメソポタミアの地を指す言葉として使用されているのです。

## 数と四則計算

エジプトでもバビロニアでも、加法と減法は簡単でしたが、乗法と除法の計算については、いろいろな工夫をして行われていました。エジプトでの乗法は「2倍法」とでも言うべきもので、たとえば、13×14は［計算1］のようになされます。この計算は、

$$13 \times 14 = 13(2 + 2^2 + 2^3) = 26 + 52 + 104 = 182$$

を行っていることに相当していて、今日の目から見れば2進法を利用した計算と言えます。また、除法はまったくの逆乗法でした。

エジプトの数体系は10倍ごとに新しい数字を作っていくという10進法でしたが、ゼロ記号がなく、したがって位取りの原

［計算1］

| | | |
|---|---|---|
| | 1 | 13 |
| | \2 | 26 |
| | \4 | 52 |
| | \8 | 104 |
| 合計 | 14 | 182 |

理を持っていませんでした。これに対して、バビロニアの数体系は10進法を補助的に使用しながらも、基本的には60進法によっていました。バビロニア人の60進法は度量衡制度に由来すると考えられています。(注3) そして、60は2、3、4、5、6、10、12、15、20、30と10通りの等分ができるので、とても便利なのです。しかし、乗法と除法の計算をするには大変でした。

今日の私たちは10進法を使用していますから、九九の表があって、それを覚えて乗法の計算をします。ところが、60進法では1×1から59×59までの表が必要になってくるのです。これを完全に暗記するのは容易ではありません。そこで彼らは種々の掛け算表を作成して、それらを用いながら乗法を行ったのです。また、$a \div b$という除法を行うには、$b$の逆数を作って、それを$a$に掛けるという計算をしていました。そのために、彼らはあらかじめ逆数表を作っておいたわけです。

バビロニアの数体系は60進法であり、しかも位取りの原理を持っていましたから、1より小さい数は60進小数によって表現されていました。たとえば、「15：21, 30, 45」は、15が整数位、21が小数第1位、30が小数第2位、45が小数第3位ということになります。

これに対して、エジプトでは、1より小さい数は自然数を分母とする単位分数（分子が1の分数）によって表現されていましたが、ただ2/3だけは例外的に使用され、独自の記号が当てられていました。(注4)

[表1]

| 分母 | 単位分数の分母 | | | | 分母 | 単位分数の分母 | | | |
|---|---|---|---|---|---|---|---|---|---|
| 3 | $\bar{\bar{3}}$ | | | | 53 | 30 | 318 | 795 | |
| 5 | 3 | 15 | | | 55 | 30 | 330 | | |
| 7 | 4 | 28 | | | 57 | 38 | 114 | | |
| 9 | 6 | 18 | | | 59 | 36 | 236 | 531 | |
| 11 | 6 | 66 | | | 61 | 40 | 244 | 488 | 610 |
| 13 | 8 | 52 | 104 | | 63 | 42 | 126 | | |
| 15 | 10 | 30 | | | 65 | 39 | 195 | | |
| 17 | 12 | 51 | 68 | | 67 | 40 | 335 | 536 | |
| 19 | 12 | 76 | 114 | | 69 | 46 | 138 | | |
| 21 | 14 | 42 | | | 71 | 40 | 568 | 710 | |
| 23 | 12 | 276 | | | 73 | 60 | 219 | 292 | 365 |
| 25 | 15 | 75 | | | 75 | 50 | 150 | | |
| 27 | 18 | 54 | | | 77 | 44 | 308 | | |
| 29 | 24 | 58 | 174 | 232 | 79 | 60 | 237 | 316 | 790 |
| 31 | 20 | 124 | 155 | | 81 | 54 | 162 | | |
| 33 | 22 | 66 | | | 83 | 60 | 332 | 415 | 498 |
| 35 | 30 | 42 | | | 85 | 51 | 255 | | |
| 37 | 24 | 111 | 296 | | 87 | 58 | 174 | | |
| 39 | 26 | 78 | | | 89 | 60 | 356 | 534 | 890 |
| 41 | 24 | 246 | 328 | | 91 | 70 | 130 | | |
| 43 | 42 | 86 | 129 | 301 | 93 | 62 | 186 | | |
| 45 | 30 | 90 | | | 95 | 60 | 380 | 570 | |
| 47 | 30 | 141 | 470 | | 97 | 56 | 679 | 776 | |
| 49 | 28 | 196 | | | 99 | 66 | 198 | | |
| 51 | 34 | 102 | | | 101 | 101 | 202 | 303 | 606 |

ところで、エジプトでの乗法は2倍法でしたから、分母が偶数の場合は容易に行われます。たとえば、$\frac{1}{6}\times 2$の結果は1/3という単位分数で表されます。しかし、分母が奇数の場合はうまくいきません。たとえば、$\frac{1}{5}\times 2$を計算する場合、単位分数しか使用できないエジプト人にとっては、計算結果を2/5と表現することはできないわけです。彼らは2/5を$\frac{1}{3}+\frac{1}{15}$のように、単位分数の和として表したのです。分母が奇数の単位分数を2倍する計算が出てきた場合、すぐに単位分数の和に置き換えられるように、彼らはあらかじめ分数表［表1］を作っておいたのです(注5)。

## 算術の問題

古代エジプトの数学に関する文書はいくつか存在しますが、とくに、大英博物館所蔵の『リンド・パピルス』と呼ばれる数学文書が有名です。この数学文書は紀元前1800年頃のものと言われ、テーベのラメセウム近くの廃墟《はいきょ》で発見されたのですが、それをイギリス人ヘンリー・リンド(注6)が1858年に買い取ったので、このような名前が付けられています。ただ、この数学文書は古代エジプトの書記アーメス（あるいはアアフ＝メス）が筆写したことがわかっていますので、『アーメスのパピルス』とも呼ばれています。

この『リンド・パピルス』には算術や幾何学などに関する87個の問題（ただし、最後の3個は断片）が含まれていますので、そのいくつかを見てみることにしましょう。『リンド・パピルス』には、問題39として、「100個のパンを10人の人に分けるのに、その50個を6人に、残りの50個を4人に分けたとき、その分け前の差はいくらか」という「パンの分配の問題」や、「4人の隊長がそれぞれ12人、8人、6人、4人からなる一隊を率いて、穀物100ヘカト(注7)を運搬しようとする。このとき、各隊は何ヘカトずつの穀物を受け持つべきか」（問題68）という「比例配分の問題」など、実用上の問題が多く扱われています。

また、バビロニアでも、遺産相続に関する問題や利子の計算に関する問題、賃金に関する問題など実際上の問題が数多く扱われています。バビロニアでは多くの数表が作られていましたが、それらは日常の経済生活に必要な度量衡の表と関連づけられていました。

## アハの問題

エジプトでは「アハの問題」(注8)と呼ばれる一群の問題がありました。たとえば、問題24は「ある量にその$\frac{1}{7}$を加えると19になる。ある量とはいくらか」という内容ですが、これは1次方程式の問題と見ることができます。もちろん、エジプト人たちは未知数を用いてこの問題を解いたわけではなく、仮定法(注9)とでも言うべき方法で解いたのです。

仮定法とは、まず答の数値を仮定します。その仮定した数値を用いて、問題の示すところに従って計算をし、1つの数値を得ます。そして、その得た数値と初めに与えられた数値とを比較するのです。つまり、「真の値」と「仮定した値」との関係は、「与えられた数」と「仮定した値のもとに得られた数」との関係に同じであるという考え、すなわち比例関係を背景にしているわけです。

一方、バビロニアの数学では、今日の2次方程式の解法に相当する内容が扱われています。たとえば、「長さと幅。私は長さと幅を掛け合わせ、面積を得た。次に私は、長さが幅よりも超過している部分を面積に加えて3,3を得た。さらに、長さと幅を加えると27になる。このとき、長さ、幅、面積はいくらか」という問題があります。

ここでの「3,3」は60進法による表記ですから、10進法に直すと、$3\times60+3=183$となります。したがって、長さ、幅をそれぞれ$x$、$y$として、今日的記法で表しますと、

$$\begin{cases} xy+x-y=183 \\ x+y=27 \end{cases}$$

のようになり、2次方程式の問題と見ることができるわけです。解法も言葉で書き綴《つづ》られていて、内容的には今日の解の公式に相当しています。(注10) このような問題は実用的な測量計算のための練習問題として扱われたのではないかと思われます。

## セケドの問題

セケド（注11）の問題とはピラミッドに関する問題で、たとえば、問題56は「底面の一辺が360キュービット（注12）、高さが250キュービットのピラミッドを計算する問題。汝《なんじ》は私にそのセケドを知らせよ」という内容です。この問題の解法を見ると、180を250で割ってセケドが求められていますから、［図1］のように、ピラミッドの底面と側面のなす角を$\theta$としたときの$\cot\theta$（コタンジェント・シータ、$\frac{1}{\tan\theta}$）がセケドであることになります。つまりセケドとは、底面から1キュービット上がったとき、側面がどれだけ内側に傾いているかを表す値ということです。ピラミッドの傾斜に関わる値の計算は、ピラミッドの建設にあたって必要とされたと考えられます。

## 正方形の対角線の長さ

エジプトでは、文字を記すのに、ナイル河畔に自生するパピルス草から作られた一種の紙が使用されたのですが、バビロニ

［図1］

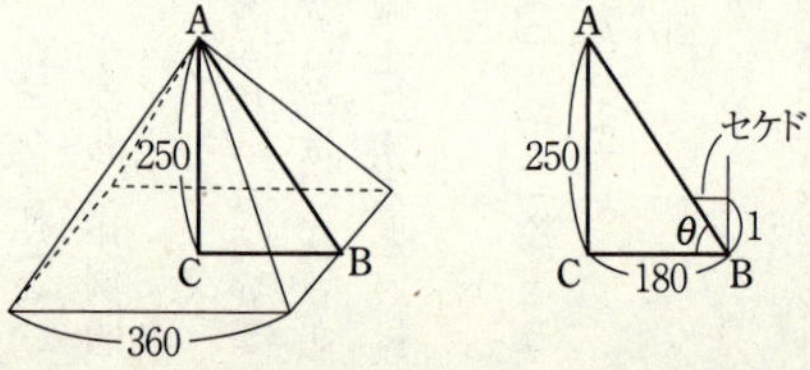

［図2］

［図3］

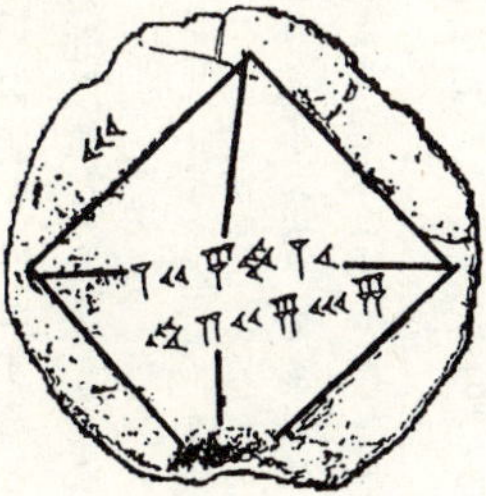

アでは粘土板が使用されました。［図2］はその粘土板の1つで、正方形の対角線の長さが記録されています。［図3］の左上の記号は、正方形の一辺が30であることを示しています。そして、中央の下の段には、一辺が30の正方形の対角線の長さが「42：25, 35」と記されているのです。中央の上の段には「1：24, 51, 10」と書かれていますが、これは正方形の一辺を1としたときの対角線の長さを意味しているのです。つまり、この値はバビロニア人による$\sqrt{2}$の計算値なのです。「1：24, 51, 10」を10進法に直してみると、

$$1+\frac{24}{60}+\frac{51}{60^2}+\frac{10}{60^3}=1.414212896\cdots\cdots$$

となりますから、小数点以下第5位まで正しく求められていることがわかります。

バビロニア人はこのような$\sqrt{2}$の精密な値をどのようにして求めえたのでしょうか。この問題については次のように推測されています。

今、$\sqrt{a}$の値を求めるとして、その第1近似値を$a_1$とすると、$\frac{a}{a_1}$も$\sqrt{a}$の近似値となります。これを$b_1$とし、$b_1 = \frac{a}{a_1}$とします。もし$a_1$が真の値より過小（大）であれば、$b_1$は真の値より過大（小）となるわけです。

したがって、$a_2 = \frac{1}{2}(a_1 + b_1)$として求められる値$a_2$は、$a_1$よりも精度の高い第2近似値となります。さらに$\frac{a}{a_2}$を求め、これを$b_2$と置くと、同様の理由によって、$a_3 = \frac{1}{2}(a_2 + b_2)$がさらに精度の高い近似値となります。そして、この操作を繰り返していけば、$\sqrt{a}$の真の値にどんどん近づいていく

［計算2］

第1近似値1.5を60進法に変換すると1：30となりますから、$a_1 = 1:30$とすると、

$$b_1 = \frac{2}{1:30} = 1:20 \text{ となり、} a_2 = \frac{1}{2}(1:30 + 1:20) = 1:25$$

となります。

次に、第2近似値を$a_2 = 1:25$として、$b_2$を求めると、

$$b_2 = \frac{2}{1:25} = 1:24,\ 42 \text{ となり、}$$

$$a_3 = \frac{1}{2}(1:25 + 1:24,\ 42) = 1:24,\ 51 \text{ となります。さらに、}$$

第3近似値を

$$a_3 = 1:24,\ 51$$

として、同様の手順で第4近似値を求めると、1：24, 51, 10が得られます。

［図4］

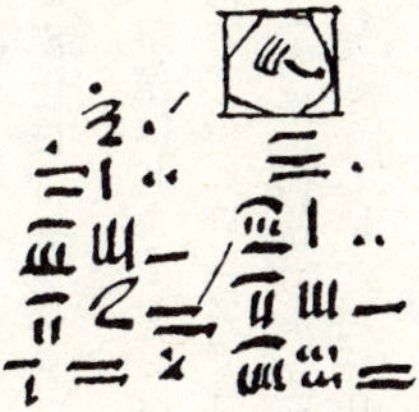

［図5］

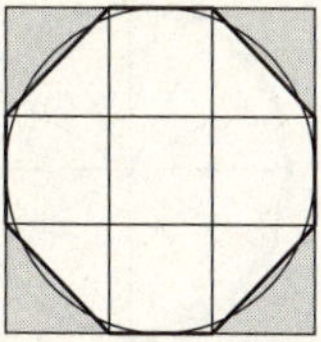

エジプトの8角形近似

ことができるのです。[注13]
$\sqrt{2}$の第1近似値を1.5とするのは自然なことですから、ここから出発して、順次計算をしていくと［計算2］のようになります。

## 円の面積

古代オリエントでは、土地の測量や穀物倉庫などに関連して、長方形や台形、円などの面積、4角柱や円柱などの体積を求める計算も行われていました。ここでは、円の面積の求め方を見てみましょう。

エジプトでは、「直径9ケト[注14]の丸い土地の問題、その面積はいくらか」（問題50）という問題が扱われていて、その解は直径からその$\frac{1}{9}$すなわち1を引いて8とし、8を8倍して64と求められています。[注15]

この解法は「円の面積とその円に外接する正方形の面積を比較せよ」という問題48に添えられた［図4］と、それを現代的に解釈した［図5］から明らかなように、外接正方形の四隅を切り取ってできる8角形によって円を近似していることがわかります。この8角形の面積は、$9^2 - 4 \cdot \frac{1}{2} \cdot 3 \cdot 3 = 81 - 18 = 63$となりますが、エジプト人はこれを64すなわち$8^2$としたのです。つまり、直径9の円の面積を一辺8の正方形の面積にほぼ等しいとしたわけです。

この結果から、エジプトにおける円周率の値を計算することができます。直径9の円の面積は$\pi\left(\frac{9}{2}\right)^2$であり、これが$8^2$にほぼ等しいというのですから、$\pi\left(\frac{9}{2}\right)^2 \fallingdotseq 8^2$より、$\pi \fallingdotseq 3.16$と求めることができ、その誤差はおよそ0.02ほどであって、きわめてよい近似値であることがわかります。

[図6]

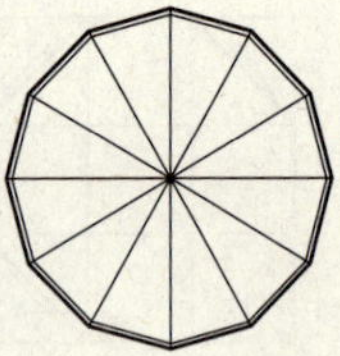

バビロニアの正12角形近似

一方、バビロニアでは、円に内接・外接する正12角形の面積を求め、

(内接正12角形の面積) < (円の面積) < (外接正12角形の面積)

という関係によって、円の面積が近似的に求められているのです[図6]。半径2の円に内接する正12角形の面積は12であり、外接する正12角形の面積は13より小さいことから、

$12 < (\text{円の面積}) < 13$となりますから、バビロニア人は、$(\text{円の面積}) = \frac{1}{2}(12+13) = \frac{25}{2}$としたのです。

この結果から、バビロニアにおける円周率の値を計算することができます。すなわち、半径2の円の面積は$4\pi$ですから、$4\pi \fallingdotseq \frac{25}{2}$となり、ここから、$\pi \fallingdotseq 3.125$と求めることができるのです。

## 古代オリエント数学の特徴

古代オリエントでは、日常生活に生じる算術問題の解法のほか、図形の面積や立体の体積の求め方、三平方の定理など、多くの数学的知識・技法が知られていましたが、これらの多くは灌漑《かんがい》農業に基礎をおく専制的な社会における国家の維持と人々の生活の向上のため、自然に対処することから蓄積されたものでした。

毎年定期的に繰り返されるナイル河の増水に対処するために、エジプト人たちは土木工事を行って、灌漑網を整備しましたし、ナイル河の氾濫《はんらん》の後には、徴税のための土地の区画測量も行いました。たとえば、「歴史の父」と呼ばれるヘロドトス(注16)がその著『歴史』(注17)に

おいて、

「（エジプト）の祭司たちの語るところでは、この王（セソストリス）はエジプト人一人ひとりに同面積の方形の土地を与えて、国土を全エジプト人に分配し、これによって毎年年貢を納める義務を課し、国の財源を確保したという。河の増水によって所有地の一部を失う者があった場合は、当人が王のもとに出頭して、そのことを報告することになっていた。すると王は検証のために人を派遣して、土地の減少分を測量させ、その後ははじめ、査定された納税率に従って（残った土地について）年貢を納めさせるようにしたのである。私の思うには、幾何学はこのような動機で発明され、後にギリシアへもたらされたものであろう」

と証言しているように、幾何学発祥の地はエジプトとされています。

幾何学を意味する英語「geometry」という言葉自体、土地を意味する「geo-」（ジオ）と測量を意味する「-metry」（メトリー）の合成語なのです。(注18) このように、幾何学という学問はもともと「土地を測量する」という実用的な要求から出発したものであり、そこから得られたさまざまな経験的知識と技術の中から万人に共通に認められる図形の性質や諸法則が抽出され、思考の形式として積み上げられていって成立したのだと言えます。

ところで、古代オリエント人たちは人間をとりまく自然、世界の成り立ちをどのように考えていたのでしょうか。

古代オリエント社会では、人間とは連続しつつも、人間には備わっていない呪術《じゅじゅつ》力を持った諸々《もろもろ》の神によって世界の成り立ちが説明されていました。バビロニアの創世記として伝えられている天地創造神話『エヌマ・エリシュ』はその説明の1つの証左ですし、エジプトにはヘリオポリス神話が伝えられています。つまり、古代オリエント社会は呪術的・神話的な自然観・世界観を土台とした社会でしたが、そうした社会にあっては、神の言葉を民衆に伝える神官たちの影響力が次第に強まり、神王を中心とした神官階級の支配による国家が築き上げられるようになっていったのです。

こうした国家は次第に大規模になり、行政の主要な地位を王族や貴族が占める官僚国家として確立していくことになります。官僚国家を維持するためには、膨大な行政事務を的確に処理することが求められ、そのために「書記」という職業が生まれました。

書記は文字を読み書きすることができ、徴税・測量などのための数学的知識・技法を身につけなければなりませんでした。そして、そうした書記を養成する学校も作られました。［図7］は筆記具を持ち、組んだあぐらの上にパピルスを広げた

［図7］

エジプトの書記像

エジプトの書記像です。『リンド・パピルス』を筆写したアーメス（アアフ・メス）もそうした書記の一人だったのです。

古代オリエントの数学は、前述したような専制的な官僚国家を維持するために発達したと言うことができ、その第1の特徴として、実用的であったということを指摘することができます。たとえば、パンの分配の問題や土地の面積、穀物倉庫の体積を求める問題などが扱われているのはその証拠と言えましょう。

また、第2の特徴は理論的ではなく、技法的であったということです。『リンド・パピルス』でもバビロニアの粘土板でも、まず問題が示され、次に計算過程が述べられた後、解答が記述されるという形式で書かれていて、「何故に」そのような計算でよいのか、「何故に」その定理を使用してよいのかという理由はいっさい述べられていないのです。

古代オリエントでは三平方の定理に相当する内容は知られており、それを利用して問題が解かれてもいましたが、その定理が正しいことの根拠を示した記録は残されていません。これが「理論的でなく、技法的である」という意味です。このような特徴はひとり古代オリエントだけではなく、専制的で官僚的な国家体制であった古代中国でも同様であって、古代数学全般にわたる特徴と言ってもよいと思います。

しかしよく考えてみれば、少なくとも最初に問題を解いた人は、その解法の正当性を理解していたはずです。また、三平方の定理に関しても、今日的な証明ではなかったとしても、定理の正しさを何らかの形で示しえたと思われます。そうでなければ、問題が解けたり、定理を利用したりできるわけがないからです。

もっとも、その理解がどの程度であったかは不明ですが、「何故に」という理由をまったく説明できなかったはずはありません。彼らはただ、そうした理由を論理的に整理した形にまとめあげ、記述することをしなかっただけなのでしょう。そして、「なぜそうしなかったのか?」と問われれば、彼らはそれを秘技として公表したがらなかったか、あるいは、そうすることに価値を認めなかったからなのであろうと推測するほかありません。つまり、「古代」とはそういう時代だったのだと考えられます。

さらに、専制的官僚国家という社会体制も、「何故に」という問いかけに対する理由の説明を重要視しなかった要因の1つと考えられます。専制的国家はいわば上意下達の世界であり、王の命令は絶対的でしたから、その命令が「何故に」なされたのかという問題は不問に付されたでしょうし、何事かを行うにあたっての理由を論理的に説明することよりも、いかにして実行するかという問題の方が重要だったのでしょう。したがって、与えられた問題に対して、その解法の過程と結果を提示することができればよいのであって、その解法を理論的に掘り下げるという方向に向かうことはなかったのだと思われます。

結局、古代オリエントの数学は具体的・個別的で実用的な諸問題に対する解法集であったと特徴づけることができます。

（注1）メソポタミアとは、「～の間」を意味するギリシア語「メソス」と、「大河」を意味するギリシア語「ポタモス」の合成によって作られた用語。

（注2）バビロニア人たちは、実際上の季節と合わせるために、ときどき余分な月をつけ加えていた。

（注3）長さの基本単位はキュービットで、1ミリア＝60スタディ、1スタディ＝360キュービット、1キュービット＝30ディジットだった。また、重さの基本単位はミナで、1タレント＝60ミナ、1ミナ＝60シケルだった。

（注4）$\frac{2}{3}$を表す記号は「𓂚」だった。また、$\frac{1}{2}$には記号「⊐」が使用されていた。

（注5）$\frac{2}{5}$を単位分数の和で表すことを、2個のものを5人で等分する場合として考える。2個それぞれを3等分すると、1人分は$\frac{1}{3}$となり、$\frac{1}{3}$個が余る。それを5等分すると、1人分は$\frac{1}{15}$となる。したがって、1人分は合計して、$\frac{1}{3}+\frac{1}{15}$となる。なお、分数表で「=3」は$\frac{2}{3}$のこと。

（注6）Alexander Henry Rhind（1833－1863）スコットランド北東部のケースネス州に生まれ、エジンバラ大学に学ぶ。自然史、古代史、考古学などに関心を持ち、エジプトなど諸国を旅した。

（注7）ヘカトとは体積または容積の単位で、1ヘカトは約4.8ℓ。

（注8）アハ（aha）という単語は〝量〟とか〝堆積《たいせき》〟とかの意味だが、これらの問題のほとんどが

「アハ」という単語で始まっていることから、後に「アハの問題」と呼ばれるようになったようである。

(注9) 仮定法はエジプトだけでなく、ギリシア・インド・アラビアなどでも広く用いられた。アラビア人は仮定法を「ヒサーブ・アル・カターイン」(hisab-al-Khataayn) と呼び、中世ヨーロッパにもたらされてからは、「エルカタイム」(elchataym) と呼ばれるようになった。

(注10) 連立方程式「$x+y=a,\ xy=b$」の解が、$\dfrac{a\pm\sqrt{a^2-4b}}{2}$ とされている。

(注11) セケドとは、もともと「構築する」という意味の〝ケド〟という動詞に使役接頭辞〝セ〟が付いてできた用語であり、ピラミッドを構築させるものを意味している。

(注12) キュービットとは長さの単位で、1キュービットは約52㎝である。

(注13) このバビロニア人の方法を一般化して考えると、$\sqrt{A}$ の近似値を $a$ としたとき、より精度の高い次の近似値を、$\dfrac{1}{2}\left(a+\dfrac{A}{a}\right)$ によって求めようとするものだから、

$$\sqrt{A} \fallingdotseq \frac{1}{2}\left(a+\frac{A}{a}\right)$$

とすることができる。ここで、$A=a^2\pm b$ とおくと、$\sqrt{A} \fallingdotseq \dfrac{1}{2}\left(a+\dfrac{a^2\pm b}{a}\right)=a\pm\dfrac{b}{2a}$ となり、$\sqrt{a^2\pm b} \fallingdotseq a\pm\dfrac{b}{2a}$ が得られる。また、さらに詳しく計算すると、一般に、

$a \pm \frac{b}{2a} > \sqrt{a^2 \pm b} > a \pm \frac{b}{2a \pm 1}$ となる。

(注14) ケトとは長さの単位で、1ケトは約52m。また、1ケト＝100キュービット。

(注15) 一般的には、円の直径を$d$とすると、面積は、$\left(d - \frac{1}{9}d\right)^2$ と表される。

(注16) Herodotus（前484－前420）ハリカルナッソスを治める名家の血縁者で、サモスやアテナイで暮らし、エジプト、黒海、バビロニアなどを遍歴したと言われている。

(注17)『歴史』はギリシア人と非ギリシア人との戦争に関したものだが、各地の多彩な逸話と民族誌的資料の豊富さゆえに、広く読まれた。引用は岩波文庫版、「巻二、109」。

(注18)「土地」および「測量する」を意味するギリシア語は、それぞれ「ゲー」「メトレオー」。

[図2]『数学の黎明』ヴァン・デル・ヴァルデン著　みすず書房より

# 2　タレスとピュタゴラス学派

## 神話から理性へ

ギリシアにおける初期の文明は総じて「エーゲ文明」と呼ばれ、時期的には紀元前２０００年頃から紀元前１２００年頃まで栄えました。このエーゲ文明は前期のクレタ文明、後期のミケーネ文明の2期に分けられます。ミケーネ文明は紀元前１４００年頃から始まりましたが、バルカン半島から南下してきたドーリア人によって紀元前１２００年頃に破壊され、ギリシアの地は一時「暗黒時代」を迎えることになります。

ドーリア人の南下によってギリシア本土から押し出された人々はエーゲ海の島々や、エーゲ海を渡って、小アジアの沿岸に移住していきましたが、ミケーネ文明の伝統を受け継いだ彼らはもともと古代オリエントに見られた神官階級というものを持たず、宗教的な統制からも自由でした。したがって、小アジア沿岸地域には平等な個人を構成員とするポリス（都市国家）が形成されていったのです。この地域の北部はアイオリス地方、南部はイオニア地方と呼ばれています。

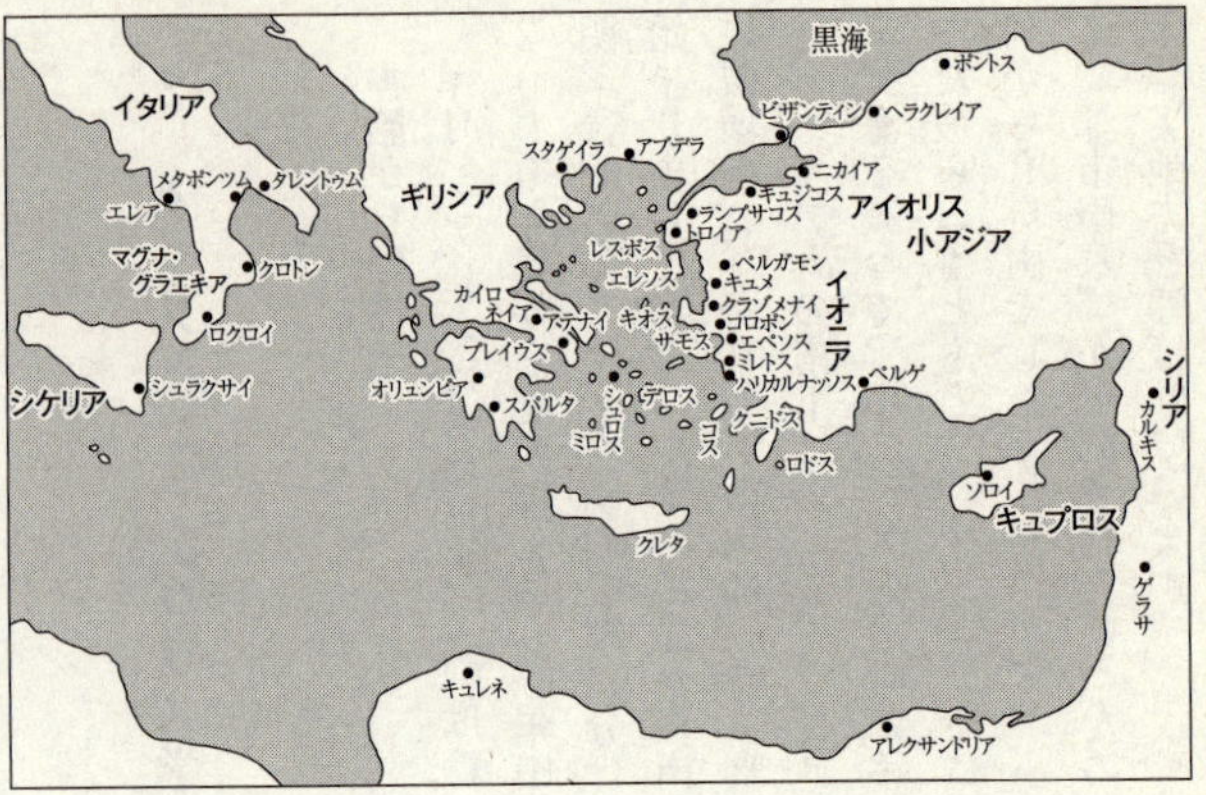


ギリシア最古の、つまり世界最古の叙事詩人であるホメロス(注1)とヘシオドス(注2)はともにこのアイオリス地方と深い関わりを持っています。すなわち、ホメロスの代表的な作品『イーリアス』はアイオリス地方北部のトロイア(注3)を舞台とする戦役を力強く歌い上げた叙事詩ですし、ヘシオドスについては、彼がその著『仕事と日々』において、「父上はその昔、アイオリスの町キュメを後にして、黒き船で大海を渡り、この地へ来られた」と述べているように、彼の父はアイオリス地方の人だったのです。

また、ホメロスの生地もキオスあるいはキュメが有力な候補地とされています。彼らは紀元前700年頃、小アジアのアイオリス地方南部で、ミケーネ文明の伝統を受け継いだ叙事詩を産み出したのです。

古代ギリシアの神話はこのホメロスとヘシオ

ドスの2人の作品をもとに構成されているのですが、とくにヘシオドスの『神統記』では、古代オリエントの神話的世界観の影響を受けたと思われる天地創造のあらましが語られています。しかし、『神統記』はヘシオドス個人の自由な表現による叙事詩として記述されているのであって、古代オリエント世界で見られたような専制的国家に繋《つな》がる神話的世界とは異なった性格を有していると考えられ、そうしたヘシオドスの〝自由性〟は小アジア地方の社会的環境の中で育《はぐく》まれたのだと言えます。その意味で、古代初期ギリシアの地において、古代オリエント的な思考の枠組みからの離脱が進行していったと見なすことができます。

前述したように、古代ギリシア初期には、小アジアと呼ばれるエーゲ海の東沿岸地域で早くから商工業が発達し、自由で平等な構成員によるポリス（都市国家）が形成されていきましたが、そうした社会的背景のもとで、古代オリエントとは異なった世界観、自然観が培われていき、呪術的・神話的な世界観、自然観からの離脱傾向が進展していったのだと考えられます。とくに、南部のイオニア地方においては、その傾向が強く、自由な空気が満ち満ちていました。

このような自由な空気の中で世界、自然を合理的・理性的に説明しようとする気風が醸造されていき、〝自然を探究する人々〟(注5)すなわち「自然学者」(注4)が輩出していったのです。そして、最初の著名な自然学者はタレスだとされています。

タレス

アリストテレス

アリストテレス[注6]は『形而上学』[注7]において、自然学者たちの系譜を記述するにあたって、「タレスは、あの知恵の愛求（哲学）の始祖であるが、……」と語っています。これ以来、古代ギリシアに端を発する自然哲学の歴史的記述がなされるときや西洋哲学史の書物が書かれる場合には、常にタレスから始められるという伝統が引き継がれていくのです。

タレスは自然探究の結果として、「万物の始原は水である」というテーゼを打ち立てました。しかし、水を万物の根源的なものと見なす考え方は、実は古代オリエントからのものでした。古代エジプトにおける万物の創造神であるアトゥムは〝原初の水〟ヌーンの子でした[注8]し、バビロニアにおいては、水の女神ティアマートからすべてのものが生まれたとされています。[注9]したがって、万物の始原を水に求めるという点に関しては、タレスは古代オリエントの延長上にあると言ってもよいわけです。

しかし、タレスが自然の成り立ちを説明するときに持ち出した「水」は、古代オリエントに見られたような擬人的神々が宿ったそれではなく、自然そのものの中に見出《みいだ》される「水」だったのであり、そのような言わば「物質としての水」が万物の生ずるもとであると考えたのです。

その意味で、タレスは古代オリエントとは異質であると言えます。彼は擬人的な神々の行為によってではなく、自然的経験的に了解可能な事実と言葉によって自然を語りはじめたのです。つまり、タレスは「超自然的なもの」（神）をしりぞけ、「自然的なもの」（物質としての水）によって世界を説明しようとしたわけです。

したがって、古代オリエントからタレスへの移行は、世界および自然を擬人的神々に依拠して説明することから、自然そのものの内在的な働きを原理として説明することへの移行と言うことができ、それゆえに、この移行は多くの識者から「神話から理性へ」という標語で簡潔に表現されてきたのです。タレスの場合、「水」の非神話化が自然の神話的解釈から理性的解釈への転換の糸口であったと言えます。

こうして、古代初期のギリシア世界において、言わば神話と理性が混じり合う時代、すなわち神話的段階から理性的段階への過渡期として位置づけられるホメロス、ヘシオドスの時代を経て、《神話（ミュートス）から理性（ロゴス）へ》という自然観の転換の端緒が開かれていったと言えます。そして、その延長上に古代ギリシアにおける自然哲学の伝統が形成されていったのです。

ピュタゴラス

## 自然哲学の2つの伝統

2世紀の終わり頃から3世紀にかけて執筆されたと言われている伝記本に、ディオゲネス・ラエルティオス(注10)の『ギリシア哲学者列伝(注11)』（以下『列伝』とする）があります。この『列伝』の序章では、

「哲学（知恵の愛求）については、その起源は2つあった。1つは、アナクシマンドロス(注12)から始まるものであり、他はピュタゴラス(注13)からのものである。前者はタレスから教えを受けたし、ピュタゴラスのほうはペレキュデス(注14)がこれを指導したのである。そして一方はイオニア学派と呼ばれたが、それはタレスがミレトスの人であって、それゆえにイオニア人だったからであり、また彼がアナクシマンドロスを教えたからである。もう一方はピュタゴラスから始まり、イタリア学派と呼ばれたが、それはピュタゴラスが主としてイタリアの地で哲学の研究を行ったからである」

と述べられています。つまり、古代ギリシアにおける自然哲学の伝統が大きく2つの潮流——タレスを始祖とするイオニア学派（ミレトス学派）とピュタゴラスを始祖とするイタリア学派（ピュタゴラス学派）——に分類されているのです。

ミレトス学派にはタレス、アナクシマンドロス、アナクシメネス(注15)が属しています。彼らは3人ともイオニア地方の都市ミレトスの生まれであり、順々に師弟関係にあったと言われています。

タレスが万物の始原を「水」としたのに対し、アナクシマンドロスは「無限定なもの」を、アナクシメネスは「空気」を万物の始原と考えていました。これらはいずれも「世界は何から作られているか」という問いへの解答だったのですが、アリストテレスは彼らを評して、「あの最初に哲学した人々のうち、その大部分は質料(注16)の意味でのそれのみをすべての事物のもとのものであると考えた」と述べています。

ここで言われている「質料」とは素材、材料などの意味であり、質料に何らかの手が加えられて、ある形を備えたものが作られるのです。たとえば、鉄を質料として斧《おの》が作られるとか、木材を加工して椅子が作られるなどの例があげられます。そして、ある形を備えたものに対しては、「形相」(注17)という概念が対応させられています。この質料と形相はアリストテレス哲学における対概念として使用されているのです。

一方、ピュタゴラス学派の始祖とされているピュタゴラスは、宝石細工師ムネサルコスの子としてイオニア地方のサモス島で生まれました。そして、18歳頃にタレスの教えを受けたのですが、すでに高齢であったタレスの勧めにしたがってエジプト、バビロニアに旅して学び、その後サモスに帰島しました。しかし、その当時、ポリュクラテスによる僭主《せんしゅ》政治下にあったサモス島は哲学する環境ではないと考え、南イタリアへと旅立ち、クロトンに居をかまえ、半宗教的・半政治的な団体を創設し、そこで諸学の研究に従事するようになったのです。

ピュタゴラス学派の教義は「万物の始原は数である」(注18)というものですが、これはミレトス学派のテーゼとは性格を異にしています。ミレトス学派の自然学者たちが、もっぱら「世界は何から作られているか」を問題としたのに対し、ピュタゴラス学派の人々は「世界はどのように存在しているか」という存在様式、その構造を問題としたのであり、その解答が「万物の始原は数である」だったのです。

前述したアリストテレス哲学における対概念である「質料・形相」を用いれば、ミレトス学派は「質料の哲学」を、ピュタゴラス学派は「形相の哲学」を追究したと言ってもよいでしょう。ピュタゴラス学派における「形相」は「かたち（形）」とほぼ同義なものを意味したのであり、自然的事物のみならず、正義や性などの抽象的概念までもが幾何学的図形との類比において論じられたのです。(注19)つまり、ピュタゴラス学派の教義が示唆しているように、彼らが問題とした「形相」はすぐれて数学的・幾何学的であり、世界は数学的秩序を内在しているという数学的自然観がギリシア世界に初めて登場したと言うことができます。

プラトン(注20)は、その著『国家』(注21)の中で、「つねに恒常不変のあり方を保つものに触れることのできる人々」を哲学者と規定していますが、このような意味での哲学者の最初の人はピュタゴラスであったと言えます。「哲学」という用語はギリシア語で「ピロソピア」と言われますが、これが「ピロ」(～を愛する) と「ソピア」(知恵) の合成語であることはよく知られているところです。哲学者のことを「ピロソポス」と呼びますが、これは「知を愛し求める人」(注22) という意味です。

新ピュタゴラス学派のイアンブリコス(注23)は『ピュタゴラス伝』において、「ピュタゴラスは自分自身を哲学者と呼んだ最初の人である」と語っています。また、古代ローマの哲学者キケロ(注24)も、『トゥスクルム論争』の中で、

「プラトンの弟子であるポントスのヘラクレイデスによれば、ピュタゴラスはプレイウスへやって来て、僭主レオンと学問について論じ合った。レオンは彼の博識と雄弁さに驚嘆し、どの学問に最も優れているかと尋ねた。それに答えて彼は、どんな学問にも精通していない。自分は知恵を愛する者であると言った」

と述べています。

したがって、「自然哲学者」と呼ばれるべき最初の人はピュタゴラスであり、それ以前のタレスなどについては、「自然学者」と呼ぶのが適切であると言えましょう。

**原理からの導出**

タレスがエジプトの地に赴き、そこの神官たちから当時の進んだ学問を学び、ギリシアに持ち帰ったことは多くの証言によって明らかです。

たとえば、プロクロス[注25]は『ユークリッド「原論」第1巻註釈』[注26]（以下『註釈』とする）において、「タレスはエジプトに赴き、この学問（幾何学のこと）をはじめてギリシアにもたらしたが、彼は自分自身でも多くの事柄を発見した。そして彼は、ある場合にはより一般的な方法で、またある場合にはより感覚的な方法で、多くのことの原理を彼の弟子たちに教えた」のように証言しています。

古代オリエントの数学的知識・技法を学んだタレスは、単なる問題解法に飽きたらず、解法に対する根元的な問いかけを行ったものと思われます。自由で平等な構成員によるポリス（都市国家）が形成されていった古代初期のイオニア地方にはそうした社会的土壌があったのだと言えます。実際、残存している史料には、古代オリエントには決して見られない数学的思考様式がタレスによるものとして伝承されています。それは「原理からの導出」とでも呼ぶことができます。

タレスは「円は直径によって2等分される」「対頂角は等しい」「2等辺3角形の両底角は等しい」[注27]などを〝証明した〟と言われています。「円は直径によって2等分される」などという命題はいかにも自明であり、古代オリエントでは、その証明の必要性などは意識されなかったと思われます。しかし、タレスはこの命題を証明したのです。彼はこの命題をいかにして証明したのでしょうか。

タレスは［図1］のように、円を直径に沿って折り曲げて重ねたとき、ぴったり重なることの観察から、この命題を証明しました。つまり、彼は「互いに重なり合うものは互いに等しい」(注28)というきわめて素朴な事実を1つの「原理」として置き、この原理に依拠して命題を証明したのです。彼の態度には、自明と思われる内容であっても、その正しさをより原理的な事柄から演繹的《えんえきてき》に導き出していくという姿勢が如実に示されています。この原理は「重ね合わせの原理」とでも呼ぶことができ、「原理からの導出」という思考様式がタレスによって確立されたと考えられるのです。

命題をより原理的な事柄から説明しようとする態度は、今日の数学が備えている性格の一端と相通じるものがあります。今日の数学は、いくつかの公理から演繹的・論理的に論を進め、1つの体系を構築するという側面を持っていますが、このような行き方は紀元前300年頃にユークリッド(注29)によって編纂《へんさん》された『原論』(注30)に始まるとされています。古代ギリシア世界において、『原論』のような一大モニュメントが生み出された背景には、このようなタレスによる「原理からの導出」という知的伝統があったと言えます。

[図1]

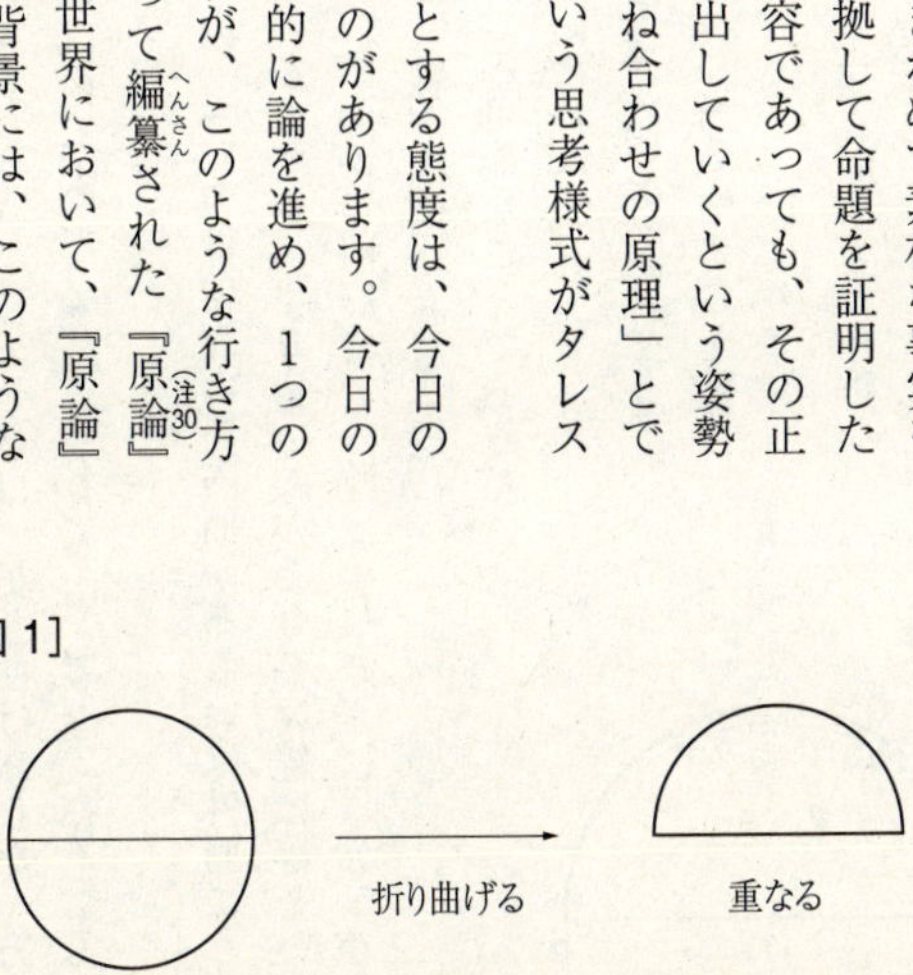

## 背理法の発明

ところで、もしある人が「直径に沿って円を折り曲げたとき、ぴったり重ならなければどうなるのか」という疑問を投げかけたとしましょう。このときは、折り曲げられた一方が他方に等しくならないことになり、円は直径によって2等分されないことになります。

この疑問に対するタレスの回答について、プロクロスは、

「もし（一方が他方に）等しくないならば、（一方は他方の）内側かあるいは外側にくるであろう。そして、そのどちらの場合においても、より短い線がより長い線に等しいということになるであろう。というのは、中心から円周までの線はすべて等しいからである。すると、外側まで延びている（長い）線が内側にある（短い）線に等しいことになるだろう。これは不可能なことである。

したがって、（一方の部分は残りの部分に）ぴったりと合う。

だから、それらは等しい。したがって、直径は円を2等分する」

のように伝えています。この証言は次のように解釈することができます。

円が直径ABで折り重ねられたとき、もし一方が他方と相重ならないとすれば、［図2］のようになります、証言では、一方が他方に等しくないならば、一方は他方の内側かあるいは外側にく

［図2］

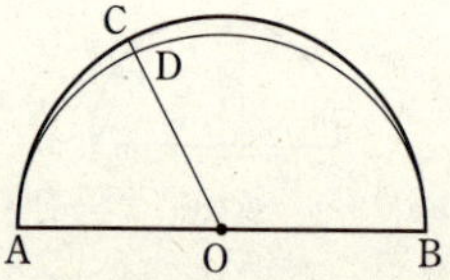

るが、そのどちらの場合についても、以後の証明は同様であると考えられていますから、内側にくる場合を考えてみましょう。［図2］では、ADBがACBの内側にくる場合が示されています。

ここでABの中点をOとすると、点Oは円の中心となります。そして、中心から円周までの長さはすべて等しいですから、

（1）ODはOCに等しくなる

と言えます。ところが、ADBはACBの内側にあるのですから、

（2）ODはOCより小さい

とも言えます。したがって、（1）と（2）より、ODはOCに等しく、かつOCより小さいことになりますが、これは不合理な結論と言わねばなりません。この不合理な結論は一方が他方に相重ならないと仮定したことから生じたのです。したがって、この仮定は誤りであり、円が直径で折り重ねられたとき、一方は他方と相重なると言えます。それゆえに、円は直径によって2等分されるのです。

ここに見られる証明は、間接証明法の1つである「背理法」[注31]と呼ばれる証明法の形式そのものです。背理法とは次のような証明方法です。いま、「Aである」ことを直接に証明できないとき、「Aでない」ことを仮定し、この仮定からの論理的な推論によって不合理なこと（矛盾）が生じることを導き出します。そして、矛盾が生じたのは最初に仮定した

「Aでない」ことが誤りであったからだと考え、それゆえに「Aである」ことが正しいと結論づけます。

タレスは「対頂角は等しい」および「2等辺3角形の両底角は等しい」という命題についても、「円は直径によって2等分される」という命題の証明と同様に、「重ね合わせの原理」を根拠として矛盾を導き出すという論法すなわち背理法によって証明したと考えられています。

## ピュタゴラス学派の四科

「数学」という言葉は、英語で「mathematics」と言われますが、その語源はギリシア語の「マテーマタ」〝μαθήματα〟にあります。マテーマタとは、「学ぶ」を意味する動詞である「マンタノー」から派生した「マテーマ」の複数形であって、「学ばれるべきものども」を意味しています。

このマテーマに関して、プロクロスは『註釈』の中で、

「ピュタゴラス派の人々はすべての数学的学問を4つに分けた。その1つを数に、今1つを量に区分した。そして、それぞれをさらに2つに分けた。それというのも、数はそれ自身として存在するか、または他の数との関係で考えられるかのいずれかであるし、量も静止においてか運動においてかのいずれかだからである。数論は数自体を、音楽は

他の数との関係で、幾何学は静止における量を、天文学は運動における量を考えるのである」

と述べています。

つまり、マテーマタは、

《「数」に関する研究》と《「量」に関する研究》

に大別され、さらにそれらは、

《「静止」においての研究》と《「運動」においての研究》

のように2つに区分されていることがわかります。数を静止において研究する学問が数論、動きにおいて研究する学問が音楽――より厳密に言えば音階論ですが――、そして量を静止において研究する学問が幾何学、運動において研究するのが天文学というわけであり、これを図式化すると［図3］のようになります。

［図3］

| | 静止 | 運動 |
|---|---|---|
| 数 | 数論 | 音階論 |
| 量 | 幾何学 | 天文学 |

これら4つの学問は、見よう見まねでは決して身につかず、一定の教育課程にしたがって「学ぶ」という過程を経なければ獲得され得ない内容を意味しており、後世の人たちによって、「ピュタゴラス学派の四科（クワァドリヴィウム）」[注32]と呼

ばれています。それは「学」であって「術」ではないのです。

古代ギリシアには、数論とは異なる計算術と言われる領域がありました。前者はアリスメティケー、後者はロギスティケーと呼ばれ、数論に比べて計算術は一段低い位置づけをされていました。このような事情は数論以外の学科についても同様で、音階論に対しては大衆音楽、幾何学に対しては測量術、天文学に対しては航海術を、それぞれ対応させることができます。

このピュタゴラス学派の伝統は中世に至って「修辞学」「文法」「論理学」の「三科（トリヴィウム）」(注33)が付け加えられ、中世の大学における必修科目と位置づけられた「自由七学科」（リベラル・アーツ）へと発展していくことになるのです。

### 協和音程の数比の発見

音楽が人の魂をゆり動かすことは古くから認められてきました。そして、ピュタゴラスは音楽の持つそのような一種の魔術性をよく知っていたようです。

音楽理論の歴史における古代から中世への橋渡し的存在であるボエティオス(注34)は有名な『音楽教程』の中で、ピュタゴラスと音楽についての多くの伝承を語っていますが、その中の1つに次のようなものがあります。すなわち、ピュタゴラスはフリュギア調(注35)の音楽を聞いて激昂《げっこう》している酔った青年を、スポンダイック調(注36)で歌いかけることによって平静にし、正常な意識を取り戻させたというのです。つまり、ピュタゴラスは音楽によって魂の調和を回復させることができると考えていたのです。

ピュタゴラスは肉体を不浄なもの、魂を閉じこめている牢獄《ろうごく》と見なしていたのですが、この閉じこめられた魂を解放し、その本来の姿に戻すことが重要であると考えていました。魂の本来の姿とは〝調和〟であり、魂は調和の世界にあってはじめて幸福を得るのだと考えられていたのです。ではどうすれば魂を調和の世界へと導いていけるのでしょうか。それは調和を本性とするものに接することによって可能であると考えられ、それが音楽だとみなされたのです。

現代の私たちでも、落ち着いた静かな場所で美しく快い音楽を聞いたとき、心の安らぎを覚えることがありますし、また荘厳な雰囲気の中での清らかな音楽は人々の気持ちを引きしめるものです。古代の宗教的団体であるピュタゴラス教団に音楽が不可欠のものであったことは、今日の宗教団体を考えてみてもわかることです。

またイアンブリコスも『ピュタゴラス伝』の中で述べていますが、ピュタゴラス学派では、音楽は魂を浄《きよ》めるだけでなく、身体の治療にも効果があると考えられていたようです。つまり、音楽は一種の医術の役割を果たすというわけです。今日でも「音楽療法」があって、胃腸障害にはベートーベンの「ピアノソナタ第7番」がいいとか、精神的ストレスにはヘンデルの組曲「水上の音楽」がよく効くなどという説があります。このような意味において、ピュタゴラスは音楽療法の元祖であるとも言えます。

さて、魂に調和を回復させるためには、美しくきれいな音楽が必要ですが、そのためには協和音（あるいは、和音）が不可欠です。ピュタゴラスはモノコルド（一弦琴）[注37]を作り、音の高さと弦の長さの関係を調べ、協和音を発見したと言われています。

モノコルドとは一本の弦がカノンと呼ばれる定規の上に張られ、自由に動かして弦の長さを調節できるような駒を備えた弦楽器のことです［図4］。このモノコルドを用いた実験では、まず張られた弦全体の出す音が聞き取られ、その後、この音に対する協和音（5度、4度、8度）が探し求められたと思われます。

［図4］

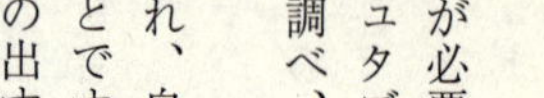

モノコルド

この時代にはすでに、弦を短縮しなければならないということは知られていましたが、問題はどれだけ短縮すればよいかということでした。そして、その解答は多くの試行を重ねた後に得られたのです。その順序は次の通りです［図5］。

（1）全弦（$A$）に対して、求める協和音を発するようなより短い弦切片（$B$）が見出されたとき、眼前には2つの異なった長さの距離がありました。

（2）このとき、短い弦（$B$）が単位と考えられ、長い弦（$A$）から単位$B$が引き去られたのです。そうすると、そこには差（$R$）すなわち縮められた部分が残ることになります。

（3）この差の大きさを知るために、今度は差$R$が単位とされ、$R$が小さい方の距離（$B$）から何回引き去られるかが試されたのです。

すると、5度の場合は2回、4度の場合は3回、8度の場合は1回だったのです。このようにして、3つの協和音程の数比が、

《5度…3：2》《4度…4：3》《8度…2：1》

として確定されたのです。

ここでは、2つの弦切片の長さに対して、交互に差し引きを行うことによって数比が発

[図 5]

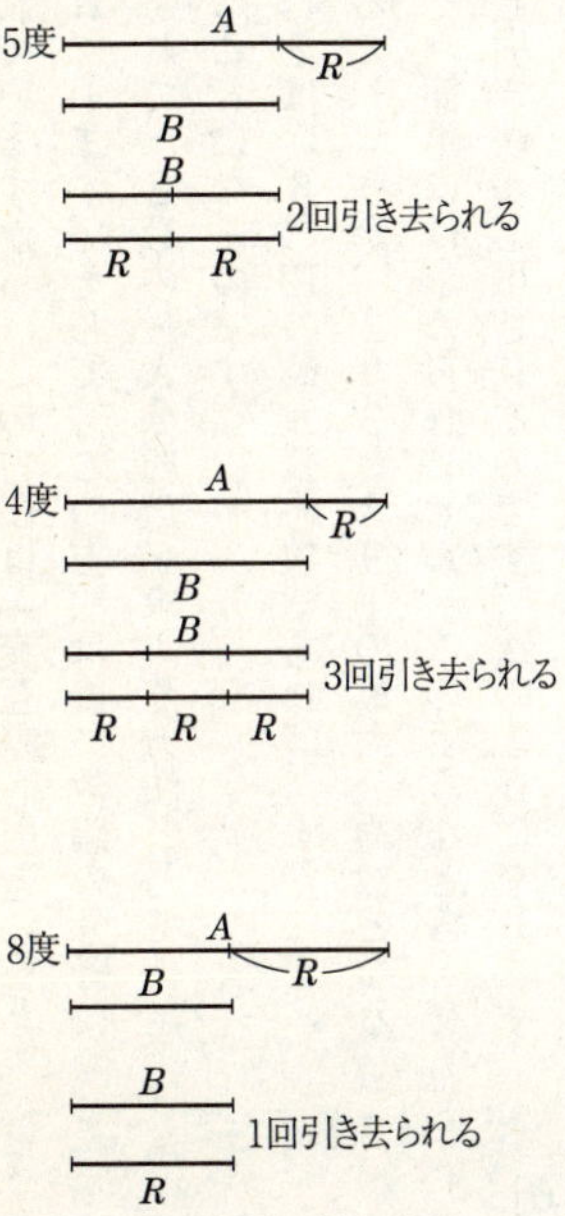

見されていますから、この方法は「交互差し引き法[注38]」と呼ばれています。そして、この方法は後に数論の分野に応用されて、2数の最大公約数を求める方法として使用されることになるのです。

たとえば、8と12の最大公約数であれば、すぐに4とわかるでしょうが、299と391の最大公約数となると、そう簡単には求められません。このようなとき、交互差し引き法が応用されるのです。次のようになります[図6]。

(1)まず眼前には、異なった2つの数299、391があります。

(2)このとき、小さい数(299)が単位とされて、大きい数(391)から引き去られます。すると、そこには差92が残ります。

(3)今度は、この差92が単位とされて、小さい数(299)から何回引き去られるかが試されます。すると、3回引き去られて、23が残ります。

[計算1]

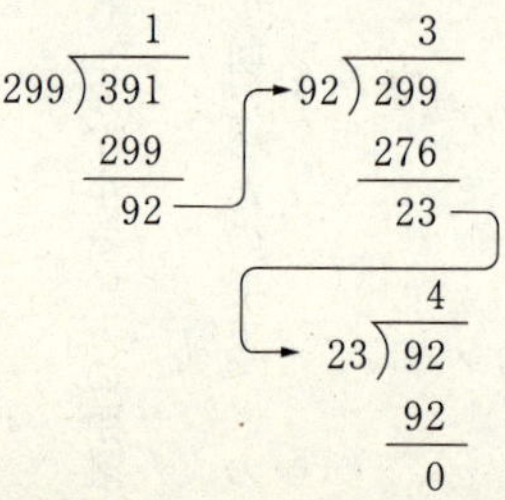


[図6]

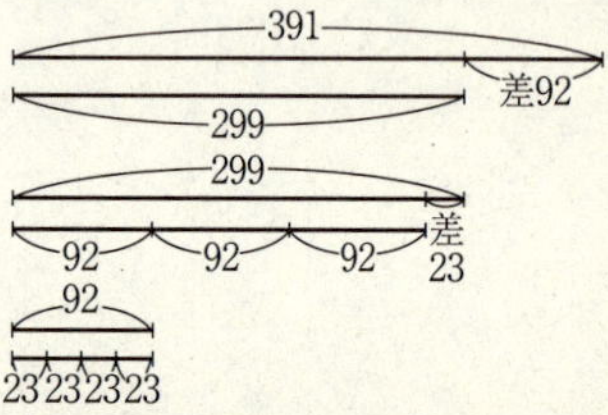

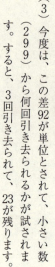

この数23はちょうど92を割り切りますから、この数23が299と391の両方を割り切る最大の約数、すなわち最大公約数なのです。この方法は、引き算をする代わりに割り算を用いて［計算1］のように進めていくことができます。

この手順を見ると、2数に対して、〝互い〟に〝除法〟を行っていることがわかります。したがって、この方法は現在では「互除法」と呼ばれていますが、ユークリッド『原論』第7巻命題2[注39]でこの方法が用いられていることから、「ユークリッドの方式」とも呼ばれます。

このように、音階論の中で用いられた方法が数学に転用されるようになったということは、音楽と数学の親近性を示唆していると言えます。

## ピュタゴラス音階

協和音程の数比を発見した後、ピュタゴラスはその数値を用いて、人類史上最初の音階を作り上げました。8度音の数比は2：1でしたから、基音となるドの音高を1とすると、1オクターブ高いド（8度音）の音高は2となります。また、4度音の数比は4：3、5度音の数比は3：2でしたから、ファ（4度音）の音高は$4/3$、ソ（5度音）の音高は$3/2$となります。そして、ファの音高の$9/8$倍がソの音高になっていますから、基音と4度音、5度音と8度音の間に、それぞれ基音と5度音を基準として$9/8$倍となる音を2個ずつ作ると、［図7］のような音階が構成されます。

このように構成された音階を「ピュタゴラス音階」と呼んでいますが、古代人やルネッサンス人たちには「ピュタゴラスの八弦琴」として知られていたと言われています。[注40]

## ピュタゴラスの定理

数学には数学者の名前の付いた定理が多くありますが、その中にあって、「ピュタゴラスの定理」は今日においても、最も重要な定理の1つとなっています。この定理に対しては、日本では昭和17年頃から「三平方の定理」という名称が使用されています。[注41]

この定理の内容自体はすでに古代オリエントの頃から知られていましたから、ピュタゴラスはそれを一般化したのだと考えられます。そして何よりも、古代オリエント人たちがこの定理を個別的にしか扱わなかったのに対

［図7］

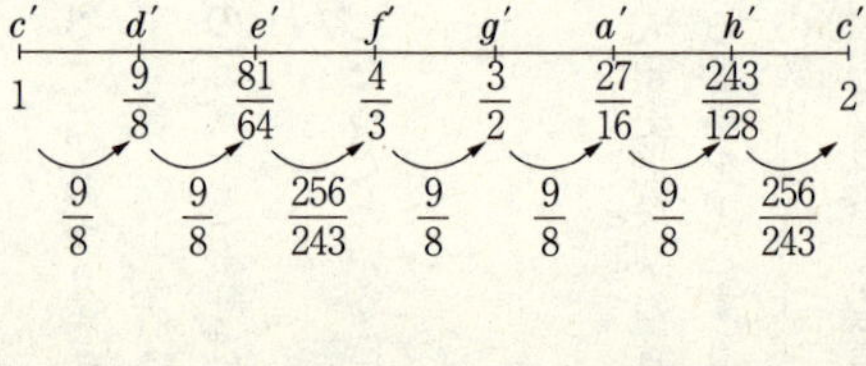

して、ピュタゴラスはこれを一般的・普遍的に把握し、その証明を与えたと考えられ、それゆえに「ピュタゴラスの定理」と呼ばれるようになったのだと言えます。

この定理の証明方法は数多くありますが、ピュタゴラス自身が行ったと言われている次の方法が最も素朴でシンプルなもののように思われます。[図8] のように、同じ大きさの正方形が2つ置かれ、それぞれ図のように分割されています。この両方の正方形から、3辺が $a$、$b$、$c$ の直角3角形を4個ずつ取り去るのです。

もともとの正方形が同じ大きさですから、4個の直角3角形を取り去った残りも等しいはずです。その残りは、[図8（ア）] では $a^2+b^2$ ですし、[図8（イ）] では $c^2$ です。したがって、$a^2+b^2=c^2$ が成り立つことがわかります。

この証明方法は、図によって命題の正しさを示すもので、図解的証明の典型例とも言えます。ピュタゴラスがこの定理の証明に感激し、神に感謝したという伝承は多

[図8]

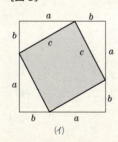

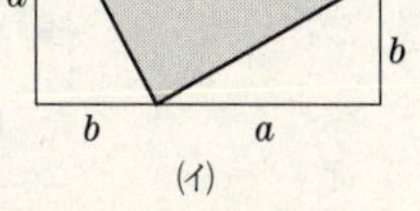

(イ)

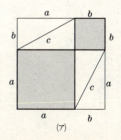

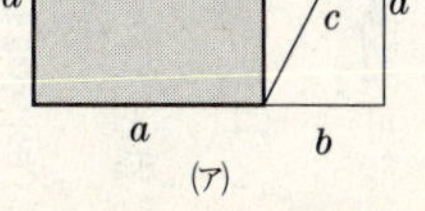

(ア)

く伝わっていますが、その中の1つに、「数論家のアポロドロスによれば、彼（ピュタゴラス）は、直角3角形の斜辺の上に立つ正方形の面積は、直角をはさむ他の2辺の上に立つ正方形の面積の和に等しいということを発見したときに、百頭の牡牛《おうし》を犠牲に捧《ささ》げたということである」というディオゲネス・ラエルティオスの証言があります。

## ピュタゴラス学派の徽章

今日でも、団体がそれぞれのシンボルマークを持っていますように、ピュタゴラス学派にも「ペンタグランマ」(注42)（星形5角形、5芒星形）［図9］と呼ばれる徽章《きしよう》がありました。このペンタグランマを作製するには正5角形の作図が必要となりますが、彼らはどのように作図したのでしょうか。正5角形の一辺と対角線について調べてみますと、一辺を1としたとき、対角線は $\frac{1+\sqrt{5}}{2}$ となっていることがわかります。この値は「黄金比」(注43)と呼ばれる有名なもので、ある線分ABをAB：AC＝AC：CBとなるような点Cで分割することを「黄金分割」と言います［図10］。

したがって、このような黄金分割点を作図することができれば、正5角形の作図が可能となるわけです。その方法はピュタゴラス学派の研究成果をまとめたと言われている『原論』第2巻命題11「与えられた線分を2分し、全体と1つの部分とに囲まれた長方形を残りの部分の上の正方形に等しくすること」から明らかです。

［図11］において、AFを与えられた線分とし、AFを一辺とする正方形ABCFが描かれたとします。ABを点Dによって2等分し、BAの延長上にDFに等しくDGを作り、さらにAGを一辺とする正方形AGHEを作ります。次にHEを延長し、BCの交点をKとします。そうすると、長方形EFCKと正方形AGHEとの面積が等しくなるのです。(注44)

今、$AF = x$, $AE = 1$ としますと、$EF = x - 1$ となり、長方形EFCKの面積と正方形AGHEの面積が等しいことによって、$x(x-1) = 1$ が成り立ち、$x$は1より大きいですから、これを解くと、$x = \frac{1+\sqrt{5}}{2}$ が求められます。したがって、線分AFは点Eによって黄金分割されていることがわかります。

このようにして、線分の黄金分割点を求める方法

［図9］

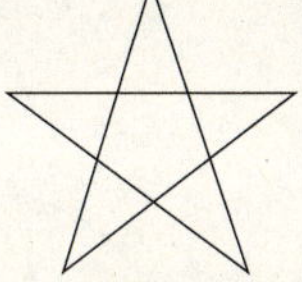

ペンタグラマ

［図10］

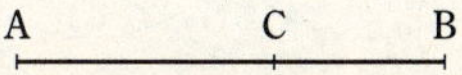


［図11］

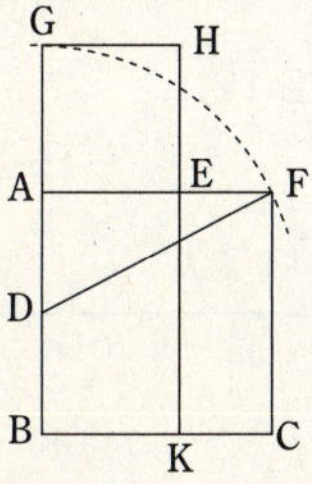

を知っていたピュタゴラス学派の人々は、次のような順序で正5角形を作図することができたと思われます。(注45)

(1) 線分BEを正5角形の対角線とし、BE上に黄金分割点FおよびGを作ります［図12］。

(2) BGおよびFEが正5角形の一辺ですから、BおよびEを中心として半径BG、EFの円を描くと、その交点Aが正5角形の1つの頂点となります［図13］。

(3) 次にAとF、AとGを結び、その延長と円との交点をそれぞれC、Dとしますと、5角形ABCDEが正5角形となるのです［図14］。

ピュタゴラス学派がペンタグランマをどうしてシンボルマークとして選んだかは定かではありませんが、ピュタゴラス学派の根拠地があった南イタリアでは、結晶の形が正12面体(12個の正5角形でできた正多面体(注46))となるような黄鉄鉱が産出されていて、彼らはこの形に触れることが多かったからだという説もあります。

［図12］

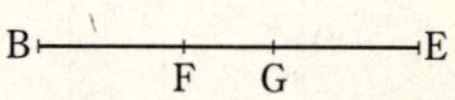


［図13］

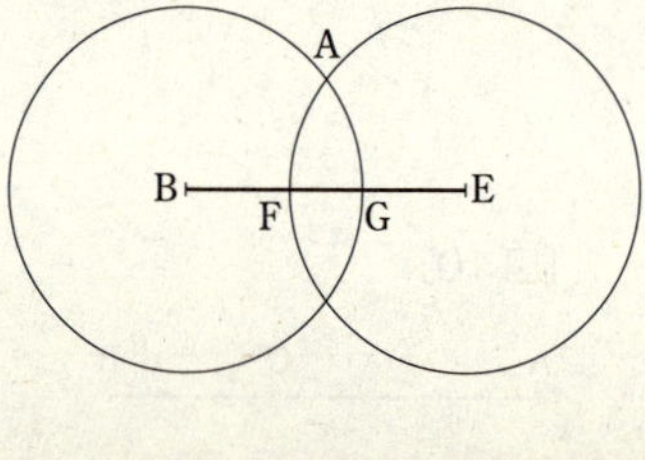

ところで、黄金比には$\sqrt{5}$という無理数が含まれていました。無理数で表現される量は「無理量」と呼ばれますが、この無理量の発見は古代ギリシア数学における一大事件でもありました。次にそれを見てみましょう。

## 無理量の発見

ピュタゴラス学派では「万物の始原は数である」[注47]と考えられていました。このピュタゴラス的「数」が原子論的思想の影響を受けていることはアリストテレスの証言から窺《うかが》い知ることができます。

すなわち、アリストテレスは、

「彼ら（ピュタゴラス学派の人々）は物体を数から構成されているとし、そして、この数を数学的な数としているが、これは不可能である。というのは、不可分な大きさと言うことは真でないからであり、またもし仮にこのような大きさがあるとしても、単位（数の1のこと）[注48]はすべて大きさを持っていないからである。だとすると、大きさが不可分割的なものどもから構成されるということが、どうして可能であろうか？　しかも数は、数論的な数であるかぎり、単位的なものだから。だが、あの人々は、数を存在事

[図14]

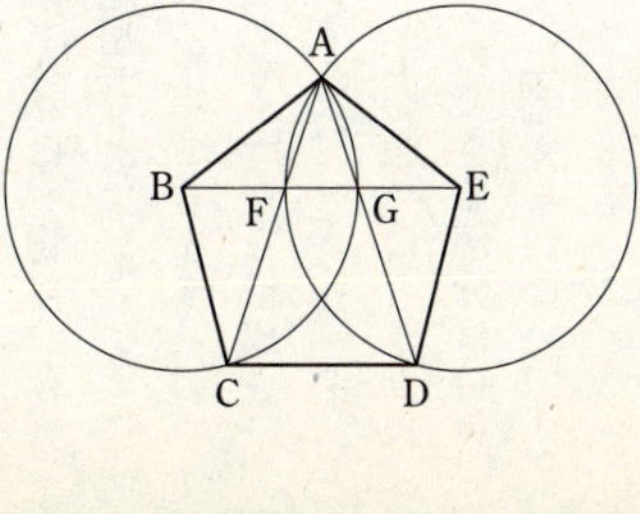

物だと説いている。少なくとも彼らは、あたかも物体がそうした存在する数どもから成るものであるかのように、諸々の物体に彼らの諸定理を適用している」のように、数に関するピュタゴラス学派の人々の説明の仕方を論じているのです。

ピュタゴラス学派の人々においては、「数論における〝大きさを持たない数〟によって〝大きさを持つ物体〟が構成される」と考えられているのですが、そのようなことは不可能だとアリストテレスは批判しているのです。しかし、アリストテレスの時代にあっては、数論的な数は〝大きさを持たない数〟として常識化していたのでしょうが、初期ピュタゴラス学派の時代でもそうであったとは断言できません。

アリストテレスの先の言明の最後にあるように、ピュタゴラス学派の人々は、物体が存在する数から成ることを前提として、「諸々の物体に彼らの諸定理を適用」したのでした。ここに言われている「諸々の物体」に線分が含まれていることは容易に推察できます。

すなわち、ピュタゴラス学派の人々にとっては、線分は「存在する数ども」から構成されていると考えられていたと言うことができます。そして、この「存在する数」こそが「原子としての数」(注49)であると解釈することができるのです。この「原子としての数」は、より小さい部分への無限分割を拒否するものであり、「もはや識別することのできる部分は持たないが、大きさは持つ」という特性を備えたものとして構想されたとは考えられないでしょうか。

もしそうだとすれば、ピュタゴラス学派の人々は、そのような「原子としての数」（以下、原子数とする）によって線分が構成されると見なしたと推測することができます。そして、線分がいかに多くの原子数から成っているとしても、それは決して無限個ではなく、有限個の原子数から構成されているとみなすことができます［図15］。このような「有限個の原子数から構成される線分」という考え方が無理量の発見の契機を与えたのです。

［図15］の正方形ＡＢＣＤにおいて、線分ＡＢおよび対角線ＡＣがそれぞれ原子数から成っていて、$m$、$n$で表されているとします。そして、「万物の始原は数である」というピュタゴラス学派の教義から考えて、$m$、$n$は自然数です。したがって、もし公約数があれば、それで割っていき、公約数を持たないようにしておくことができますから、$m$、$n$は公約数（正確には、１以外の公約数）を持たない自然数とします。つまり、

《公約数を持たない自然数$m$、$n$が存在する》

と仮定するのです。

そうすると、［証明１］によって、$m$は奇数であると同時に偶数でもある、という不合理な結論（矛盾）が得られます。[注50] この矛盾は、「公約数を持たない自然

［図 15］

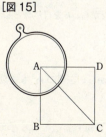

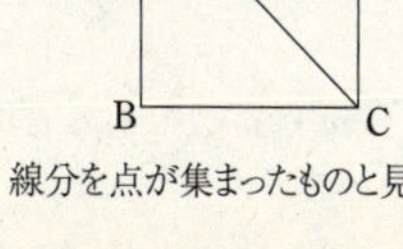


線分を点が集まったものと見なした

数$m$、$n$が存在する」という仮定からの帰結ですから、この仮定が誤りであるということになります。つまり、そのような自然数は存在しない、ということになります。これは「万物の始原は数である」というピュタゴラス学派の教義に反することですから、ピュタゴラス学派では、この事実は門外不出とされたと言われています。

前記の結果は、正方形の一辺と対角線の長さを$m$：$n$という自然数の比で表現できないということを意味しています。

$$m : n = 1 : \frac{n}{m}$$

[証明1]

正方形の一辺と対角線の長さが、それぞれ$m$、$n$ですから、ピュタゴラスの定理によって、$n^2 = m^2 + m^2$となり、

$n^2 = 2m^2$……①

となります。ここで、右辺は偶数ですから、左辺の$n^2$も偶数です。したがって、$n$も偶数です。$m$、$n$は公約数を持ちませんから、ともに偶数であることはありえません。したがって、

$m$は奇数である……②

ことになります。一方、$n$は偶数でしたから、$k$を自然数として、

$n = 2k$

と表すことができます。これを①に代入すると、

$(2k)^2 = 2m^2, m^2 = 2k^2$

となります。ここで、右辺は偶数ですから、左辺の$m^2$も偶数です。したがって、

$m$は偶数である……③

ことになります。すると、②と③より、$m$は奇数であると同時に偶数であることになります。

ですから、正方形の一辺を1とすると、対角線は $n/m$ となります。ところが、一辺が1の正方形の対角線は $\sqrt{2}$ ですから、$\sqrt{2} = \frac{n}{m}$ となるような自然数 $m$、$n$ は存在しない、ということになります。したがって、$\sqrt{2}$ は無理数ということになるわけです。(注51)

古代ギリシアには、無理数という概念はありませんが、現代的に言えば、一辺が1の正方形の対角線は無理数でしか表現できない量（長さ）であり、そのような量が存在することを知り得たという意味で、前述した事柄が「無理量の発見」と言われるのです。

---

（注1）Homeros（前７００頃）ギリシア最古の、そして最大の詩人と言われ、作品としては『イーリアス』『オデュセイア』が有名。

（注2）Hesiodos（前７００頃）古代ギリシア初期の叙事詩人で、作品としては『仕事と日々』『神統記』が有名。

（注3）叙事詩とは、民族など社会集団の歴史的事件、英雄の事跡などを物語る詩を意味している。

（注4）自然を意味するギリシア語は「フュシス」と言い、物理学（physics）の語源ともなっている。そして、自然学者は「フュシオロゴイ」と呼ばれる。

（注5）Thales（前６２５頃－前５４７頃）イオニア地方のミレトス生まれ。古代ギリシアにおける学問の始祖とも言われ、ギリシア七賢人の筆頭に位置づけられている。紀元前５８５年に

起こった日食を予言したとか、天候を予測して、前もって安く買い占めておいたオリーブ油圧搾機を高く売りつけ、一財産を作った、など多くの逸話を持った人物。

（注6）Aristoteles（前384－前322）プラトンの弟子で、古代ギリシアにおける最大の哲学者であり、ギリシア哲学を集大成したと言われている。プラトンの死後、一時マケドニア王フィリッポス2世の子アレクサンドロスの家庭教師をし、後にアテナイに帰り、学園リュケイオンを主宰した。

（注7）アリストテレスの主著の1つ。原題は「メタフィジカ」で、「自然学の後の」書という意味だが、自然的・感覚的なものを超越するものという中世スコラ哲学以来の意味にしたがって「形而上学」という書名が使用された。

（注8）エジプトにおける世界と神々の創造に関する神話の1つであるヘリオポリス神話による。

（注9）メソポタミアの創世記として伝えられている天地創造物語『エヌマ・エリシュ』による。

（注10）Diogenes Laertius（200頃）古代ギリシアの学説誌家、伝記作家。

（注11）書名は岩波文庫版を使用させていただいた。文庫版は（上）（中）（下）から成り、総計82人の哲学者について語られている。

（注12）Anaximandros（前6世紀中期）タレスの弟子で、宇宙の起源から気象学、地理学にまで及んだ自然学に関する書を著したと言われている。

（注13）Pythagoras（前560頃－前480頃）イオニア地方のミレトスの沖合にあるサモス島に生まれる。18歳頃、タレスに学び、その後エジプトに旅し、天文学と幾何学の奥義をきわめ、神々の秘儀も伝授され、バビロニアではマギたちと友好的に交わり、後に南イタリアのクロトンに半宗教的・半政治的結社を創設する。ピュタゴラスは、魂は不滅であり、次々といろ

いろな動物の身体を巡るという霊魂輪廻《りんね》説を持っていたと言われている。

（注14）Pherecydes（前550頃）エーゲ海の小島シュロスに生まれ、神々と自然の生成に関する最初の書物を書き、神秘的宇宙論を展開したと言われている。

（注15）Anaximenes（前6世紀中期）アナクシマンドロスの弟子で、宇宙の始まりなどについての説明はアナクシマンドロスよりも巧妙だと言われている。

（注16）ギリシア語で「ヒューレー」。「材」の意味で、特定の「かたち」、性質を持つ前のものを意味する。

（注17）ギリシア語で「エイドス」。形相とは「かたち」だが、必ずしも眼に見える「かたち」だけを意味するものではない。社会的な形式など、抽象的な「かたち」も意味する。「エイドス」はラテン語の「フォルマ」となり、英語の form（フォーム）の語源となった。

（注18）ここで言われている「数」とは自然数のこと。古代ギリシアの数学には、今日の小数はなく、分数も自然数の比として表現されていた。もちろん、無理数などは知られていなかった。

（注19）たとえば、正義には「4」、男には「3」、女には「2」、結婚には「5」あるいは「6」があてがわれていた。

（注20）Platon（前427－前347）古代ギリシアを代表する哲学者。イデア論を唱え、数学的諸学科を重要視した。紀元前386年頃、古代ギリシアの学問研究を象徴するとも言える学園アカデメイアを創設したが、529年に東ローマ皇帝ユスティニアヌスから解散を命じられ、閉鎖された。これをもって「古代」の終わりとする時代区分もある。

（注21）プラトンの主著の1つであり、イデア論が語られている。この中で、プラトンは哲学者が国家を統治すべきことを説き、さまざまな国制について論じている。

（注22）ピュタゴラスは当時まで使用されていた「ソポス」（知者）という言葉で呼ばれるのを嫌い、「ピロソポス」という言葉を創作したと思われる。

（注23）Iamblichus（250頃－325頃）シリアのカルキスに生まれ、ポルピュリオスに学び、プロティノスの哲学を継いだ新プラトン主義の哲学者。『ピュタゴラス伝』を著した。

（注24）Marcus Tullius Cicero（前106－前43）古代ローマの政治家で、偉大な演説家、雄弁家でもある。ギリシア哲学の思想をラテン語で理解できるようにと考え、その翻訳などに努力した。

（注25）Proclus（412－485）ビザンティンに生まれ、学園アカデメイアでプルタルコスやシリアヌスに学んだ。シリアヌスの死後、アカデメイアの学頭となった新プラトン主義の哲学者。

（注26）プロクロスの著書『ユークリッド「原論」第1巻註釈』は古代ギリシアにおける幾何学の生成と発展に関する歴史的記述が含まれているとともに、『原論』第1巻の定義、公準、公理、各命題に注釈が付けられていて、きわめて貴重な第1次史料である。

（注27）ユークリッド『原論』では、第1巻命題5として位置づけられていて、多くの学習者がここでつまずいたので、「ロバの橋」（pons asinorum）というあだ名が付けられた。

（注28）この内容は後に、ユークリッド『原論』において、公理の1つとして取り扱われるようになった。

（注29）Euclid（前300頃）ギリシア語で言えば、エウクレイデス（Eucleides）。全13巻から成る『原論』を編纂した。ときの王プトレマイオス1世から「『原論』を通してよりも、てっとり早く幾何学を学ぶ道はないのか?」と聞かれて、「幾何学に王道はありません」と答えたと

いう伝承は有名。

（注30）ユークリッドの主著で、全13巻から成っている。ギリシア語の書名は「ストイケイア」と言う。ユークリッド以前の約300年間にわたるギリシア数学を集大成した書と言われ、その後長きにわたって演繹的学問の手本とされた。各国語に訳されて、聖書についでよく読まれた。

（注31）reductio ad absurdum、帰謬法《きびゅうほう》とも言う。

（注32）Quadrivium、ラテン語で「4」は quattuor。

（注33）Trivium、ラテン語で「3」は tria。

（注34）Boethius（480－524）ボエティオスは、ギリシア語を解する最後のローマ人であったと言われ、科学史家サートンによれば、彼は「最後のローマの哲学者・著作家であり最初のスコラ哲学者」であったとのことです。彼は、幾何学、算術、天文学、音楽に関するいくつかの基礎的な書物を書きましたが、それらの著作はしばしば不完全で、あいまいなところが多かったようです。

（注35）戦意を高めるとされる旋法のこと。

（注36）長長格で、沈静作用を持つとされる旋法のこと。

（注37）「モノコルド」という言葉は、「単一の」を意味するギリシア語「モノス」と、「弦」を意味するギリシア語「コルデー」が合成されてできたもの。

（注38）「この方法はきわめて古いものでありうる。2つの距離の比を決めようと欲すれば、必然的にそうした方法をとることになる」という指摘もある。

（注39）命題2は「互いに素でない2数が与えられたとき、それらの最大公約数を見出すこと」と

いう内容。

(注40) 16世紀中頃には、ピュタゴラス音階よりも簡単な数比を用いた「純正音階」が作られ、その後18世紀になって、今日の「12平均律音階」が作られた。

(注41) ピュタゴラスの定理は、中国では「勾股《こうこ》弦《げん》の定理」と呼ばれ、日本でもこの名称が使用されていたが、昭和16～17年頃、末綱《すえつな》恕一《じょいち》博士の発案もあって、「三平方の定理」という名称が使用されるようになった。

(注42) 英語では pentagram、「penta」は「5」の意味で、ギリシア語の「ペンテ」に由来している。また、「-gram」は「図」の意味。

(注43) golden ratio、「黄金比」という言葉が使用され始めたのは19世紀になってからのようである。古代ギリシアでは「外中比」(the extreme and mean ratio) と呼ばれていた。$a : b = b : c$ において、$a$ と $c$ を「外項」、$b$ を「中項」ということに由来する。

(注44) $AF = FC = x$ とすると、$AD = \frac{1}{2}x,\ DF = DG = \frac{\sqrt{5}}{2}x$ となるから、$AG = \frac{\sqrt{5}-1}{2}x$ となり、
正方形AGHEの面積は $\left(\frac{\sqrt{5}-1}{2}x\right)^2 = \frac{3-\sqrt{5}}{2}x^2$ となる。また、
$EF = x - \frac{\sqrt{5}-1}{2}x = \frac{3-\sqrt{5}}{2}x$ だから、長方形EFCKの面積は
$\frac{3-\sqrt{5}}{2}x \cdot x = \frac{3-\sqrt{5}}{2}x^2$ となる。よって等しい。

(注45) この作図は対角線が与えられた場合だが、これ以外にも、正5角形の一辺が与えられた場合、

円が与えられて内接正5角形を作図する場合とがある。

（注46）正多面体とは、すべての面が1種類の合同な正多角形であり、どの頂点にも同数の辺が集まっている立体のことで、正4面体、正6面体、正8面体、正12面体、正20面体の5種類がある。

（注47）古代ギリシアの原子論は、前5世紀のレウキッポス（Leucippus）とデモクリトス（Democritus）に始まり、エピクロス（Epicurus、前4世紀）の哲学（原子論的唯物論）へと受け継がれていく。

（注48）ユークリッド『原論』第7巻の定義1、2において、1は単位であり、数とは単位から成る多である、と規定されているから、古代ギリシアにおいては、1は数として扱われていなかった。

（注49）原子は「アトム」（atom）だが、この言葉は「分割」を意味するギリシア語である「トメー」に、否定の接頭語である「ア」が冠せられて作られたもので、文字通り「分割されえないもの」を意味している。

（注50）アリストテレスは『分析論前書』（第1巻第23章）において、「正方形の対角線は一辺と通約不能であることが、もし通約可能と仮定されると、奇数どもが偶数どもと等しい結果が成立することによって証明される場合のごとくである」と述べている。

（注51）無理数は英語で「irrational number」。そして、この英語は否定を意味する「ir」と「比」を意味する「ratio」の合成語である「irratio-」から作られている。そして、「ratio」の語源は「比」を意味するギリシア語の「ロゴス」にある。したがって、無理数は「比を持たない数」という意味であると考えられる。この意味から言えば、「無理数」という用語は適切と

は言えず、むしろ「無比数」とでも言うべきであろう。

ところで、ロゴスという用語の第一義的な意味は、実は「言葉」である。したがって、無理数という用語は、もともとの意味から考えれば、「言葉を持たない数」というように解釈することができる。言い換えれば、「言外すべからざる数」あるいは「他に漏らしてはならない数」とも言えよう。

## 3 プラトンの数学論

### イデア論の誕生――『パイドン』

プラトン(注1)は哲学の体系化に着手するにあたって、ミレトス学派の伝統とピュタゴラス学派の伝統の2つを統括する試みによって、それをなそうとしたのですが、そのための手がかりは2つありました。1つは、ソクラテス(注2)が抱いていた「定義」への関心であり、もう1つは、ピュタゴラス学派の霊魂不滅説または霊魂輪廻説(注3)でした。

プラトンのイデア論が初めて明確な形で述べられたのは、対話篇『パイドン』(注4)においてでしたが、この書の副題である「魂について」が示すように、この書の主題は霊魂不滅説なのです。そして、魂をめぐる対話の中に、イデア論が基本的な思想として提起されているのです。

プラトン

古代ギリシアの一般的常識としては、私たち生命体の内にあって、私たちを動かしているものがプシュケー（魂）と呼

ソクラテス

ばれていました。プシュケーとは、人間が生きている間は肉体に住みつき、肉体に生命、活力をもたらすものなのですが、肉体が滅びた後、プシュケーはどうなるのかについては、種々の考え方がありました。そうした中で、プラトンは『パイドン』において、肉体の死滅後もプシュケーは不死であり、不滅であることを論証しようとしたのです。たとえば、『パイドン』の「最終証明への準備」では、

「僕が前提として立てるのは、なにか美それ自体が存在するということ、そして、善についても、大についても、その他すべてについても、事情は同様であるということである。もし、君がこれらのものを認め、これらのものが存在することに同意してくれるなら、僕はこれらのものから出発して、かの原因を発見し、魂が不死であることを君に示すことができるだろう」

と語られています。つまり、美のイデア、正義のイデアなど、イデアの存在を仮定して、魂の不死の証明へと進むのです。第1の証明は、ピュタゴラス学派の霊魂不滅説とイデアの想起説(注5)の結合によるものであり、第2の証明は、魂とイデアの親近性によるものです。

第2の証明では、一方に神的、不死的、単一的、不変的であるもの（イデア）が存在し、他方には、人間的、可死的、多様的、可変的であるもの（感覚物）が存在することが論証

された後、魂は前者に属し、肉体は後者に属することが示されるのです。こうして、魂とイデアの親近性によって、魂の不死が証明されるのです。『パイドン』では、魂の不死が証明された後、さらに続いて、魂の不滅の論証によって証明が完結されるのですが、ここのところの証明は十分ではないようです。

たとえば、「偶数」のイデアは「奇数」のイデアを排除し、「冷」のイデアは「熱」のイデアを排除するから、「奇数」や「熱」に「偶数」や「冷」が近づくと、「奇数」や「熱」は滅びてしまうとしながら、魂については、死が近づいてきても滅びることはないと論じられているのです。この論証過程は十分なものとは言えませんが、ともかくも、プラトンにあっては、イデアの世界は魂の故郷でもあり、魂が帰っていく永遠不滅の場所でもあったのです。その意味で、霊魂不滅説とイデア論はプラトン哲学の2本柱として、相互依存の関係にあると言うことができます。

プラトンがイデアの概念を獲得するにあたっては、もう1つの手がかり、すなわちソクラテスが抱いていた「定義」への関心がありました。この問題について、アリストテレスは『形而上学』第1巻第6章において、

「ソクラテスは、自然的世界全体を念頭におかず、もっぱら道徳上の問題のみに考察を限定して、この領域において普遍的なものを探究し、定義ということに集中した最初の人であったが、プラトンは彼を継承して、定義の問題は感覚的な事物に関わるものでは

なく、別種の存在に関わるものだと考えた。感覚的な事物はつねに変化しつつある以上、それらについての一般的な定義はありえない、というのがその理由である。そうした別種の存在を、プラトンはイデアと呼んだ」と述べています。

ソクラテスは、たとえば「正義」について語っている人でも、「正義そのもの」を知って語っているわけではないということを明らかにしたのです。ではなぜ、「正義そのもの」について何も知らないのに、「あの人は正義感の強い人だ」とか「正義はまっとうされねばならない」などと語ることができるのでしょうか。それは、私たちの背後に「正義そのもの」があるからだとソクラテスは考えるのです。この「正義そのもの」が、後にプラトンによって「正義のイデア」と規定されるようになるのです。

**イデア論の完成――『国家』**

イデア論の完成した姿はプラトンの主著の1つである『国家』(注6)に見出されます。対話篇『国家』の副題である「正義について」が示すように、この書の主要テーマは国家論を通して「正義とは何であるか」を明らかにしようとするものですが、イデア論との関係で言えば、第6巻から第7巻にかけての3つの比喩《ひゆ》、すなわち「太陽の比喩」「線分の比喩」「洞窟《どうくつ》の比喩」が重要です。とりわけ、「線分の比喩」は最もよくイデア論の構造を説明していると思われます。

プラトンはすでに『パイドン』の「最終証明への準備」において、「もしも、美そのもの以外になにか他のものが美しいとすれば、かの美そのものを分有するから美しいのであって、それ以外の他の原因によってではない」と述べていて、イデア論上の基本的な区分をしていました。すなわち、一方に単一で永遠不滅の「美のイデア」があり、他方に多数の変化しやすい感覚的事物である「美しい物」があるという区別をしていたのです。

プラトンは1本の線分を想定し、上記のイデア論上の基本的区分にしたがって、線分を2つの部分に分け、上部を「思惟《しい》によって知られるもの」（可知界）に、下部を「見られるもの」（可視界）に割り当てます。そしてさらに、その分け方にしたがって、2つの部分それぞれをさらに2つに分けるのです。主著『国家』第6巻（20）においては、次のように述べられています［図1］。

「1つの線分（AB）が等しからざる部分（AC、CB）に

［図1］

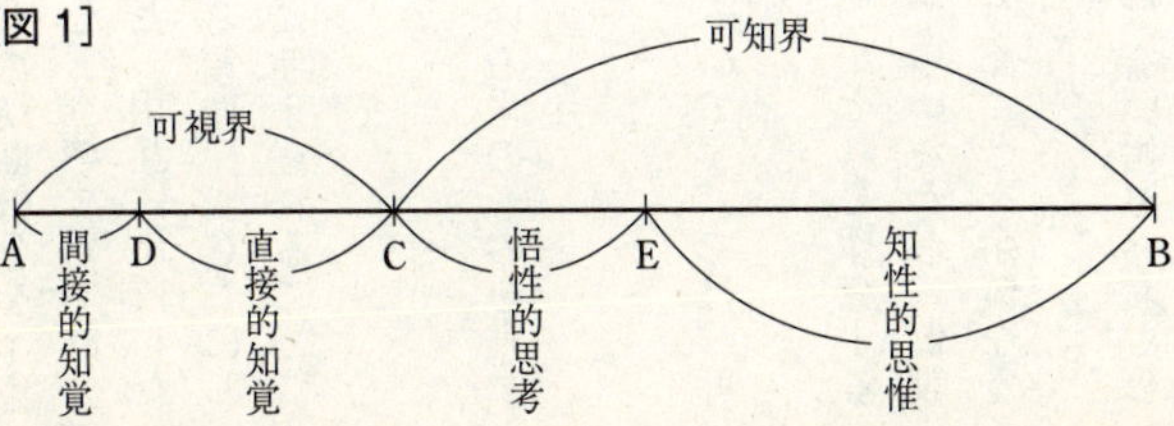

二分されたかたちで思い描いてもらって、さらにもう一度、それぞれの切断部分を——すなわち見られる種族を表す部分（AC）と思惟によって知られる種族を表す部分（CB）とを——同じ比例に従って切断してくれたまえ。そうすると、相互に比較した場合のそれぞれの明確さと不明確さの度合いに応じて、まず見られる領域（AC）においては、分けられた一方の部分（AD）は似像を表すものとして君に与えられることになるだろう。

（中略）

それから、もう1つのほうの部分（DC）を、いまの似像が似ている当のものを表すものと、想定してくれたまえ」

こうして、可視界は下部の「似像」と、上部の「事物」に二分されるのです。では、可知界（CB）はどのように二分されるのでしょうか。

下部（CE）に関しては、「……一方の部分（CE）は、魂（精神）がそれを探究するにあたって、先の場合には原物であったものをこの場合には似像として用いながら、仮設（前提）から出発して、始原へさかのぼるのではなく結末へと進んで行くことを余儀なくされる」と説明され、上部（EB）に関しては、「これに対して、もう一方のもの（EB）の探究にあたっては、魂（精神）は仮設から出発して、もはや仮設ではない始原へおもむき、また前者（CE）で用いられた似像を用いることなしに、直接『実相』そのものを用い『実相』そのものを通じて、探究の行程を進めていくのだ」と説明されています。もう少しわかりやすく説明すると、前者は数学者の進め方で、奇数や偶数、図形、3種類の角(注7)などを「既知の事柄として仮定し、これらは万人に明らかなこと」として取り扱い、始原に向かうのではなく、結尾に向かって考察を進めていくのだ、というのです。

これに対して、後者は哲学者の進め方で、種々の仮定を絶対的な始原とはしないで、文字通り「下に（ヒュポ）置かれたもの（テシス）(注8)」として取り扱い、そこから万有の始原へと向かい、その始原を把握した後は、今度は逆に、始原に繋がり合っているものに次々と触れながら、結尾に至るまで下降していくのだ、というのです。そして、このとき、感覚されるものはいっさい補助として用いず、イデアそのものを用いて、イデアを通ってイデアへ入り、イデアに終わるというのです。

最後に、プラトンは線分ABの4つの部分に対して、魂の4つの状態を割り当てます。すなわち、EBには「知性的思惟」（直接知）、CEには「悟性的思考」（間接知）、DCには「確信」（直接的知覚）、ADには「影像知覚」（間接的知覚）を対応させるのです。

以上がプラトンのイデア論の基本的な構想ですが、その背景には比例論が横たわっていることがわかります。プラトンにおいては、比例思想(注9)はきわめて重要視されていて、秩序は比例によって成立させられていると考えられています。プラトンは『国家』において種々の国家体制とそれに対応する人間の型を論じていますが、そこでも比例思想が根幹に位置づけられています。

### プラトン主義的数学観

プラトンの思想はピュタゴラス学派の形相的自然観の延長上にあります。たとえば、プラトンは『国家』第7巻（12）において、「目が天文学との密接な関係において形づくられているのとちょうど同じように、音階の調和をなす運動との密接な関係のもとに耳が形づくられているのであって、この両者に関わる知識は、互いに姉妹関係にあるのだ、と。これはピュタゴラス派の人々が主張し、……」と述べているように、ピュタゴラス学派の四科（数論、音階論、幾何学、天文学）を重視し、学園アカデメイアの必修科目としたのです。そして、プラトンの「神は常に幾何学する」という言葉や、アカデメイアの入り口に掲げられたと言われている「幾何学を知らざる者、この門をくぐるべからず」という標語が物語っているように、とりわけ幾何学を重視しました。[注10]

古代ギリシア前期における数学は、ピュタゴラス、プラトンを経て、紀元前300年頃の成立とされるユークリッドの『原論』によって集大成されることになりますが、このピュタゴラス→プラトン→ユークリッドという系譜によって、古代ギリシア数学に顕著に見られる思想が形成されていったのです。この思想は今日では、プラトン主義（プラトニズム）と呼ばれています。

アリストテレスは『形而上学』第1巻第6章において、プラトン哲学に関する論評を行っていますが、その中で、

「若いころからプラトンは、初めにクラテュロスに接してこの人のヘラクレイトス的な意見に親しんだ。そして、――この意見では、およそ感覚的な事物はことごとく絶えず流転しているので、これらの事物については真の認識は存しえないというのであるが――、この意見をかれは後年にもなおそのとおりに守っていた……」

と述べていることからわかるように、感覚的な事柄は「仮象の世界」に属する移ろいやすいものであり、そのようなものに真の認識はありえないとプラトンは考えていました。この仮象の世界に対峙《たいじ》するのが「イデアの世界」なのです。

そして、プラトンにあっては、「仮象の世界」と「イデアの世界」を媒介する役割を担うのが数学であると見なされています。この件についても、アリストテレスの、

「だがプラトンは、さらに感覚的事物とエイドスとのほかに、これら両者の中間に、数学の対象たる事物が存在すると主張し、そしてこの数学的対象をば、一方、それらが永遠であり不変不動である点では感覚的事物と異なり、他方、エイドスとは、数学的諸対象には多くの同類のものがあるのにエイドスはいずれもそれぞれそれ自らは唯一単独であるという点で異なるとしている」

という証言があります。

このように、真の存在者であるイデアを扱う哲学（形而上学《けいじじょうがく》）はプラトンの学問階梯《かいてい》の最高位に位置され、感覚を通して得られる常に変転して止まない仮象の世界に関する学問である自然学は下位に置かれ、そして数学はその中間に位置づけられているのです。

プラトンの数学論においては、数学者が思考する4角形や対角線は、それらの形象についてではなく、それを似象とする原物（イデア）についてなのであり、彼らの論証は4角形そのもの、対角線そのもののためになされるのであって、図形に描かれる対角線ではないのです。すなわち、4角形のイデア、対角線のイデアが思惟の対象とされていることがわかります。そして、数学者たちの研究方法について、プラトンは、

「奇数と偶数とか、さまざまな図形とか、角の3種類とか、その他これと同類の事柄をそれぞれの研究に応じて前提して、これらは既知のものとみなし、そうした事柄を仮設として立てたうえで、これらのものについては自分自身に対しても他の人々に対しても、もはや何ひとつその根拠を説明するにはおよばないと考えて、あたかも万人に明らかであるかのように取り扱う。そして、これらから出発してただちにその後の事柄を論究しながら、最後に、自分たちがとりかかった考察の目標にまで、整合的な仕方で到達するのだ」（『国家』第6巻〈20〉）

と述べていますが、このような数学思想はユークリッド『原論』においてみごとに具現化

されているのです。

プラトンのイデア論はピュタゴラス的な形相的自然観の延長上にあり、アリストテレスの「形相」（エイドス）の概念へと発展していきます。すなわち、「形相」概念の先駆をなしたのがプラトンの「イデア」概念であり、プラトン主義的数学観はイデア―形相の概念をその根幹としていると言えます。このように考えると、イデア―形相的なプラトン主義的数学観は、「形あるもの」あるいは「限りあるもの」、すなわち「有限」を尊んだと言うことができます。そして、無限は有限以下のものとみなされたのです。

古代ギリシアにおいては、限定を受けていない「質料」が「形相」によって限定されたとき、秩序ある存在（ウーシア）が成立すると考えられ、そこにはじめて真に価値あるものが生じるとされたのです。

プラトン、アリストテレスによれば、善とは常に「秩序」（コスモス）(注11)を持ち、限界のある「有限なもの」とされるとともに、無限はその反対として、限界なきもの、秩序なきもの、として悪とみなされたのです。古代ギリシア数学におけるこのような無限観は1つの大きな特徴であると言えます。

さらに(注12)、無限を忌避するギリシア的数学観は、たとえば、「アキレスは亀に追いつけない」とか「飛ぶ矢は飛ばない」

ゼノン

など で有名な「ゼノンの逆理」(注13)への考慮もあったであろうと思われます。すなわち、「無限」という概念はきわめて難解な問題を含んでいるのであって、論理性を厳しく追求した古代ギリシア人は、「無限」の概念が矛盾を含むものであることを感じ取り、それを注意深く避けたのです。

そもそも「無限」という概念には、少なくとも2つの意味があります。1つは、いくらでも操作が続けられ、終わることがないという意味であり、もう1つは、有限のものとは隔絶した大きさを持つものとしての「無限」です。前者は「操作的無限」とか「可能的無限」、後者は「存在的無限」とか「実無限」と呼ばれます。アリストテレスは『自然学』第3巻第7章において、「無限は現実態においては存在しなくて、ただ可能態において存在するだけである」という趣旨のことを述べています。

「無限」は、ギリシア語では「アペイロン」と言いますが、この単語は否定の接頭辞である「ア」と、「限界」とか「限定」という意味の「ペラス」との合成語なのです。したがって、「アペイロン」は「限界がない」とか「限定されていない」という意味で「無限」と訳されているのです。このアペイロンは、アナクシマンドロスが万物の始原と見なしたものと言われています。つまり彼は、まだ限定されていない原初的な何かから万物が生じると考えたのであって、これを近代以後の「無限」と解するべきではありません。

近代以後の数学は無限と極限を大胆に積極的に取り入れることによって、微積分学という新しい数学を創造していったのですが、そこでは、無限はポジティブな概念としてあったと言えます。しかし、古代ギリシアにあっては、無限ははっきりしない無限定で不定な原初的状態というネガティブな概念だったのです。

## プラトンの立体

自然学に関するプラトンの著作として、「自然について」という副題を持つ『ティマイオス』(注14)がありますが、ピユタゴラス学派の教養を受け継いだプラトンは、その著書の中で5種類の正多面体を総合的に論じていますので、正多面体は「プラトンの立体」とも呼ばれているのです。

正多面体とは1種類の正多角形で作

[図2]　正多面体

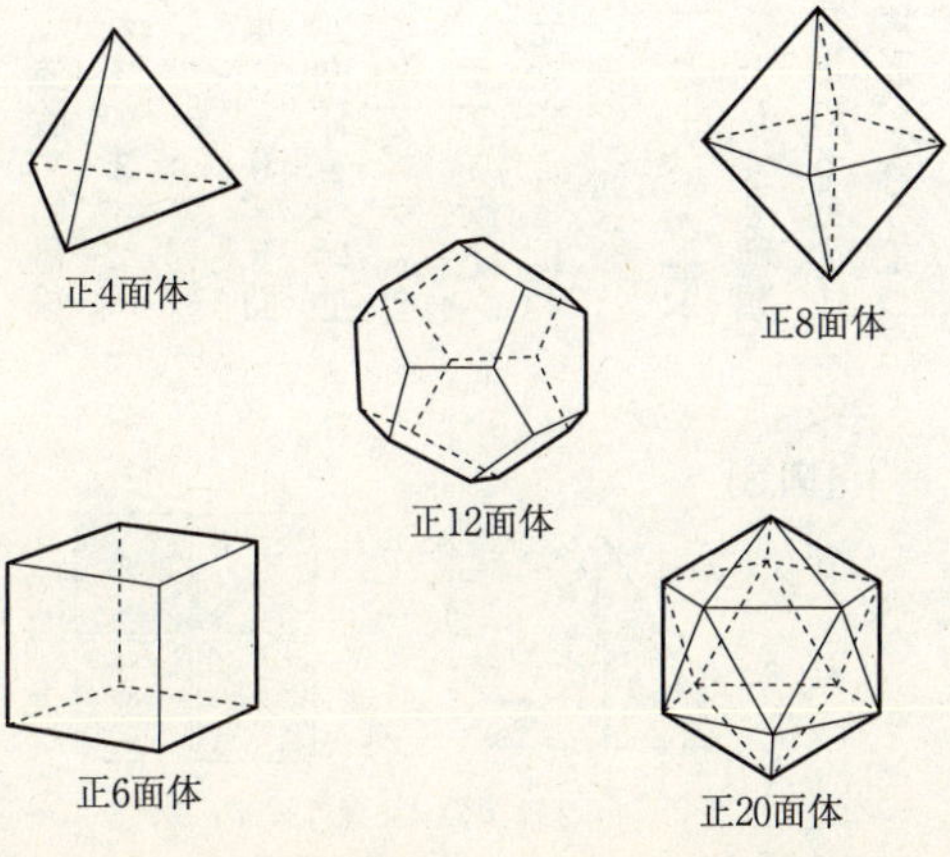

られ、さらに各頂点のまわりがすべて同じ状態になっている凸《とつ》多面体《めんたい》のことであり、正4面体、正6面体、正8面体、正12面体、正20面体の5種類しかないことが、ユークリッド『原論』の最後の巻である第13巻の最後の命題18において証明されています［図2］。

正多面体については、古代オリエントですでに正4、6、8面体が知られており、ピュタゴラスがこれに正12、20面体をつけ加えたという説もありますが、しかし別の説では、ピュタゴラス学派においては、正4、6、12面体が知られていて、テアイテトス(注15)が残りの2つを初めて発見したと言われていて、定かなことはわかりません。

『ティマイオス』第20章では、宇宙の構成元素として火、空気、水、土の4つが示され、神はこれら4大元素の始原として2種類の3角形を与えたとされています。1つは正3角形の6分の1（または、2分の1）となっている直角不等辺3角形、もう1つは正方形の8分の1（または、2分の1）となっている直角2等辺3角形であって、この2種類の3角形が「ストイケイア」［図

［図3］

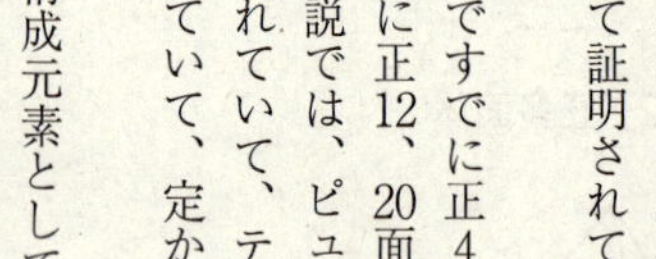

2種類のストイケイア

3」と呼ばれているのです。現在、文房具屋で売られている一組の三角定規を思い起こしていただければよいと思います。

ストイケイアとは「基本」とか「基本的構成要素」という意味で、何物かのもとになっているものを指しています。たとえば、1つの言語体系のもとになっているものは字母で、英語のアルファベット*a*、*b*、*c*……などがその例です。この字母がストイケイアとなって、1つの言語体系が作られているわけです。同様のことは数学にもあてはまり、ここからユークリッド『原論』のギリシア語名称が「ストイケイア」〝*Στοιχεία*〟となっている理由が理解できるのです。

さて、このストイケイアから正3角形と正方形が生まれ、その正3角形と正方形から生まれる最も美しい立体が神の作った4大元素である火、空気、水、土の形にふさわしいとされたのです。その最も美しい立体とは、正3角形ばかりでできている正多面体である正4、8、20面体の3個と、正方形だけでできている正6面体の合わせて4個です。そのうち正4面体は4個のうちで最も小さく鋭く、しかも軽々としていて、どこへでも動いていきそうなので、火の元素にふさわしいとされました。正20面体は4個のうちで最も球に近く、ころころと転がって流れていきそうなので、水の元素にふさわしいとされました。さらに正8面体は正4面体と正20面体と同じく正3角形からできていて、ちょうど火と水の中間的な姿をしていると考えられ、そこで空気の元素とされたのです。それらに対して、正6面体は正方形だけからできていて、じっと安定しているので、土の元素にふさわしいと考えられました。

以上の4個の正多面体に対して、5番目の正多面体である正12面体は2種類のストイケイアで作ることができないうえに、ピュタゴラス学派のシンボルマークに深い関わりを持つ正5角形からできている神秘なものでした。「これこそまさに宇宙そのものだ！」とでも思ったのでしょうか、プラトンは正12面体を4大元素によって構成された万物を包み込んだ宇宙の器（入れもの）と考えたのです。(注16) ときとして正多面体が「宇宙の立体」と呼ばれるのは、このような理由からなのでしょう。

ピュタゴラス―プラトンと続く正多面体への関心はその後も続き、近代初期の偉大

［図4］ケプラーの挿し絵

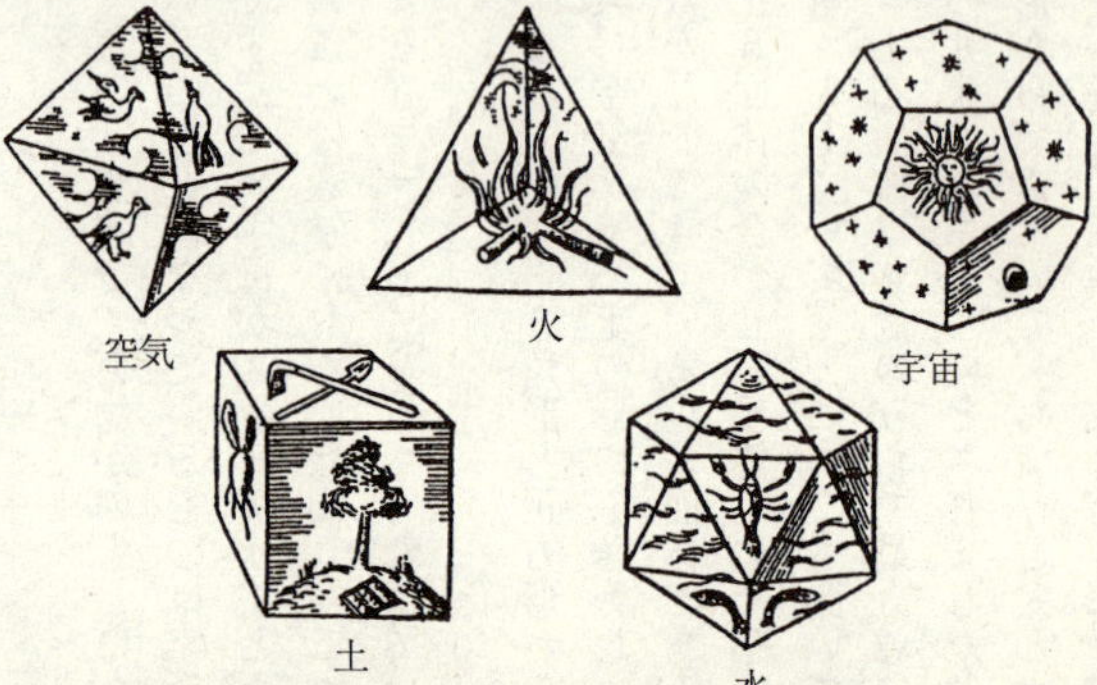


ケプラー『世界の調和』第2巻25問より

な天文学者ケプラー(注17)によって再び取り上げられることになるのです。彼は『宇宙の神秘』（1596年）、『新天文学』（1609年）、『世界の調和』（1619年）という3部作を著しましたが、題名からしてピュタゴラス学派の思想を感じさせるものがあります。

ケプラーの著『世界の調和』には［図4］のような挿し絵が見られますが、これ1つとってみても、ケプラーがプラトン主義者であり、ひいてはピュタゴラス主義者であったということができます。またケプラーは『宇宙の神秘』の第1巻第12章において(注18)「確かに、幾何学の宝は2つある。1つは直角3角形における斜辺と直角をはさむ2辺の関係であり、もう1つは線分の外中比による分割(注19)である。そのうちの前者からは立方体、正4面体、正8面体が作られ、後者からは正12面体と正20面体が作られる」と述べていて、ピュタゴラスの定理と黄金分割を幾何学の宝と考えているのです。このように見てくると、ますますケプラーがピュタゴラス－プラトンの直系の後継者であると思わずにはいられません。

**ギリシアの3大難問**

紀元前5世紀のギリシアでは、今日「ギリシアの3大難問」と呼ばれる作図問題が研究されました。第1は、与えられた任意の円の面積に等しい正方形を作図する問題、第2は、与えられた任意の角を3等分する直線を作図する問題、そして第3は、与えられた任意の立方体の体積の2倍の体積を持つ立方体の一辺を作図する問題で、それぞれ、円の方形化問題、角の3等分問題、立方体倍積問題と呼ばれています。ここで言うところの「作図」とは、「直線を引くための定木」と「円を描くためのコンパス」だけを使用して、要求された図形を描くことを意味しています。

第3の立方体倍積問題については、ある伝説が伝えられています。ギリシアのデロス島に悪疫が流行したとき、恐れおののいた人々はデロス島の守護神であるアポロンの神殿にお伺いをたてたのですが、そのときの神託は「神殿の正面にある立方体の祭壇を2倍にせよ。しからば悪疫は止むであろう」というものでした。

立方体の一辺を2倍にした立方体を作製したのですが、悪疫はおさまらず、立方体を2個並べて置いても効果はありませんでした。人々の相談を受けたプラトンは「神は2倍の祭壇をお望みなのではなく、ギリシア人が幾何学をおろそかにしないように、この課業を与えたのだ」と言ったということです。そういうわけで、この問題は別名「デロスの問題」とも呼ばれています。

これらの幾何学的作図問題は3つとも、近代になってようやく、不可能であることが証明されたのですが、ギリシアの幾何学者たちはこれらの作図問題を研究する過程において種々の新しい発見をすることができたのです。(注20)

作図問題は、実は代数方程式の問題に還元できます。一般に、長さが$a$、$b$の2線分と単位線分とが与えられたとき、その2線分の和、差、積、商は作図でき、さらに長さ$a$の線分に対して、$\sqrt{a}$も作図することができます。(注21) したがって、加減乗除および開平を有限回含んだ式については、定木とコンパスで作図できることになるのです。

さらに一般に、代数式は、それがせいぜい加減乗除および開平を含むとき、そのときに限り作図可能であることが知られています。このことは、解析幾何学的に考えればよいでしょう。すなわち、定木とコンパスで作図可能な図形は直線と円ですが、これらはそれぞれ$x$、$y$の1次方程式、2次方程式で表現されるのですから、それらを連立させて解けば、せいぜい加減乗除および開平しか現れてこないということから了解されます。

角の3等分問題や立方体倍積問題では3次方程式が現れてきますし、円の方形化問題では超越数(注22)である円周率$\pi$が出てきます。したがって、これらの問題は作図不可能ということになるのです。

(注1) Platon (前427－前347) 古代ギリシアを代表する哲学者。ソクラテスの弟子で、アリストテレスの師。アテナイに学園アカデメイアを創設し、国家に有為な青年の教育に従事した。アルキュタスを通じてピュタゴラス学派の思想を受け継ぎ、イデア論を唱え、数学的諸科学を重要視した。

(注2) Socrates (前470頃－前399) 古代ギリシアの哲学者で、プラトンの師。倫理問題に関心を持ち、その諸定義を試みた。前399年に、「国家の認める神々を認めず、青年を堕

（注3）落させた」として有罪を宣告された。彼の妻は悪妻の代表として有名。

（注4）人間の霊魂は不滅で、肉体が滅びても、魂は不死であり、次々といろいろな動物の体内に入って巡っていくという考え方をピュタゴラス学派の霊魂不滅説または霊魂輪廻説と言う。

（注5）『パイドン』は、プラトンの第1回シケリア島訪問（紀元前388年頃）からの帰国直後に、すなわち、プラトンの心にまだピュタゴラス学派の記憶が鮮明に残っていた頃に書かれた著作で、プラトンの中期の対話篇群の最初に位置している。

（注6）イデアを想い起こすことができるのは、すでに生前に（アプリオリに）イデアが獲得されているからだとする思想を「イデアの想起説」という。

（注7）『国家』はプラトンの主著で、中期の代表作。正義とは何かという問いかけから始まり、国家における正義の考察がなされている。

（注8）鋭角、直角、鈍角という3種類の角のこと。

（注9）ヒュポテセイス、『原論』では「定義」の意味で使用されている。

（注10）比例思想は、単なる平等を悪平等としてしりぞけ、「すべての事物は、各人の値打ちによって配分されるべき」とする配分の正義論の支柱となり、階級社会を容認する思想としての役割を果たした。

（注11）アカデメイアは紀元前386年頃に、プラトンによって創設された。国家を背負って立つ有為な青年の育成を目指したが、529年に東ローマ皇帝ユスティニアヌスから解散を命じられ、閉鎖された。今日の「アカデミー」の語源。

コスモスは宇宙とか世界を意味するが、もともとは、事物を「整理する」とか「秩序づける」という意味のギリシア語コスメオーに由来している。

（注12）アキレスはギリシア神話の英雄で、ホメロスの『イーリアス』の主要人物。ここでは、足の速い人の代表として登場している。

（注13）Zenon of Elea（前490頃－前425頃）古代ギリシアの哲学者。無限や運動、連続に関する素朴な考えに矛盾するようなパラドックス（逆理）を提出した。

（注14）『ティマイオス』はプラトンの後期の著作で、宇宙論が展開されている。

（注15）Theaetetus（前417頃－前369頃）古代ギリシアの哲学者、数学者。プラトンに学んだ。ユークリッド『原論』の第10巻（無理量論）、第13巻（正多面体論）は彼の業績と言われている。

（注16）正12面体は黄道12宮と関連づけられる。黄道12宮とは、黄道帯を12等分した各区画に配置された宮のことで、白羊《はくよう》・金牛《きんぎゅう》・双児《そうじ》・巨蟹《きょかい》・獅子《しし》・処女《しょじょ》・天秤《てんびん》・天蠍《てんかつ》・人馬《じんば》・磨羯《まかつ》・宝《ほう》瓶《へい》・双魚《そうぎょ》の12宮をいう。

（注17）Johannes Kepler（1571－1630）ドイツの天文学者。ティコ・ブラーエの火星に関する膨大な観測記録をもとに惑星の運動を研究し、3つの法則を発見した。

（注18）ピュタゴラスの定理（三平方の定理）のこと。

（注19）黄金分割のこと。

（注20）円積曲線やコンコイド（貝殻状の曲線）の発見など。

（注21）これらの作図については、本書第Ⅲ部第4章の「解析幾何学の誕生」を参照。

（注22）整数係数の代数方程式の解になる実数を「代数的実数」と言い、代数的実数でない実数を「超越数」と言う。$\pi$ が超越数であることは、1882年にリンデマン（Lindemann、1852－1939）によって証明された。

# 4　論証数学の成立

## ギリシア初期の証明概念

〝証明〟という概念は古代ギリシア世界の産物であり、それは「原理からの導出」というタレスの知的態度から必然的に生まれてきたものであると言えますが、古代ギリシア初期の証明概念は必ずしも今日的なそれと同一ではありません。

この「証明する」という動詞は、ギリシア語では「デイクニュミ」〝δείκνυμι〟と言いますが、この用語には「図示する」という意味合いが込められていて、古くは「具体的に目に見えるようにすること」という意味であったと言われています。つまり、古代ギリシア初期にあっては、図を示すことによって命題の正しさを証明するというきわめて素朴な方法が使用されていたと考えられるのです。図解的証明と言ってもよいでしょう。

ピュタゴラス自身によるものと言われているピュタゴラスの定理の証明はその一例と言えます。言い換えれば、古代ギリシア初期における証明とは、作図などによる「現実的具象化」（図などの具体的な対象として示すこと）であったと言うことができます。そして、このような現実的具象化は幾何学の分野だけでなく、ギリシア初期の数論の分野においても同様でした。

数学史家オスカー・ベッカー[注1]は初期のギリシア数論における偶数・奇数に関する諸定理が小石を並べることを用いた方法、すなわち「石並べ算」[注2]によって導き出されたものであることを文献学的方法によって立証したのですが、この石並べ算はまさに現実的具象化そのものと言えます。たとえば「偶数の和はつねに偶数である[注3]」という命題は［図1］のように図解的に証明されます。

［図1］の①では、4個の偶数が置かれている場合が図示されていますが、これは任意個と考えられています。さらに、ギリシア人にとっては、ユークリッドの『原論』第7巻定義6に明記されているように、偶数とは2等分される数のことでした[注4]。

さて、これら偶数の和が［図1］の②に示されています。これは①の小石を動かすことによって作られたものです。そして、最後に小石を入れ替えることによって③が得られますが、これが2等分される数であることは、もともとの作られ方からして明らかです。したがって、これは偶数であり、よって命題は証明されたことになるわけです。

[図 1]

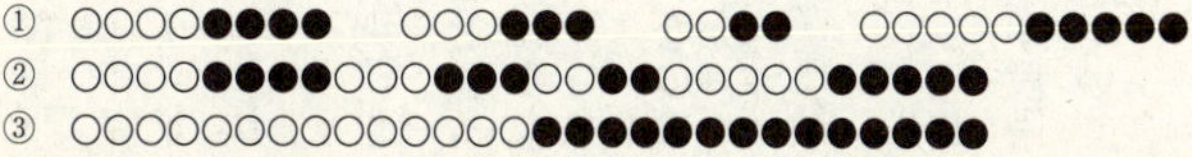

ユークリッド

このように、古代ギリシア初期にあっては、証明は視察可能な現実的具象化という段階にあったと言えます。ギリシア語「デイクニュミ」はその後も使用され続け、ユークリッドの『原論』においては、証明を終了するにあたって、「これが証明すべきことであった」という意味の「ホペル・エデイ・デイクサイ」"ὅπερ ἔδει δεῖξαι" という常套句《じょうとうく》で締めくくられているのです。そして、この言葉が後にラテン語訳されて「quod erat demonstrandum」(注5)となり、頭文字をとって作られた「Q.E.D.」が証明の語尾に付されるようになったのです。

前記のギリシア語「デイクニュミ」の伝統を引き継ぐ英語は「demonstration」(注6)なのですが、今日では「証明」を意味する英語としては「proof」が使用されます。この「proof」の語源はラテン語の「probus」であって、その動詞形である「probe」は「さぐり針で探る」という意味であり、同種の英語では「investigate」があります。

この言葉は「外に向けて示す」(デイクニュミ)というよりは「内に向かって探る」という意味合いが濃厚です。したがって、証明という概念は図解的表象として外に示す段階から、次第に証明内部に分け入り、その内的連関までをも探究する段階へと発展していったと推察されます。

## ユークリッドの『原論』

プロクロスの証言によれば、『原論』と称される書を初めて編んだのはキオスのヒッポクラテス(注7)であり、その後も、レオン(注8)やテウディオス(注9)によって『原論』が編纂されたようですが、ユークリッドによる『原論』が出されるに至って、それ以前の『原論』はすべて失われ、残存していません。したがって、今日『原論』と言えば、それはユークリッドによるものを指します。

ユークリッドの『原論』は定義、公準、公理に始まり、さまざまな定理を演繹的に導き出していくというスタイルをとっていて、今日の数学の原型をなすものであると言ってもよいでしょう。そのため、『聖書』に次いで世界各国語に翻訳され、実に２０００年以上にもわたって「数学の聖典」としての地位を占め続けたのでした。近代自然科学の金字塔とも言えるニュートンの有名な『自然哲学の数学的原理』(注10)(プリンキピア、１６８７年)などもこの『原論』を手本にして書かれています。

全13巻に及ぶ『原論』の内容は多岐にわたっていて、平面幾何、幾何学的代数、比例論とその応用、数論、無理量論、立体幾何、求積法、正多面体論に及んでいます。しかし、これらの内容が1人ユークリッドに帰せられるはずはなく、その多くがユークリッド以前になされた数学的探究の結果であると言えましょう。つまり、『原論』は紀元前６００年頃からの約３００年間にわたる数学的蓄積を整理し、１つの書として編纂したのだと考え

［表1］

| | 第1巻 | 第2巻 | 第3巻 | 第4巻 | 第5巻 | 第6巻 | 第7巻 | 第8巻 | 第9巻 | 第10巻 | 第11巻 | 第12巻 | 第13巻 |
|---|---|---|---|---|---|---|---|---|---|---|---|---|---|
| 定義 | 23個 | 2 | 11 | 7 | 18 | 4 | 23 | 0 | 0 | 第1群 4<br>第2群 6<br>第3群 6 | 28 | 0 | 0 |
| 公準 | 5個 | 0 | 0 | 0 | 0 | 0 | 0 | 0 | 0 | 0 | 0 | 0 | 0 |
| 公理 | 5個 | 0 | 0 | 0 | 0 | 0 | 0 | 0 | 0 | 0 | 0 | 0 | 0 |
| 命題 | 48個 | 14 | 37 | 1 | 25 | 33 | 39 | 27 | 36 | 115 | 39 | 18 | 18 |
| 内容概略 | 平面図形 | 平面図形（幾何学的代数） | 平面図形（円論） | 平面図形（内接・外接多角形） | 一般比例論 | 一般比例論の図形への応用 | 数論<br>無記号整数論 | 数論 | 数論 | 無理量論 | 立体図形 | 求積論（取り尽し法） | 正多面体論 |

られます。したがって、ユークリッドは独創的な数学者というよりは、有能な編纂者であったと考えられます。この『原論』の内容を一覧表にすると［表1］のようになります。

## 定義・公準・公理

『原論』は冒頭の「定義」に始まり、その後「公準」と「公理」が示され、そして命題とその証明が続くという構成になっています。したがって、この書が書かれた目的、趣旨などはいっさい書かれていません。

最初に、証明ぬきに述べられている定義・公準・公理を見てみましょう。プロクロスの『註釈』では、「ユークリッドは共通原理（コイナイ・アルカイ）[注11]それ自身をヒュポテセイス、アイテーマタ、アキシオーマタに分けている」とか、「幾何学の第1原理はヒュポテ

セイス、アイテーマタ、アキシオーマタの3つに分けられる」などと語られていますから、定義・公準・公理はそれぞれ、
定義（ヒュポテセイス）　公準（アイテーマタ）　公理（アキシオーマタ）
と呼ばれていたとともに、これら3つの用語はギリシア数学形成の初期には明確には区別されておらず、理論的考察の深まりとともに区分されていったものと考えられます。
ヒュポテセイス（定義）という用語は「下に」（ヒュポ）という副詞と「置く」（ティテーミ）という動詞の合成語であって、「下に置かれたもの」すなわち、議論を行うための「基礎に置かれた前提」という意味と解釈することができます。『原論』の冒頭には、必ずしも今日的な定義とは言えないものもありますが、ともかくも、

1　点とは部分を持たないものである。

2　線とは幅のない長さである。

から始まって、

23　平行線とは、同一の平面上にあって、両方向に限りなく延長しても、いずれの方向においても互いに交わらない直線である。

までの合計23個の「定義」が述べられています。『原論』では、定義の次に「公準」と呼ばれる5個の言明が置かれています。これらを列挙すると、

1　任意の点から任意の点へ直線を引くこと。

2　有限の直線を連続して一直線に延長すること。
3　任意の点と距離（半径）とをもって円を描くこと。(注12)
4　すべての直角が互いに等しいこと。
5　1直線が2つの直線に交わり、同じ側の内角の和を2直角より小さくするならば、この2直線は限りなく延長されると、2直角より小さい角のある側において交わること。(注13)

となります。「公準」を意味するギリシア語「アイテーマタ」は「要請する」という意味の動詞「アイテオー」に由来しています。したがって、議論を行うにあたって、一方が他方に対して前もって承認を得るために要請しておくべき事柄が「公準」であったと考えられます。

プロクロスが『註釈』において「命題もまだ知られておらず、また、それに対する探究者の承認もないままに、ある前提がとられるとき、我われはそれをアイテーマタと呼ぶ。たとえば、すべての直角は等しい、のごとくがそれである」と述べているように、アイテーマタはヒュポテセイスと区別して定立されています。つまり、証明されるべき命題に含まれる概念とは相対的に独立なのですが、しかし議論の「前提」とでも言うべき内容が「公準」として提示されていると考えられるのです。ところが『原論』では、公準とその性格が類似していると見なしうる9個の「公理」、

1　同じものに等しいものはまた互いに等しい。
2　等しいものに等しいものが加えられれば、全体は等しい。
3　等しいものから等しいものが引かれれば、残りは等しい。
4　不等なものに等しいものが加えられれば、全体は不等である。
5　同じものの2倍は互いに等しい。
6　同じものの半分は互いに等しい。
7　互いに重なり合うものは互いに等しい。(注14)
8　全体は部分より大きい。
9　2線分は面積を囲まない。

が公準の直後に提示されています。(注15)

一方、「公理」を意味するギリシア語「アキシオーマタ」は「是認する」という意味の動詞「アキシオー」に由来していますから、議論に先だつ前提として容認されるべき内容を意味していると考えられます。したがって、公準と公理は意味合いがとてもよく似ていると言えます。

それでは、これらの公理と前述の公準とはどのような違いがあるのでしょうか。その解釈はさまざまですが、通俗的には、プロクロスの、

「しかしながら、問題が定理と区別されるように、公準は公理と区別される。両者とも

証明されえないものであるが、すなわち、前者は構成することが容易であると仮定され、後者は認識することが容易であるとして受け入れられる。ゲミノスはこの理由で公準と公理を区別した。しかし他の人々は、前者は幾何学に特有なものであり、後者は量と大きさに関わるすべての学問に共通であると言う」(注16)

という証言に依拠して、

公準：幾何学的対象に関する前提

公理：量などの一般的対象に関する前提

のように解釈されています。もちろん、こうした解釈に異論がないわけではありませんが、『原論』という著書を大局的に見れば、証明を必要としない一群の基礎的原理（公準・公理）――これらを一括して、今日的用語である「公理」と呼ぶことにします――をもとにして、そこから演繹的に諸定理を導出していくという作風を初めて体現した書であることは疑いえない事実であると言えます。この理由によって、ユークリッド『原論』が今日的な公理的・演繹的体系としての数学の祖であるとされているのです。

**平面幾何学**

ユークリッド『原論』第1巻は定義・公準・公理に続いて48個の命題が扱われていますが、これらは平面図形に関わる内容です。この48個の命題は、第1群：命題1〜26、第2群：命題27〜32、第3群：命題33〜48という3種類の命題群に分けられます。第1群は、3角形や線分・角の作図、線分や角を2等分する作図、垂線の作図など一連の作図題が扱われているほか、3角形の辺と角に関する内容やその相互関係、3角形の3つの合同定理などが扱われています。たとえば、2等辺3角形の底角定理は命題5で、対頂角に関する定理は命題15で扱われています。また、辺角辺の合同定理は命題4、辺辺辺の合同定理は命題8、角辺角の合同定理は命題26でそれぞれ扱われています。

第2群は、「錯角が等しければ、2直線は平行である」という命題27から始まっていることからもわかるように、平行線に関する内容が扱われています。そして、平行線を利用して「3角形の内角の和は2直角である」ことが命題32で証明されています。

第3群は、初めて平行4辺形を紹介している命題33、34から始まり、平行4辺形・3角形・正方形がそれらの面積に関連して取り扱われています。たとえば、命題43は「平行4辺形において、対角線をはさむ2つの平行4辺形の補形は互いに等しい」という内容であって、たとえば、［図2］で平行4辺形EBGKとHKFDは面積が等しいことが証明されています。このような面積の

［図2］

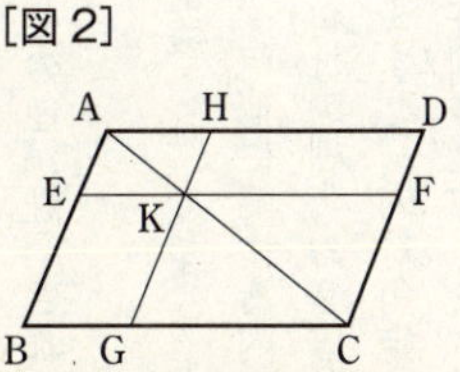

変形に関する内容は、ピュタゴラス学派の「面積のあてはめ」と呼ばれています。第3群では、命題47で有名なピュタゴラスの定理が証明され、最後の命題48でその逆が証明されています。

円に関する内容は『原論』第3巻で扱われていて、37個の命題から構成されています。ここでは、円の中心と弦の関係、中心角と弧の関係、円の接線の諸性質、弓形に関する内容などが扱われています。円周角定理は命題20（同じ弧の上に立つ中心角は円周角の2倍であること）、命題21（同じ切片内の角は等しいこと）で証明されていますし、内対角定理[注17]は命題22で、接弦定理[注18]は命題32で、方べきの定理[注19]は命題35でそれぞれ証明されています。

『原論』第4巻は第3巻「円論」の続編とも言える内容で、3角形に円を内接・外接させること、円に正方形や正5角形を内接・外接させること、正5角形に円を内接・外接させることなどが扱われるなど、全部で16個の命題から構成されています。

### 幾何学的代数

『原論』第2巻は、第1巻で見た第3群の命題群の続きとでも言える内容であって、14個の命題から構成されています。

たとえば、命題4は「線分が任意に2分されるならば、全体の上の正方形は、2つの部分の上の正方形と、2つの部分によって囲まれた長方形の2倍との和に等しい」というもので、［図3］において、正方形ABEDの面積が、正方形HGFDの面積、正方形CBKGの面積、長方形ACGHの面積の2倍の和に等しいことが証明されています。これは明らかに、$(a+b)^2=a^2+b^2+2ab$という代数形式を幾何学的に表現したものであって、第2巻の命題10まではこのような代数形式に関わる内容が扱われています。

命題5は［図4］において、「もし線分（AB）が相等および不等な部分に（点CとDで）分けられるならば、不等な部分にかこまれた矩形（AD×DB）と2つの区分点の間の線分上の正方形（$CD^2$）との和は、もとの線分の半分の上の正方形（$CB^2$）に等しい」という内容で、今日の記法では、

$$ab+\left(\frac{a+b}{2}-b\right)^2=\left(\frac{a+b}{2}\right)^2$$

となります。

また、命題11、14はそれぞれ、$x^2+ax=a^2$、$x^2=ab$という2次方程式の解法に相当する内容が幾何学的に与えられています。また、命題12、13は余弦定理[注20]に相当する内容で、それぞれ鈍角3角形、鋭角3角形の場合が扱われています。

［図3］

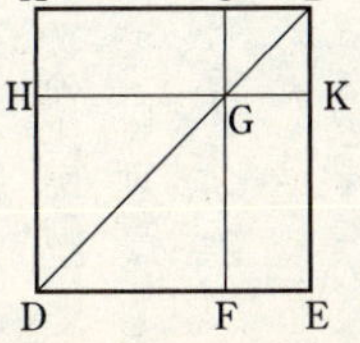


［図4］

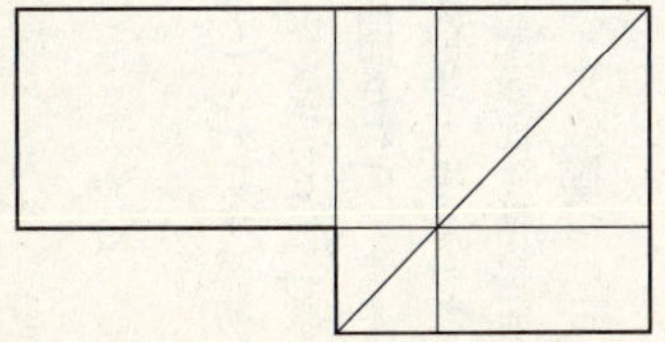

このような意味で、第2巻の内容は「幾何学的代数」と呼ばれているのです。

## 比例論とその応用

古代ギリシアにおける比例論は、時代的に見て異なる2つの時期に出現しています。初期には「数に関わる比例論」が、後には「量に関わる比例論」が形成されていきました。『原論』では、第7巻で「数の比例論」が扱われ、第5巻で「量の比例論」が展開されています。

第7巻はピュタゴラス学派に帰せられていて、その成立は紀元前5世紀前半と考えられています。これに対して、第5巻はエウドクソス(注21)に帰せられ、その成立は紀元前4世紀前半と見なされています。そして、この2つの比例論の間に「無理量の発見」が位置づけられるのです。

「数の比例論」は「万物の始原は数である」と考えたピュタゴラス学派の所産だとされていて、そこでの数は自然数のことです。ところが、自然数で表現できないような量の存在が明らかになる（無理量の発見）に及んで、自然数にしか適用できない「数の比例論」では、一般的な量に関する比例を扱うことができなくなったわけです。そこで、無理量をも含むすべての量に対して適用できる新しい比例論を打ち立てることが求められたのです。そして、この仕事を行ったのがエウドクソスだったのです。

同じ比を持つ2量は比例すると言われますから、「同じ比を持つ」ということをどのように定義するかが問題となります。また、どのようなときに「比」が存在するのかも考えねばなりません。

『原論』第5巻定義4では、「何倍かされて互いに他より大きくなりうる2量は相互に比を持つといわれる」と述べられていて、2量$a$、$b$が「比$a:b$」を持つのは、適当な正の整数$m$、$n$をとることによって、「$ma>b, nb>a$」とすることができる場合であるというわけです。もし、どんな正の整数$m$、$n$についても、$ma>b$あるいは$nb>a$とできないならば、$b$あるいは$a$はいわば「無限大」の量ということになって、このようなときは、比は考えられないということになるのです。(注22)

一方、「同じ比を持つ」ことは定義5において、「第1の量と第3の量の同数倍が第2の量と第4の量の同数倍に対して、何倍されようと、同順にとられたとき、それぞれ共に大きいか、ともに等しいか、またはともに小さいとき、第1の量は第2の量に対して第3の量が第4の量に対すると同じ比にあると言われる」と述べられています。これを現在の表記法で解説すると次のようになります。第1～4の量を、それぞれ$a$、$b$、$c$、$d$とし、$m$、$n$を任意の正の整数とするとき、

第1の量（$a$）と第3の量（$c$）の同数倍、すなわち$ma, mc$

と、

第2の量（$b$）と第4の量（$d$）の同数倍、すなわち$nb, nd$

デデキント

とを考えます。

そして、$ma$、$mc$が$nb$、$nd$に対して「同順に」とられたとき、すなわち「$ma$と$nb$」及び「$mc$と$nd$」について、

$ma > nb$ ならば、$mc > nd$

$ma = nb$ ならば、$mc = nd$

$ma < nb$ ならば、$mc < nd$

が成り立つとき「$a : b = c : d$」であると定義されているのです。とてもまわりくどい言い方ですが、『原論』では、この定義を土台として、多くの重要な命題の正しさが保証されているのです。また、この定義の仕方は19世紀後半にデデキント(注23)によって確立された無理数論の考え方と基本的に同じであると言えます。

---

(注1) Oskar Becker（1889－1964）ライプツィッヒ生まれ。フッサールの門下生としてフライブルク大学に学び、後にボン大学哲学教授などを歴任。数理哲学および数学史専攻。

(注2) 石並べ算は「ペーポポリア」と呼ばれるが、これは「小石」を意味するギリシア語「ペーポイ」に由来する。

(注3) ユークリッドの『原論』第9巻命題21では「偶数個の偶数の和は偶数である」が証明されている。

(注4) 奇数は、ユークリッドの『原論』第7巻定義7で「2等分されない数、または偶数と単位だけ異なる数」として定義されている。

(注5) 作図に関する命題の証明の後は、「これが作図すべきものであった」という意味の常套句「ὅπερ ἔδει ποιῆσαι」(ホペル・エデイ・ポイエーサイ)で締めくくられている。ラテン語訳は「quod erat faciendum」、略して「Q.E.F.」である。ラテン語の facio は、英語の make の意味。

(注6) 「外に向けて示す」という意味を含み、プラカードなどを持って、主張をアピールする「デモ行進」はこの言葉に由来する。

(注7) **Hippocrates of Chios** (前5世紀後半) 古代ギリシアの数学者、天文学者。はじめ商人だったが、紀元前5世紀中頃にアテナイにやってきて、幾何学に上達し、有名になったと言われている。また、円の方形化問題、立方体倍積問題にも取り組んだ。

(注8) **Leon** (前4世紀前半) 古代ギリシアの数学者。問題解決の準備として可能条件を見出す必要があることを初めて提起した。

(注9) **Theudius of Magnesia** (前4世紀に活躍) 古代ギリシアの数学者。アリストテレスの著作に引用されている初等幾何学についての命題は、テウディオスの編んだ『原論』から採られたものではないかと言われている。

(注10) 『自然哲学の数学的原理』では、冒頭に8個の定義と3個の法則(公理)が置かれている。

(注11) コイナイは「共通の」の意味。アルカイは「アルケー」で、タレスが「万物の始原は水である」と言ったときの「始原」の意味。

(注12) 公準1、公準3はそれぞれ幾何学的作図における定木とコンパスの使用の根拠とされてい

る。

（注13）公準5は「平行線公準」と呼ばれる有名なもの。

（注14）これは、タレスの「重ね合わせの原理」を述べたもの。

（注15）9個の公理のうち、4、5、6、9が含まれていない写本もあるということで、これらは後世の人の挿入ではないかとも考えられている。この場合、本来の公理は5個ということになる。

（注16）Geminus（前1世紀前半）古代ギリシアの数学者。ユークリッド『原論』の定義、公準、公理などについての考察、線や面の分類を行った。

（注17）円に内接する4角形の対角の和は2直角であるという内容。

（注18）円の弦と接線のなす角はその弦の上に立つ円周角に等しいという内容。

（注19）円内の2つの弦が交わるなら、一方の弦の2部分の積は他方の弦の2部分の積に等しいという内容。

（注20）角$A$の対辺を$a$、他の2辺を$b$、$c$とすると、$a^2=b^2+c^2-2bc\cos A$が成り立つ。

（注21）Eudoxus of Cnidus（前４００頃－前３４７頃）古代ギリシアの数学者、天文学者。無理量を含む一般的な量に適用可能な比例論を構築するとともに、取り尽し法を発明した。

（注22）任意の正の数$a, b$に対して、$na>b$となる自然数$n$が存在するという内容を「アルキメデスの公理」という。

（注23）Julius Wilhelm Richard Dedekind（１８３１－１９１６）ドイツの数学者。「デデキントの切断」と呼ばれるアイデアを用いて実数論を理論的に基礎づけた。このアイデアはエウドクソスによる定義の仕方と基本的に同じ。

# 5　数論とその発展

## ピュタゴラス学派の数論

アリストテレスは『形而上学』第1巻第5章において、ピュタゴラス学派の人々についてさまざま語っていますが、その中に「数のこれこれの属性は正義であり、これこれの属性は霊魂であり理性であり、さらに他のこれこれは好機であり、そのほか言わばすべての物事が一つ一つこのように数のある属性であると解されたが……」という一節が(注1)あります。これはピュタゴラス学派の人々がいろいろな理由をつけて、理性を1、正義を4、好機を7などと見なしたことを意味しています。このように、ピュタゴラス学派ではあらゆるものが数に結びつけて考えられたのです。

ピュタゴラスはまず数を奇数と偶数に分類しました。そして、奇数は2つに分割しようとしてもできないので、こわすことのできないものは完全だからであると考え、奇数を「完全」や「神性」と結びつけたのです。これに対して、偶数は2つに分割できるので、奇数とは反対の性格を与えられました。このようにピュタゴラス学派では、奇数は完全と神性が連想されたので、最初の奇数である「3」は男性を表し、偶数は不完全と人間性とに結びつけられ、最初の偶数である「2」は女性を表すものとされたのでした。(注2) 男性が完全であり、女性が不完全であるという女性蔑視《べっし》の思想は古代ギリシアの頃からのものであることがわかります。

ピュタゴラス学派の人々は、数をさまざまな種類の幾何学的図形に結びつけることによって研究しました。たとえば［図1］のように、正3角形状に配置される数である、

1、3、6、10、……

などは「3角形数」と呼ばれましたし、正方形を形づくる数、

1、4、9、16、……

などは「4角形数」(あるいは、正方形数) と名づけられました。同様に考えると、5角形数、6角形数、……そして長方形数なども作ることができます。そして、これらは総称して「多角形数」あるいは「図形数」と呼ばれています。

ところで、4角形数は次のような方法で順々に構成されていきます。たとえば、16から次の4角形数を作るには、［図2］

[図1]

3角形数

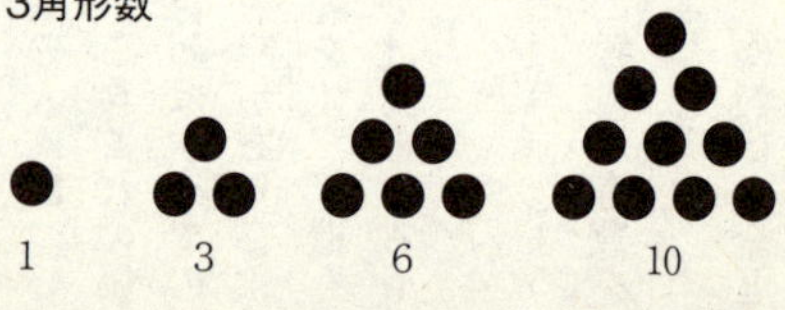


[図2]

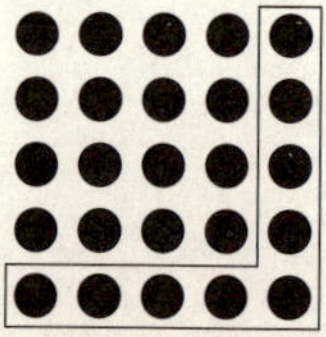

のように、16を形づくっている正方形の2辺のまわりに1列の点をつけ加えるのです。この点の数は2×4＋1＝9として求められます。したがって、最初の4角形数1から考えると、つけ加えていく数は3、5、7、……となり、連続した奇数になることがわかりますが、ピュタゴラスはこのことを知っていたようです。

　この連続的につけ加えられていく数は「グノーモーン数」と呼ばれています。この「グノーモーン」はもともと、立てた影の長さによって時刻を知るための日時計であって、ディオゲネス・ラエルティオスは、「彼（アナクシマンドロス）は「グノーモーン」の最初の発明者であり、これを太陽の影を測るための日時計としてスパルタに設置したのであるが、……[注3]」と述べています。しかし一方で、ヘロドトスが、「ギリシア人は日時計（ポロス）、指時針[注4]（グノーモーン）、また1日の12分法をバビロン人から学んでいるのである」と報告しているように、グノーモーンもやはり古代オリエントからもたらされたものと思われます。

　ヘロドトスが述べているポロスとは半球面の縁に棒針を立てたもので、人々は棒の影によって時刻を知ったのです。またグノーモーンはポロスをより簡単にしたもので、初めは単に棒針が平面に立ててあるだけのものだったようですが、次第に改良されて、アルファベットのLを反対にしたような形「┘」となっていったのです。

　ここまでくると、なぜ3、5、7、9、……という連続した奇数がグノーモーン数と呼ばれたのか、その理由がわかっていただけると思います。つまり、これらのつけ加えられた数は図形的に見て「⌋」の形をしているからなのです。このグノーモーンはもともと直角型だったのですが、ピュタゴラス学派の数論に利用されるようになってから一般化されて、直角型でないグノーモーン数も考えられるようになったのです。

一方、「ピュタゴラス数」と呼ばれる数があります。3辺の長さが自然数 $a$、$b$、$c$ で表されるような直角3角形は「ピュタゴラス3角形」と呼ばれ、このときの自然数の組（$a$、$b$、$c$）が「ピュタゴラス数」と呼ばれているのです。

3辺の長さが3、4、5および5、12、13の3角形は直角3角形となりますから、(3、4、5）や（5、12、13）はピュタゴラス数の例ということになります。(注5) (3、4、5）がピュタゴラス数であるということから、各数を2倍、3倍、……した数の組である（6、8、10）、(9、12、15）、……などもピュタゴラス数であることがわかります。したがって、ピュタゴラス数は無数にあることになりますが、これらは図形的には互いに相似な直角3角形を表しますから、すべて〝形が同じ〟になってしまいます。そこで、以後は公約数を持たないピュタゴラス数だけを考えることとし、これを「既約ピュタゴラス数」と呼ぶことにします。

このような既約ピュタゴラス数を求める方法について、プロクロスは『註釈』の中で次のように紹介しています。

「そのような3角形（ピュタゴラス3角形のこと）を見出すための方法が伝えられている。その1つはプラトンに帰せられ、もう1つはピュタゴラスに帰せられる。ピュタゴラスの方法は奇数から始められる。直角をはさむ2つの辺の短いほうとしてある1つの奇数をあてがう。次にその平方をとり、それから1を引く。そして、その半分を直角をはさむ2辺のうちの大きいほうとする。そして、それに1を加えたものを残った辺、つまり直角に向かい合った辺の長さとすればよい。（中略）

プラトンの方法は偶数から始められる。直角をはさむ2つの辺のうちの1つとして偶数をあてがう。次にそれを半分にし、その半分にしたものを平方して、それに1を加える。これが直角に向かい合った辺である。また、平方したものから1を引くと、直角をはさむもう1つの辺が得られる」

このプロクロスの述べるところにしたがって、ピュタゴラスの方法を公式化してみましょう。まず直角をはさむ2つの辺のうち、短い方を $a$（奇数）とすると $\frac{a^2-1}{2}$ が長い方の辺となり、$\frac{a^2+1}{2}$ が斜辺となります。(注6)

実際、こうして得られた3つの辺について、$a^2+\left(\frac{a^2-1}{2}\right)^2=\left(\frac{a^2+1}{2}\right)^2$ が成り立ちま

すから、これらの3辺を表す数はピュタゴラス数となっていることがわかります。このピュタゴラスの方法によって求められた公式の$a$に、はじめの4個の奇数3、5、7、9を代入すると、(3、4、5)、(5、12、13)、(7、24、25)、(9、40、41)というピュタゴラス数が得られますが、これらのピュタゴラス数は直角をはさむ2辺のうちの長い方の辺と斜辺の差が1の場合に限られることがわかります。

一般的には、すべての既約ピュタゴラス数を求める公式は次のようなものであることが知られています。

「既約ピュタゴラス数($a$、$b$、$c$)は、$k$、$l$を互いに素な奇数として、

$$a = kl, b = \frac{k^2 - l^2}{2}, c = \frac{k^2 + l^2}{2}$$

と表される。ただし、$k > l$である」

**ユークリッド『原論』第7～9巻**

ユークリッド『原論』での数論に関する定義は第7巻の冒頭にまとめて記述されています。具体的には、

1　単位とは存在するもののおのおのがそれによって一と呼ばれるものである。

2　数とは単位からなる多である。(注7)

から始まって、「23　完全数とは自分自身の約数の和に等しい数である」などのように、合計23個の定義が置かれています。

『原論』第7巻は最大公約数と互除法に関する命題1～3が考察された後、数比に関する種々の性質が証明されています。(注8)また命題20～32では、素数および「互いに素」に関する内容、命題33以後は最小公倍数に関する内容が扱われています。

『原論』第8巻では順次に比例する数の列に関する命題1～10が考察された後、平方数・立方数に関する内容が命題17まで扱われ、さらに、命題18以後は相似な平面数・立体数に関する内容、平方数・立方数と比例に関する内容、相似な平面数・立体数と平方数・立方数の関係に関わる内容が考察されています。(注9)

『原論』第9巻では、第8巻最後で扱った平方数・立方数などに関する内容が継続して考察された後、命題8～19において、再び順次に比例する数の列が考察されています。次の命題20は、「素数の個数はいかなる定められた素数の個数よりも多い」のように、素数が無限に存在することが証明されていて、興味深い命題です。そして、「もし偶数から奇数が引き去られるならば、残りは奇数である」という命題25に見られるように、命題21～34は偶数・奇数に関する諸命題であり、それらの考察の後、完全数の求め方を示す命題36とそのための準備である命題35が扱われています。

『原論』第9巻最後の命題36は「完全数」と呼ばれる数の構成方法に関する内容で、「もし単位から始まり、順次に1対2の比をなす任意個の数が定められ、それらの総和が素数になるようにされ、そして全体を最後の数に掛けてある数を作るならば、その積は完全数である」と述べられています。

完全数とは第7巻定義23で見たように「自分自身の約数の和に等しい数」でした。ただし、より厳密に言えば、自分自身を除く約数の和が自分自身に等しい数が完全数と呼ばれます。たとえば、数6の約数は1、2、3、6ですが、このうち自分自身の6を除いて、残りの約数の和を作れば6となって、自分自身になります。このような数が完全数と呼ばれているのです。[注10] そして、命題36はこのような完全数を求める方法を示しているのです。

命題36の内容を現代の表記法で表せば、順次に1対2の比を持つ数列を$1, 2, 2^2, \ldots\ldots, 2^{n-1}$としますと、その総和は「$1+2+2^2+\cdots\cdots+2^{n-1}=2^n-1$」となりますから、この総和が素数であれば、[注11] この総和と最後の項$2^{n-1}$の積である$2^{n-1}(2^n-1)$が完全数であるということになります。実際、$n=2, 3, 4$の場合では、

$n=2$の場合、$2^2-1=3$（素数）から、完全数$2\times3=6$が得られる。

$n=3$の場合、$2^3-1=7$（素数）から、完全数$4\times7=28$が得られる。

$n=4$の場合、$2^4-1=15$（素数でない）から、完全数は得られない。

のようになります。

## ニコマコスの数論

ニコマコス(注12)はヨルダン河のかなたのユダヤの町ゲラサ出身で、紀元1世紀後半に活躍した新ピュタゴラス学派の数論学者であり、その主著は全2巻から成る『数論入門』です。現存する彼のその他の著書としては『和声学要覧』『数論的神学』があります。また残存していませんが、『幾何学入門』や『ピュタゴラスの生涯』などを著したと言われています。『数論入門』は全2巻から成っていますが、その大部分はユークリッド『原論』の数論と同じ主題を扱っています。第1巻では、ピュタゴラス学派の四科に言及した後、第7章で偶数・奇数の定義がなされています。また、第13章では「エラトステネスの篩《ふるい》」の説明がなされているほか、23と45および21と49を例にして、交互差し引き法が適用され、前者の例では互いに素であること、後者の例では7が最大公約数であることが説明されています。さらに第14〜16章では完全数のほか、過剰数、不足数が考察されています。その後、種々の比が扱われ、第2巻へと引き継がれていくのです。

ニコマコス

第2巻第6、7章では多角形数のための準備がなされ、第8章で3角形数、第9章で平方数、第10章で5角形数、第11章で6角形数・7角形数、第12章ではいくつかの多角形数相互の関係が扱われています。また、第13章で最初の立体数である角錐《かくすい》数(注13)、第14章で切頂角錐数(注14)、第15〜20章でその他の立体数や立方数が考察されています。最後の第21〜29章では、等差数列・等比数列および算術平均・幾何平均・調和平均、その他の平均が扱われています。

ところで、ニコマコスの数論での数の取り扱い方はユークリッド『原論』のそれとは異なっています。ユークリッドの数論では、数は線分で表示されていました。線分は任意の数を表現できますから、証明の記述法は簡単ではありませんが、証明は一般的なものと言えます。しかし、ニコマコスの場合は、命題をある特殊な数で例示しているに過ぎないのです。たとえば、前述の交互差し引き法などはその一例です。したがって、ニコマコスの数論の内容は数学的に見て価値が低いと言わざるをえません。

前節で見たように、完全数とは約数の和（自分自身を除く）が自分自身となるような数のことで、6や28などがその例でした。ニコマコスの『数論入門』第1巻第16章では6、28、496、8128という4個の完全数が示されていますが、古代において知られていた完全数はこの4個だけであると思われます。さらにニコマコスは、

第1番目の完全数　6
第2番目の完全数　28
第3番目の完全数　496
第4番目の完全数　8128

であることから、第5番目の完全数は5桁《けた》であること、また完全数では、一位の数に6と

8が交互に現れることを述べていますが、これらはもちろん正しくありません。
前節で紹介した完全数の構成方法「$2^n-1$が素数であれば、$2^{n-1}(2^n-1)$は完全数である」において、$n=13$とすれば、5番目の完全数33550336が得られますが、これは5桁の数ではありません。また、5番目の完全数の一位の数は6ですが、$n=17$として求められる6番目の完全数は8589869056であって、一位の数は8ではありません(注15)。ただ、偶数の完全数においては、一位の数が6かまたは8だということは証明されています(注16)。
『数論入門』第1巻第14章では、約数の和（自分自身を除く）が自分自身より大きい数として「過剰数」が定義されていて、例として12、24が示されています。実際、これらの数の約数の和は、
12の場合：1＋2＋3＋4＋6＝16、24の場合：1＋2＋3＋4＋6＋8＋12＝36
となって、自分自身より大きいことがわかります。次の第15章では、約数の和（自分自身を除く）が自分自身より小さい数として「不足数」が定義されていて、8と14が例示されています。この例についても、約数の和は、
8の場合：1＋2＋4＝7、14の場合：1＋2＋7＝10
となって、自分自身より小さいことがわかります。このようにして、ニコマコスは1より大きい自然数を、
完全数：6、28、496、8128、……

過剰数：12、18、20、24、……
不足数：2、3、4、5、7、8、9、10、……

の3種類に分類したのです。

## ディオファントスの『数論』――省略的代数

紀元250年頃、アレクサンドリアで活躍したディオファントスは[注17]『数論』を著しました。この書は全13巻から成るものですが、そのうちの6巻がギリシア語で、4巻がアラビア語で残存しています。ディオファントスの生涯については、『パラティナ詩華集』に「ディオファントスは一生の $\frac{1}{6}$ を少年時代として過ごし、その後、一生の $\frac{1}{12}$ はひげを頰にたくわえ、さらに一生の $\frac{1}{7}$ 経った後、結婚した。結婚して5年後に息子が生まれた。息子は父の一生の半分を生き、父は息子の4年後に死んだ」のように見られます。[注18]

『数論』第1巻問題27は「2数の和と積が与えられたとき、その2数を求めよ」というものです。その解法では、和が20、積が96とされた後、求める2数を $10+x, 10-x$ と置いて、$(10+x)(10-x)=96$ と立式されています。未知数を2つ用いて、$x+y=20, xy=96$ とは立式しないのです。ディオファントスにおいては、使用される未知数は常に1個でした。そのため、解法において、非常な制約を受けなければならない場合も生じてきますが、彼は種々の手段を用いて、その困難を克服しているのです。

また、前記の問題とその解法を見てもわかるように、整数の問題を扱っていますが、方程式の使用という代数的なものです。しかも、ディオファントスは、しばしば繰り返して使用される概念や演算については、言葉で言い表す代わりに、決まった省略記号を使用しています。

たとえば、未知数$x$には記号「ς」を用いていますが、この記号は「数」を意味するギリシア語"ἀριθμός"（アリトモス）の語尾から生じた記号です。また、減法を表す記号として「⋔」が使用されていましたし、等号記号に対しては、「等しい」を意味するギリシア語「ισος」の縮約形である「ισ.」が使用されていました。(注19)ディオファントスのこのような代数は、ネッセルマンによって「省略的代数」と呼ばれています。

『数論』第2巻のほとんどすべての問題は2次不定方程式の問題ですが、ディオファントスは適当な1つの

[計算 1]

与えられた平方数を16、求める平方数の1つを$x^2$とすると、もう1つの平方数は$16-x^2$となります。この平方数の形を$(2x-4)^2$とすると、

$$4x^2-16x+16=16-x^2$$
$$5x^2=16x$$

となるから、$x=\frac{16}{5}$と求められます。

したがって、求める2つの平方数は$\frac{256}{25}$，$\frac{144}{25}$です。

解を得ることでよしとしています。たとえば、「与えられた平方数を2つの平方数に分けること」という問題8の解法は［計算1］のようなものです（注20）。

この第2巻問題8は、有名な「フェルマーの大定理」に関する予想について、フェルマーが1637年頃に「書き込み」（注21）を付けた問題です。その書き込みとは、「立方数を2つの立方数に分けること、二重平方数を2つの二重平方数に分けること、さらに平方を超える任意の巾《べき》数をそれと同一の巾を持つ2つの巾数に分けることは不可能である。私はその驚くべき証明を発見したが、それを記すに十分な余白がない」というものでした。

よく知られているように、この「フェルマーの予想」（注22）はその後350年以上にもわたって、数学者たちの挑戦を退けてきた難問でしたが、ようやく1995年になってアンドリュー・ワイルズ（注23）によって肯定的に解決されたのでした。

---

（注1）○で1を表すと、4はのように、正方形を形づくる。正方形は「ましかく」で、曲がっていることなく、不整（不正）でもないことから、正義を象徴していると考えられた。

（注2）2＋3、あるいは2×3として求められる5あるいは6が「結婚」と結びつけられている。

（注3）岩波文庫『ギリシア哲学者列伝』（上）第2巻第1章を参照。

（注4）岩波文庫『歴史』（上）巻2、109頁。

（注5）これらのピュタゴラス数はエジプトやバビロニアで知られていたようである。

（注6）ここでは、$a>1$でなければならない。また、プラトンの方法では次のようになる。短辺を$2a$（偶数）とすると、長辺は$a^2-1$であり、斜辺は$a^2+1$となる。

（注7）このことから、古代ギリシアでは、数とは2以上であり、1は「数の素」と考えられていたことがわかる。

（注8）たとえば、「$a:b=c:d$ならば、$ad=bc$が成り立つ」は命題19である。

（注9）『原論』では、第7巻定義22において、「相似な平面数および立体数とは比例する辺を持つ数である」と定義されている。たとえば、辺の長さが2と3の長方形と4と6の長方形は相似だから、2×3と4×6、即ち6と24は相似な平面数ということになる。

（注10）ユークリッド『原論』以前には、ピュタゴラスの「完全な数」である10、アリストテレスの「完全な数」である3、などがあった。

（注11）この形をした素数は、「メルセンヌ素数」と呼ばれている。メルセンヌはフランスの修道士で、数学者。

（注12）Nicomachus of Gerasa（1世紀）古代ギリシアの数学者。新ピュタゴラス学派に属する。

（注13）角錐数とは、点を多角錐状に配置したときの点の数を言う。

（注14）切頂角錐数とは、点を多角錐台状に配置したときの点の数を言う。

（注15）5番目および6番目の完全数が発見されたのは、ようやく15〜16世紀になってからのこと。

（注16）２０１６年6月までに発見されている完全数は49個。奇数の完全数が存在するか否かについての証明は未《いま》だなされていない。

（注17）Diophantus（２５０頃活躍）古代ギリシアの数学者。代数を扱った数少ない数学者として

知られている。彼の『数論』は近代のフェルマー（1601－1665）やオイラー（1707－1783）などの整数論研究の出発点となった。

（注18）ディオファントスの没年齢を $x$ とすると、「$\frac{1}{6}x+\frac{1}{12}x+\frac{1}{7}x+5+\frac{1}{2}x+4=x$」という方程式が成り立つから、これを解いて、$x=84$ と求められる。

（注19）Nesselmann（1811－1881）ドイツの数学史家。『ギリシアの代数学』という著書の中で、代数学の発展について述べ、「修辞的代数」、「省略的代数」、「記号的代数」の順に発展してきたという「3段階説」を唱えた。

（注20）平方数の形を $(6x-4)^2$ とすると、$\frac{2304}{1369}$，$\frac{19600}{1369}$ という解も得られる。

（注21）二重平方とは2乗の2乗の意味だから、$(x^2)^2=x^4$ の形をした数が二重平方数ということになる。

（注22）フェルマーの予想とは、「$x^n+y^n=z^n (n \geqq 3)$ は整数解（$x, y, z$）を持たない」というもの。現在では、フェルマーの大定理と呼ばれる。

（注23）Andrew John Wiles（1953－）イギリスのケンブリッジに生まれ、その後プリンストン大学に勤める。

# 6　ヘレニズム（注1）時代の数学

## エウドクソスの取り尽し法

プラトンの時代、アカデメイアでも学んだエウドクソスは、無理量を含むすべての量に適用可能な一般比例論を作り上げたことでも有名ですが、エウドクソスにはもう1つの数学的業績があります。それは「取り尽し法」の発明です。

取り尽し法とは、無限操作を回避して、有限回の操作によって証明を完結させるために発明された古代ギリシアの数学的技法ですが、その具体的内容については、円の面積に関する『原論』第12巻命題2の解説とともに紹介しましょう。命題2は「円は互いに直径上の正方形に比例する」という内容ですが、これは円の面積と正方形の面積の関係について述べられているもので、円の面積の求め方に直接言及するものではありません。

最初に、命題2を証明するのに必要な2つの命題を述べておきます。1つは「円に内接する相似な多角形の面積は互いに直径上の正方形の面積に比例する」（『原論』第12巻命題1）という内容であり、もう1つは「大小2つの量があって、もし大きいほうの量からその半分より大きい量が引かれ、その残りからまたその半分より大きい量が引かれ、これがたえず繰り返されるならば、最初の小さいほうの量よりも小さい何らかの量が残される」（『原論』第10巻命題1(注2)）という内容です。

命題2の内容を［図1］にしたがって、今日の表記法で表すと、

［円Aの面積］：［円 $a$ の面積］＝ $BD^2 : bd^2$

となりますが、もし命題2が正しくないと仮定すれば、「［円Aの面積］：［円 $a$ の面積］よりも小さい面積 $S$ があって、「［円Aの面積］：$S$ ＝ $BD^2 : bd^2$」となるか、または、［円 $a$ の面積］よりも大きい面積 $T$ があって、「［円Aの面積］：$T$ ＝ $BD^2 : bd^2$」となるかのいずれかが正しいということになります。ところが、どちらの場合も、矛盾が生じてしまうのです。したがって、命題2は正しくないという仮定が誤りで、命題2は正しいと結論されるのです。いわゆる背理法による証明です。［円 $a$ の面積］

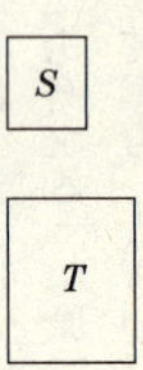


［図1］

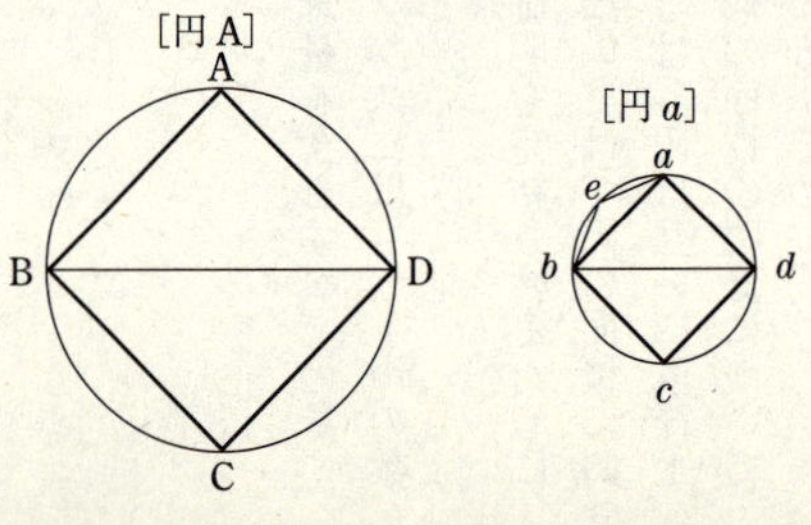

**[証明 1]**

面積$S$が［円$a$の面積］よりも小さい場合ですから、その差「[円$a$の面積] − $S$」があるはずです。

さて、[円$a$] に正方形$abcd$を内接させます。この内接正方形は円の半分より大きい。これを円から取り去ると、弓形$aeb$など4つが残ります。弓形に内接する3角形$aeb$は弓形の半分より大きい。このような内接3角形を4つの弓形から取り去ります。すると、より小さい弓形が8つ残ります。これらについても、内接3角形を弓形から取り去ります。この操作を有限回繰り返しますと、多数の弓形が残ります。

すると、『原論』第10巻命題1によって、この多数の弓形の面積は、最初の小さな差である「[円$a$の面積] − $S$」よりも小さくなります。したがって、

[円$a$の面積] − $S$ >［多数の弓形］となり、[円$a$の面積] − [多数の弓形] > $S$となります。

ところが、[円$a$の面積] − [多数の弓形] は、円の［内接多角形$a$］を意味しますから、

[内接多角形$a$] > $S$…（＊）

となります。次に、[円A] に、[内接多角形$a$] と相似な［内接多角形A］を内接させると、『原論』第12巻命題1によって、

[内接多角形A] : [内接多角形$a$] ＝ $BD^2 : bd^2$

となります。ところが、仮定より、

[円Aの面積] : $S = BD^2 : bd^2$

ですから、

[円Aの面積] : $S$ = [内接多角形A] : [内接多角形$a$]

[円Aの面積] : [内接多角形A] = $S$ : [内接多角形$a$]

となります。ところが、

[円Aの面積] > [内接多角形A] ですから、$S$ > [内接多角形$a$] となりますが、これは（＊）に矛盾します。

したがって、面積$S$が［円$a$の面積］よりも小さいという仮定は誤りです。

より も小さい面積$S$の場合が［証明1］に示されています。

この証明では、円から正方形が取り去られ、さらに内接3角形が次々と（ただし、有限回）取り去られていき、『原論』(注3)第10巻命題1が適用されています。ここから「取り尽し法」という名称が生まれたのです。無限を忌避した古代ギリシアにおいて、無限操作を用いず、有限操作によって証明を完成させるために発明されたのですが、そこでは、『原論』第10巻命題1が重要な役割を果たしています。その意味で、この命題1の内容は「エウドクソスの原理」と呼ばれています。

プラトンの時代に発明された取り尽し法は、古代ギリシア数学における伝統的で正統な方法として受け継がれていき、ヘレニズム時代のアルキメデス(注4)によって発展的に使用されるようになるのです。

## アルキメデスによる円の求積

ユークリッド『原論』第12巻命題2は「円は互いに直径上の正方形に比例する」というように、円の面積とその円の外接正方形の面積との比例関係を述べるにとどまっていましたが、アルキメデスはさらに一歩進めて、円の面積の求め方に直接的に言及しています。それは、「すべての円は、その半径が直角をはさむ一辺に等しく、その周が底辺に等しいような直角3角形に等しい」という『円の測定』命題1(注5)です［図2］。

アルキメデスは、円の面積が直角3角形の面積よりも大きいとしても小さいとしても矛盾が生じるという背理法によって、この命題を証明したのです。さらに、その過程において、取り尽し法を使用しています。

しかし、よく考えてみれば、円の面積が直角3角形の面積より大きいとか小さいとか仮定して背理法による証明をするということは、円の面積が直角3角形の面積に等しいことがあらかじめ知られていたからこそ可能なのです。つまり、『円の測定』命題1の内容は、その証明によって見出されたのではなく、もっと別の方法によって発見されたのだと言えます。このような「発見と証明の乖離《かいり》」は古代ギリシア数学の特徴の1つなのです。

アルキメデス

では、アルキメデスはいかにして命題1を発見したのでしょうか。実は、円の無限分割によって発見したと言われています。まず[図3－1]のように、円を扇形

[図2]

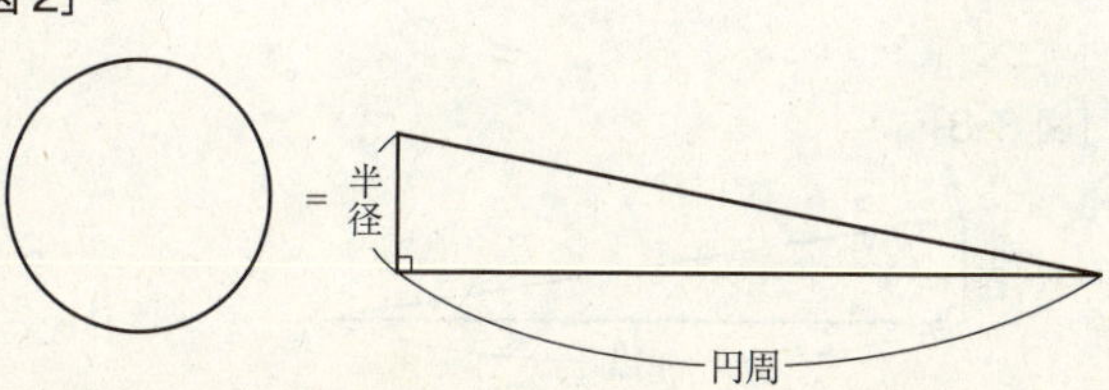

に分割するのですが、この扇形への分割を無限分割と考えると、扇形は2等辺3角形と見なしうるわけです。次に、円周を1本の糸のように見なして直線と化しますと、［図3－2］のように、この直線上に2等辺3角形が並びます。ここで、2等辺3角形の等積変形を適用するのです。

つまり、［図3－2］の各2等辺3角形の頂点が点Aにくるように等積変形します。すると、［図3－3］のような「半径が直角をはさむ一辺に等しく、円周が底辺に等しいような直角3角形」に変形されることになります。このようにして、円の面積はこの直角3角形の面積に等しいと考えられるのです。

しかし、このような円の無限分割による方法がプラトン主義的な当時のギリシア数学の世界に受け入れられるはずはありません。いくら分割しても、扇形はあくまでも扇形であって、2等辺3角

[図 3-1]

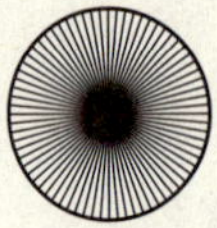

[図 3-2]

[図 3-3]

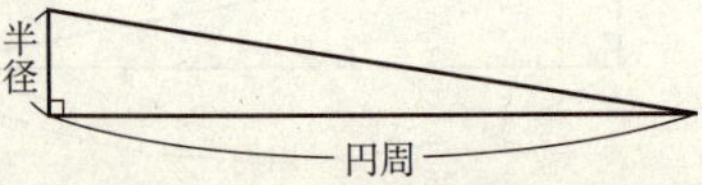

形ではないからです。2等辺3角形の底辺に相当する部分はやはり円周の一部分であって、曲線なのです。このような論理的欠陥を含んだ論法によって導出された結果が許容されることはなかったのです。そこで、アルキメデスは当時のギリシア数学において正統と認められていた方法、つまり背理法と取り尽し法を併用した証明を示したのでした。

**円周率の計算**

古代オリエントにおいては、円の面積の近似値から逆算すると、円周率の値は3.16あるいは3.125でしたが、アルキメデスは円周率の値を3.14と小数点以下第2位まで正しく計算してみせました。

アルキメデスは、円に内接・外接する正6角形から出発して、正12角形、正24角形、正48角形へと進み、最後に正96角形の周囲の長さを計算し、

(内接正96角形の周囲)＜(円周)＜(外接正96角形の周囲)

という関係を用いて円周率を計算したのです。円周率は円周の長さを直径で割った値ですから、先の式の辺々を直径で割ればよいわけです。その結果は、$3\frac{10}{71} < \pi < 3\frac{1}{7}$ というもので、これが『円の測定』命題3の内容です。これを小数で表すと、$3.1408\cdots < \pi < 3.1428\cdots$ となりますから、結局、アルキメデスは円周率の値を小数点以下第2位まで正し

く求めたことになるわけです。(注6)

## アルキメデスの求積法

球の体積については、『原論』第12巻命題18で「球は互いにそれぞれの直径の3乗の比をもつ」ことが証明されていますが、これは球の体積の求め方を述べたものではありません。これに対して、たとえば、ヘロンは『測量術』の序文で、「アルキメデスの洞察以前には、球の表面積がその大円の4倍であり、球の体積はそれに外接する円柱の $\frac{2}{3}$ 倍であることはわかっていなかった」と述べていますし、アリストテレスの自然学に関する諸著作への注釈を行ったシンプリキオス(注7)は、その著『アリストテレス　天体論注釈』において、「また、アルキメデスは、球の全表面はその大円の面の4倍であることを証明した」と述べています。

これらの証言からわかるように、球の体積・表面積に関する研究はアルキメデスによって初めてなされたのです。アルキメデスは、「球の体積は、球の大円に等しい底面をもち、球の半径に等しい高さをもつ円錐《えんすい》の体積の4倍である」という内容を『球と円柱について』(注8)(第1巻)の命題34で証明しています。

その証明は、背理法と取り尽し法を併用したものでした。しかし、その証明によって「球の体積は、底面が球の大円に等しく、高さが球の半径に等しい円錐の体積の4倍である」

ことが発見されたわけではないのです。話は逆で、円錐の体積の4倍であることが何らかの方法によって発見された後に、背理法と取り尽し法を用いた証明がなされたのです。

では、アルキメデスはどのような方法によって、球の体積が円錐の体積の4倍であることを発見したのでしょうか。それは、天秤《てんびん》の釣り合いを利用する機械学的な方法だったのです。そのことは著作『エラトステネスあての機械学的定理についての方法』（以下、単に『方法』と略す）(注9)の命題2に見られます。その概要を紹介しましょう。

アルキメデスは［図4－1］のように、円柱とその中の大円錐ABCを想定します。さらに、円柱の上下面に接する球とその中の小円錐ADEを考えます。ここで、BCはDEの2倍になっています。［図4－2］のように、任意の断面MNを考えますと、そこには、円柱の断面円、球の断面円、大円錐ABCの断面円の3つが作られます。この3つの断面円を［図5－1］のように天秤に吊《つる》しますと、釣り合うのです。天秤はAHをAの方向に延長して作られたもので、その長さは球の直

[図4-1]

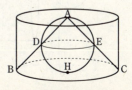

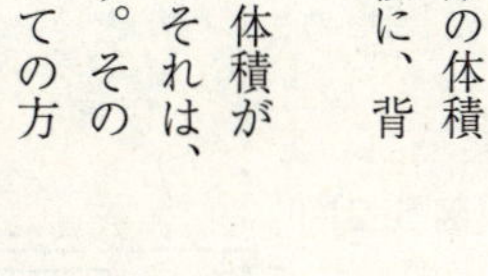


[図4-2]

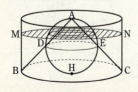

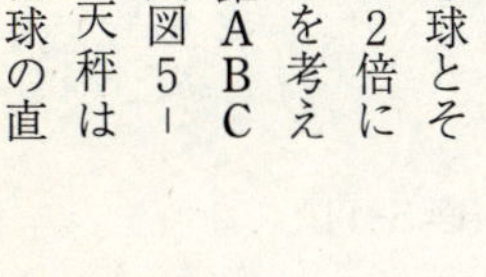

径の2倍になっています。

このような釣り合いは任意の断面において成立しますから、円柱や球、円錐がそれぞれ無数の断面円によって構成されると考えると、[図5-2]のように釣り合うことになります。したがって、

「[(球)＋(円錐ABC)]：(円柱)＝1：2」

となり、

2(球)＋2(円錐ABC)＝(円柱)

となります。そして、円柱は円錐ABCの3倍(注10)ですから、

2(球)＋2(円錐ABC)＝3(円錐ABC)、

2(球)＝(円錐ABC)

となります。また、円錐ABCと円錐ADEを比較すると、高さも底面の半径もそれぞれ円錐ABCの方が2倍になっていますから、体積は8倍になっています。

したがって、2(球)＝8(円錐ADE)となり、その結果、球の体積は円錐ADEの4倍ということになります。

円錐ADEは底面が球の大円に等しく、高さが球の半径に

[図5-1]

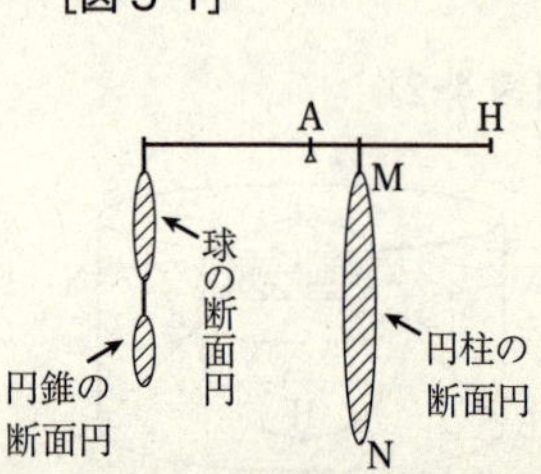


[図5-2]

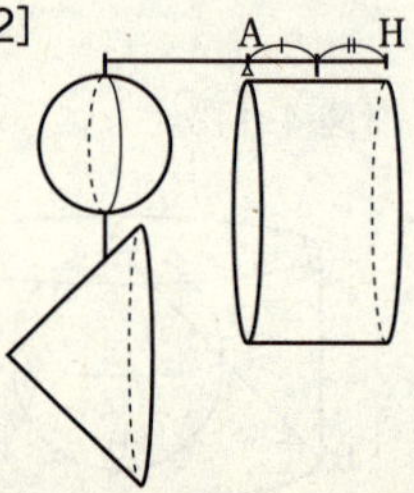

等しい円錐ですから、球の体積はそのような円錐の体積の4倍であることが明らかになったわけです。今、球の半径を$r$とすると、円錐ADEの体積は$\frac{1}{3}\pi r^3$ですから、$\frac{4}{3}\pi r^3$という球の体積公式が得られるのです。

前記の球の体積公式の導出の仕方では、球や円柱、円錐が無数の断面円から構成されると考えられていました。また、アルキメデスは『方法』命題1において、「直線と放物線によって囲まれる任意の切片の面積は、この切片と同底同高の3角形の面積の4/3である」ことを、やはり天秤の釣り合いによって導出しているのですが、そこでは、放物線の切片や3角形が無数の線分によって構成されると考えられています。

このように、アルキメデスの方法では、平面図形や立体図形が無数の「線」や「面」によって構成されると考えられているのです。しかし、ユークリッド『原論』第1巻の定義に見られるように、当時のギリシア世界にあっては、「線」は幅が0であり、「面」は厚みが0なのですから、線や面をいくら集めても面積、体積を生じないのです。(注11) したがって、アルキメデスの天秤の釣り合いを利用した導出方法は当時のギリシア世界に受け入れられるものではありませんでした。

また、天秤の釣り合いを用いるということは、幾何学的立体に重さを想定していることになりますが、これも非ギリシア的と言わねばなりません。

さらに、天秤の釣り合いは機械学的手段の利用であり、機械学はプラトン主義的学問階梯では数学より下位に位置づけられる自然学の一分野でした。そして、上位の学問である数学において正しいと認められた事柄を下位の自然学に適用することは認められましたが、その逆は決して容認されることではなかったのです。(注12)

つまり、アルキメデスの著作『方法』は、いわば発見の楽屋裏を見せてくれるものですが、当時のギリシア世界においては、公式に承認される数学的著作とは言えないものなのです。したがって、アルキメデスは球の体積に関しては『球と円柱について』で、放物線の切片に関しては『放物線の求積』(注13)という著作において、背理法を用いた「公式な」証明を提示したのです。

球の体積公式を発見的に導出したアルキメデスは、この球の体積公式を用いて球の表面積の求め方をも見出したと思われます。これに関しては、アルキメデスの『方法』命題2の跋文《ばつぶん》に見られる、「任意の円は、円周に等しい底辺と円の半径に等しい高さを持つ3角形に等積であることから推して、同様に、任

[図6]

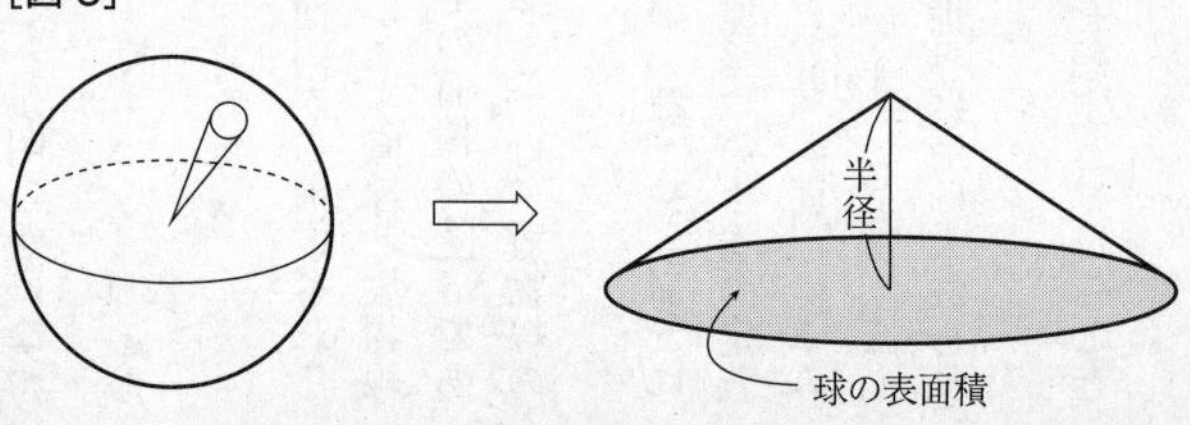

意の球は、球の表面積に等しい底面と半径に等しい高さとを持つ円錐に等積であるということが予想される」という証言から、次のように推測されます。

アルキメデスは円の面積を求める際に、円の無限分割法を用いていました。球の場合も同様に、球の中心を頂点とし、球の表面に底面を持つ無数の錐によって球が構成されると考えたのでした。したがって、球の体積は球の表面積に等しい底面を持ち、高さが半径に等しい円錐の体積に等積であると見なしたのです［図6］。

球の体積を$V$、表面積を$S$とすれば、$V=\frac{1}{3}rS$となるわけです。ここで、$V=\frac{4}{3}\pi r^3$であることはすでに明らかにされたのですから、$\frac{1}{3}rS=\frac{4}{3}\pi r^3$となり、$S=4\pi r^2$として球の表面積が求められるのです。[注14]

## 重心の研究

アルキメデスは『平面板の平衡について』（第1巻）において、平行4辺形や3角形、台形といった平面上の直線図形の重心の位置を見出しています。[注15]たとえば、平行4辺形の重心については、命題9、10で「任意の平行4辺形の重心は、平行4辺形の両対辺のそれぞれの中点を結ぶ直線上にある」（命題9）、「任意の平行4辺形の重心は、両対角線の交点にある」（命題10）が証明されていますし、3角形の重心に関しては、命題13で、「任意の3角形の重心は、1つの頂点から底辺の中点に引かれた直線上にある」が証明され、この命題13から、「任意の3角形の重心は3つの中線の交点にある」という命題14が導かれます。

そして、台形の重心に関する次のような命題15が『平面板の平衡について』（第1巻）の最終命題として位置づけられているのです［図7］。

「任意の台形の重心は、平行な2つの辺（短辺、長辺）の2等分点を結ぶ直線上にあって、

（短辺の中点から重心までの長さ）：（長辺の中点から重心までの長さ）

＝（長辺の長さの2倍と短辺の長さの和）：（短辺の長さの2倍と長辺の長さの和）

となるような分点にある」

さらに、アルキメデスは『平面板の平衡について』

［図7］

台形の重心

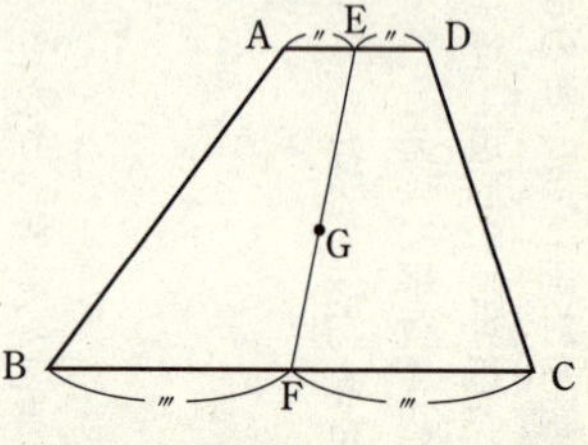


EG：FG=（2BC+AD）：（2AD+BC）

［図8］

放物線の切片の重心

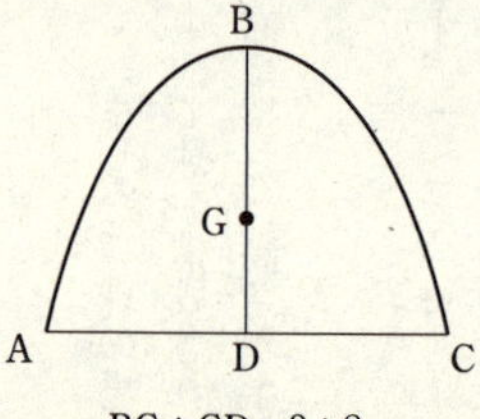


BG：GD＝3：2

（第2巻）において、放物線の切片という平面上の曲線図形の重心を扱っています。

この第2巻は全部で10個の命題から成っていて、命題8が放物線の切片の重心に関するもので、「ABCを放物線の切片、BDをその直径（軸）、点Gを重心とすると、$BG = \frac{3}{2}GD$ である」という内容です［図8］。

『平面板の平衡について』は平面図形の重心を扱った著作ですが、これに対して、半球や円錐状体（注16）の切片や球状体（注17）の切片などの立体図形の重心は、『方法』で扱われています。

このうち、半球の重心については、命題6において「半球の重心はその軸上にあり、この線分を、半球の表面に近い方の部分が残りの部分に対して5：3の比を持つように分割された点にある」ということが導き出されていますし［図9］、円錐状体の切

［図9］

半球の重心

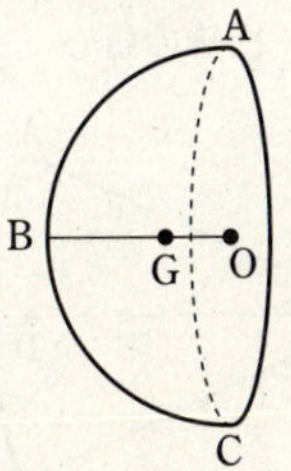


BG：GO＝5：3

［図10］

円錐状体の重心

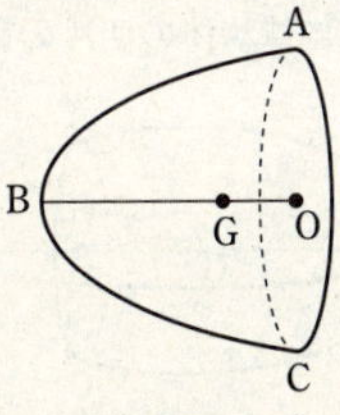


BG：GO＝2：1

片の重心に関しては、『方法』命題5において、「円錐状体の切片の重心は、この切片の軸上にあり、この線分を、頂点に近い方の部分が残りの部分の2倍になるように分割する点にある」ことが導き出されています［図10］。

さらに、球状体の切片の重心については、『方法』の命題10において「球状体の切片の重心は、その軸上にあり、切片の頂点に近い方の部分が残りの部分に対して、切片の軸と反対側の切片の軸の4倍との和が、切片の軸と反対側の切片の軸の2倍との和に対するのと同じ比を持つように分割される点にある」ことが導き出されています［図11］。

なお、円錐の重心については、『方法』の補助定理10において「すべての円錐の重心は、その軸上にあって、この軸を、頂点に近い方の軸の部分が残りの部分の3倍になるように分割する点である」と証明なしで述べられていますが、その証明は失われた著作『機械学』(注18)でなされていたのではないかと思われます［図12］。

［図11］球状体の切片の重心

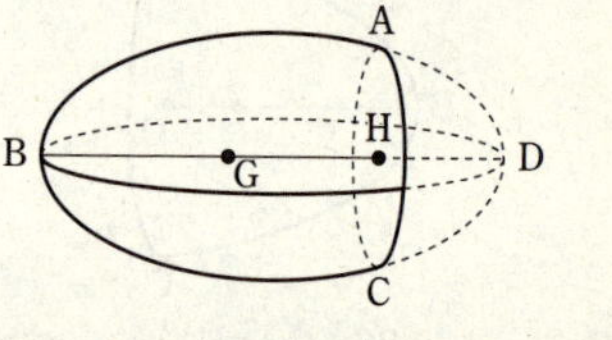


BG：GH＝(BH＋4HD)：(BH＋2HD)

［図12］円錐の重心

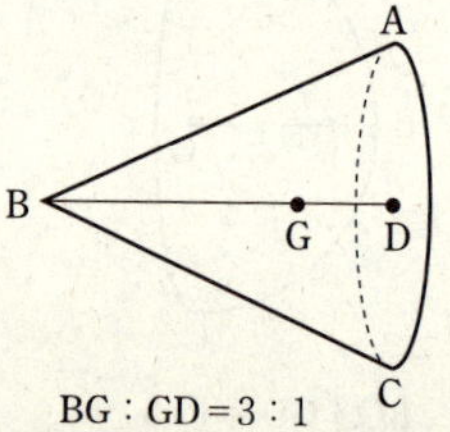


BG：GD＝3：1

## アポロニオスの円錐曲線論

円錐曲線とは円錐の切り口に現れる曲線であり、その切り方は母線との関係によって、［図13］のように3種類（放物線、楕円《だえん》、双曲線）あります。アポロニオス（注19）は1つの円錐に対する3種類の切り方によって放物線、楕円、双曲線を求めたのですが、それ以前はこのようには扱われていなかったのです。それはアルキメデスにおいても同様でした。

アルキメデスが放物線のことを「直角円錐切断」と呼んでいるように、放物線は直角円錐の母線に垂直に切断したときの切断面に現れる曲線として得られていました。また楕円、双曲線はそれぞれ鋭角円錐、鈍角円錐の母線に垂直な切断面に現れる曲線として得られていたのです［図14］。

アポロニオス

　このように3種類の円錐曲線を1つの円錐から導き

［図13］

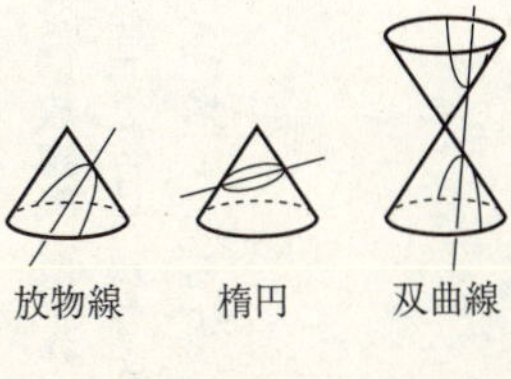


［図14］

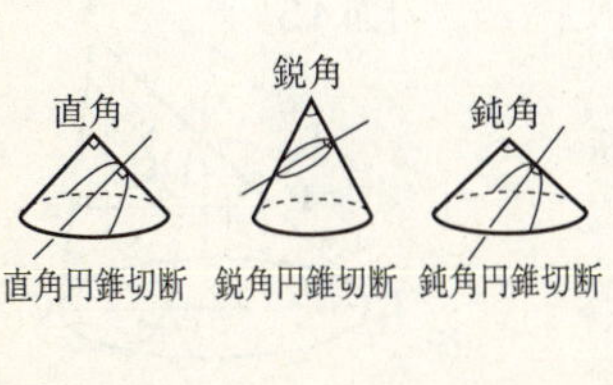

出す方法はアポロニオスの創始によるものです。アポロニオス以前にも、ユークリッドによって『円錐曲線原論』が書かれていましたが、それを一層完全なものにしたのがアポロニオスでした。このことは、「ユークリッドの円錐曲線論4巻に、アポロニオスはさらに4巻を加え、8巻の円錐曲線の書として完成した」というパッポスの証言から知ることができます。ユークリッドの『円錐曲線原論』は、アポロニオスの『円錐曲線論』が現れるや、それに圧倒されたために失われてしまったのでしょう。それはちょうど、ユークリッドの『原論』がただちに、それ以前の『原論』を圧倒してしまった事情と同様と思われます。

[図 15]

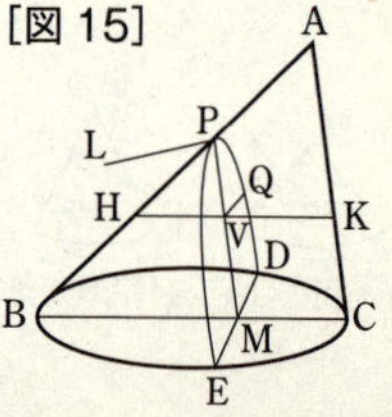


[図15] のような斜円錐ABCにおいて、PMがACに平行である場合に放物線が現れ、平行でない場合に楕円、双曲線が現れるのです。アポロニオスは「通径」(今日のパラメーターのこと) と呼ばれる線PLをPMに垂直に、$PL : PA = BC^2 : BA \cdot AC$ となるようにとり、これからQVとPVの関係を調べ、その結果、

放物線の場合　$QV^2 = PL \cdot PV$

楕円の場合　$QV^2 < PL \cdot PV$

双曲線の場合　$QV^2 > PL \cdot PV$

を導き出しています。実は、これらの式は放物線、楕円、双曲線という名称と深い関わりを持っているのです。

［図16］のように、放物線の場合、$QV^2$という面積は線分PLの上にPVの幅をもってちょうど〝あてはめ〟られているのに対して、楕円の場合は小長方形だけ〝不足〟し、双曲線の場合は〝超過〟してしまうことになるのです。このような「面積のあてはめ」に関する事柄は、すでにピュタゴラス学派によって研究され、ユークリッド『原論』第1巻と第2巻で取り上げられているのです。

プロクロスが『註釈』において、「エウデモス派[注20]の人々は、これらのこと、つまり面積のあてはめ（パラボレー）、その超過（ヒュペルボレー）および不足（エレイプシス）はピュタゴラス派のムーサの古い発見であると言っている。後の幾何学者たちは、これから

[図16]

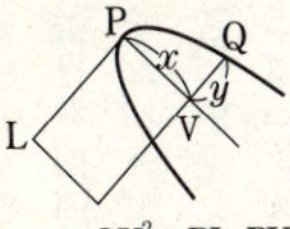


$QV^2 = PL \cdot PV$
（PLの上に「あてはめ」られている）

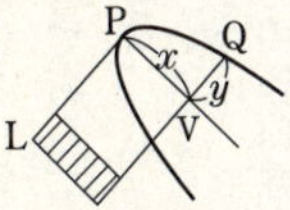


$QV^2 < PL \cdot PV$
（斜線部だけ「不足」している）

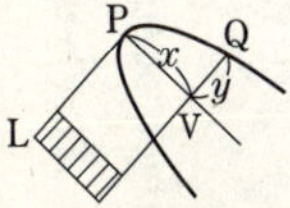


$QV^2 > PL \cdot PV$
（斜線部だけ「超過」している）

名前をとり、それらをいわゆる円錐曲線に適用し、その1つを放物線、他を双曲線、そして3番目を楕円と呼んだのである」と述べているように、今日、放物線、双曲線、楕円をそれぞれパラボラ（parabola）、ハイパーボラ（hyperbola）、イリプス（ellipse）と呼ぶのはここに由来しているのです。

アポロニオスは3種類の円錐曲線を定式化したとき、そこに面積の「あてはめ」、「超過」、「不足」が関与していることから、それらの名称を付けるに際して、ピュタゴラス学派の用語を借用したのです。

（注1）「ヘレニズム」とは、ドイツの歴史家ドロイゼン（1808－1884）による造語。「ギリシア風の」という意味。

（注2）この命題では、「半分より大きい量が引かれる」となっているが、一般的には、このような条件はなくてもよい。

（注3）「取り尽し法」という名称は、グレゴワール・ド・サンヴァンサン（1584－1667）によって付けられた。

（注4）Archimedes（前287－前212）アルキメデスは古代世界における最大の数学者であると同時に、今日に至るも、世界3大数学者の一人であると言ってよいと思われる。彼は南イタリア・シケリア島のシュラクサイで生まれ、若い頃、アレクサンドリアに留学したが、そ

の後故郷に帰ってからは、一生をシュラクサイで過ごした。ヒエロン王に頼まれて、金の王冠の純金度を鑑定することから浮力を発見したことは有名。また、第2次ポエニ戦争（前218－前201）の際、投石器や太陽光の反射鏡を作って、ローマ軍をさんざん苦しめたと言われている。

（注5）『円の測定』はわずか3個の命題からなる短いものであり、しかもアルキメデスの著作に特有のドリア方言が見られないことから、アルキメデス自身のもっと大きな著作である『円の周囲について』からの断片が後に改作されたものであろうと言われている。
　命題2は、「円の外接正方形の面積と円の面積との比は14：11である」というもの。

（注6）このことから、「周囲」を意味するギリシア語ペリフェレイア（$\pi\epsilon\rho\iota\varphi\acute{\epsilon}\rho\epsilon\iota\alpha$）の頭文字「$\pi$」を円周率の記号として使用するようになった。円周率として$\pi$を最初に用いたのはイギリスのウイリアム・ジョーンズ（1675－1749）。

（注7）Simplicius（6世紀前半）古代ギリシアの哲学者、注釈家。アリストテレスの『自然学』や『天体論』の注釈書を著した。

（注8）『球と円柱について』では、「球の体積、表面積は、いずれもその外接円柱の2/3である」ことが証明されている。アルキメデスは、この結果が大変気に入っていたらしく、円柱に球が内接した図形を自分の墓碑に刻むよう望んだと言われている。

（注9）『方法』はすでに失われてしまったと言われていたが、1906年、デンマーク出身の古典学者ハイベルク（1854－1928）によってコンスタンティノープルの修道院で発見された。この発見は20世紀における科学史上の画期的な成果と言われている。

（注10）円錐の体積が同高同底の円柱の体積の1/3であることは、『原論』第12巻命題10で証明さ

れている。

（注11）『原論』第1巻では、「線とは幅のない長さである」（定義2）、「面とは長さと幅のみを持つものである」（定義5）と定義されている。

（注12）プラトンは「イデアの世界」（哲学）を最高位に、絶えず流転する感覚的事物の世界である「仮象の世界」（自然学）を最下位におき、その中間に「数学」を位置づけた。

（注13）『放物線の求積』では、「直線と放物線によって囲まれる任意の切片の面積は、この切片と同じ底辺、等しい高さを持つ3角形の面積の4/3である」ことが命題17と命題24で、2度にわたって証明されている。

（注14）球の表面積が$4\pi r^2$であることの「公式な」証明は、『球と円柱について』（第1巻）の命題33で示されている。

（注15）『平面板の平衡について』では重心が扱われているが、重心の定義は見られない。重心の定義は、おそらく、失われてしまった著作『機械学』でなされていると思われる。

（注16）放物線を軸のまわりに回転させてできる釣り鐘状の立体。回転放物線体とも呼ばれる。

（注17）楕円を軸のまわりに回転させてできる立体。回転楕円体とも呼ばれる。

（注18）アルキメデスの父親プェイディアスが天文学者であったことから、アルキメデスは幼少の頃から機械に関心を持っていた。数学の研究に入る40歳代以前は機械学者として有名であった。機械学者としての研究の成果をまとめた『機械学』という大著を著したとされているが、残存していない。

（注19）Apollonius of Perga（前3世紀後半～前2世紀前半）古代ギリシアの数学者。全8巻から成る『円錐曲線論』を著した。全8巻のうちの最初の4巻がギリシア語で、次の3巻がアラビ

ア語で残存している。最後の第8巻が失われている。

（注20）Eudemus（前335年頃）ロドス島に生まれ、アリストテレスの門下生となり、幾何学や天文学、神学などの歴史を書いた。プロクロスの『ユークリッド「原論」第1巻註釈』の中の「幾何学史」の部分は、エウデモスの『幾何学史』をもとにしていると言われている。

# 7 ギリシアの三角法

## 太陽と月の大きさ

アルキメデスの著作『砂粒を算えるもの』(注1)によれば、アリスタルコス(注2)は「諸恒星と太陽は不動であること」、「地球は太陽のまわりに1つの円周を描いて回転していること」などを主張したと言われています。その意味で、アリスタルコスは「古代のコペルニクス(注3)」と呼ばれているのです。ただ、彼がその体系について述べたものは残されていません。今日残されているアリスタルコスの著作は、18個の命題よりなる『太陽と月の大きさと距離について(注4)』というものです。

彼はこの著作の中で、地球から太陽および月までの距離の比率と、太陽と月および地球の大きさの比率を計算しています。具体的には、

コペルニクス

アリスタルコス

命題7　地球から太陽までの距離は、地球から月までの距離の18倍より大きいが、20倍よりは小さい。

命題9　太陽の直径は、月の直径の18倍より大きく、20倍よりは小さい。

命題15　太陽の直径は、地球の直径に対して、19：3よりも大きく、43：6よりも小さい比をなす。

という内容です。アリスタルコスは、これらの命題を6個の仮定から幾何学的方法によって、演繹的に証明したのです。

たとえば、命題7は「月が半月に見えるときには、月は太陽から四分円の30分の1だけ、四分円よりも小さな角をなして離れている」$\left(90^\circ - 90^\circ \times \frac{1}{30} = 87^\circ\right)$［図1］という仮定4から導き出されます。

この仮定は、「地球から月までの距離」の「地球から太陽までの距離」に対する比が $\sin 3^\circ$ であることを意味しています。当時は、まだ三角比の表は作られていませんでしたから、アリスタルコ

［図1］

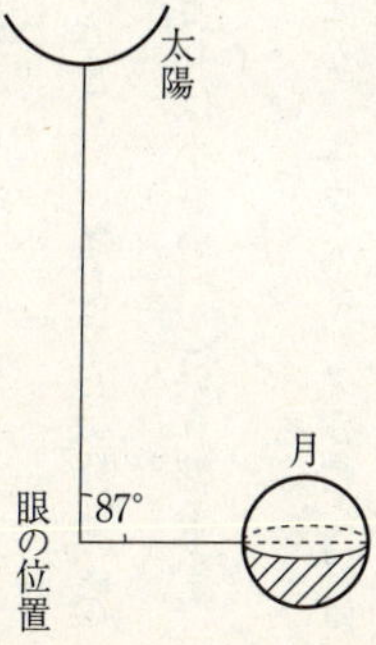

スは当時知られていた幾何学的定理を使用したのです。その定理は、今日的には、不等式を用いて、「$\sin\alpha : \sin\beta < \alpha : \beta < \tan\alpha : \tan\beta$（$0° < \beta < \alpha < 90°$）」と表現されます。これを用いて、アリスタルコスは、$\frac{1}{20} < \sin 3° < \frac{1}{18}$ を導き出し、「地球から太陽までの距離は、地球から月までの距離の18倍より大きいが、20倍よりは小さい」という結論を得たのです。

アリスタルコスが得た値は今日のものとはほど遠いのですが、エウドクソスが得たほぼ9倍という値、そしてアルキメデスの父プェイディアスが得たほぼ12倍という値と比較すれば、よい値だと言えます。(注5)アリスタルコスが用いた幾何学的方法は非のうちどころのないものでしたが、正しい値からずれた原因は87度という観測誤差でした。実際には、およそ89度50分となるはずだったのです。

**地球の大きさ**

素数を求めるための「エラトステネスの篩《ふるい》」(注6)で有名なエラトステネス(注7)は数学者、天文学者、地理学者、(注8)歴史家、言語学者、詩人、……として知られています。また、アレクサンドリア図書館の第3代図書館長も務めたと言われています。彼の著作『地球の測定について』は残存していませんが、クレオメデス(注9)の『天体の円運動について』にその概要が紹介されています。それによれば、エラトステネスは地球の周囲の長さと半径を求めたと言われ、その方法は以下の通りです。

　エラトステネスは図書館長をしていたので、暦に関するさまざまな重要な事実の記録に接することが多かったのです。その中で、彼は現在のエジプト、アスワン・ダムの近くにあるシェヌという町にある深い井戸の水に、1年のある特定の日の正午に太陽が映って、光りかがやくことを知りました。井戸に太陽が映るということは、太陽が真上にくる、すなわち水平線に垂直であることを示しています。そして、同じ日の正午、シェヌの北方5000スタディオンのところにあるアレクサンドリアでは、柱が短い影を作るというのです。垂直に立っている柱とその影との関係から、柱と太陽光線の成す角が7.2度であることがわかったのです。つまり、［図2］のようになっているのです。

エラトステネス

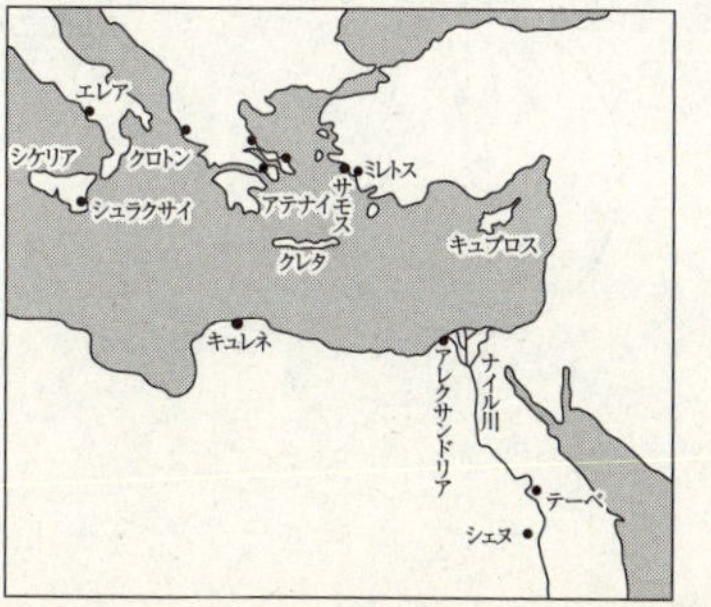


　したがって、地球を球と考えて、その半径を$R$とすると、

［図3］のようになりますから、中心角7.2度に相当する円弧の長さが5000スタディオンということになるわけです。そして、7.2度は1回転360度の$\frac{1}{50}$ですから、全円周すなわち地球の周囲の長さは、5000スタディオンの50倍である、250000スタディオンと考えられるのです。1スタディオンは約161mですから、地球の周囲は250000×161＝40250000により、40250kmということになります。

さらに、地球の周囲がわかれば、アルキメデスの発見した円周率$\pi$の近似値3.14を用いて地球の半径$R$を求めることができます。（円周の長さ）＝2×3.14×$R$ですから、

$$R = 40250 \div 6.28 = 6409.2356$$

となります。実際の地球の半径は約6370kmですから、エラトステネスの計算結果が今から約2300年前のものであることを考慮すると、き

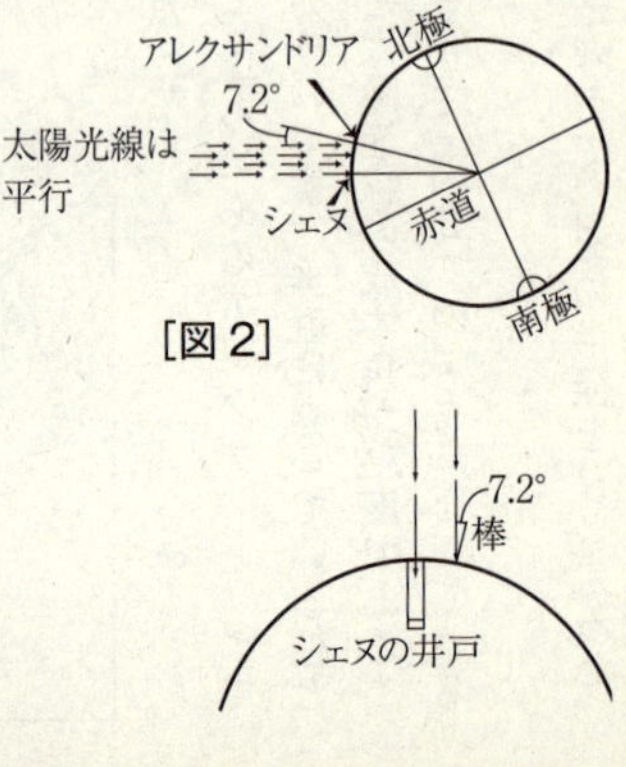


［図2］

［図3］

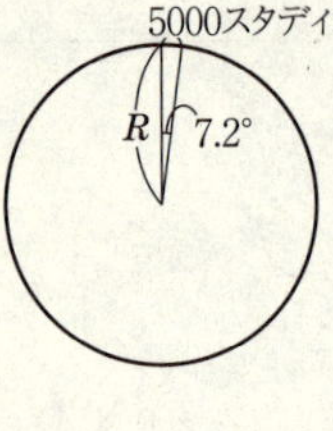

わめて優れた近似値であることがわかります。

## メネラオスの定理

メネラオス(注10)は紀元100年前後に活躍した幾何学者、天文学者であると言えましょう。そのことは、プトレマイオス(注11)の『アルマゲスト』(注12)において、「幾何学者メネラオスは、ローマにおいて、Trajan 第1年の Mechir 月15日から16日の夜10時すぎにスピカが月によって隠されたと述べている」(第7巻第3章)と記述されていて、Mechir 月15日から16日というのは、紀元98年1月11日のことだと言われているからです。

メネラオスの主著は全6巻から成る『球面論』ですが、現在では第1巻～第3巻がアラビア語訳として残存しています。

第1巻の目的は、ユークリッド『原論』第1巻の平面3角形についての諸命題に対応する形で、球面3角形の諸命題を与えることでした。したがって、メネラオスは第1巻で、球面3角形の概念と定義を与えています。パッポスによれば、メネラオスは球面3角形を「3辺形」と呼び、通常用いる「3角形」と区別したと伝えられています。3角形という名称はすでに平面3角形としてもっぱら使用されていたからでしょう。第2巻は、テオドシウス(注13)の『球面論』第3巻の諸命題を一般化あるいは拡張したものと言われています。

第3巻は三角法を扱ったものであり、ここで球面におけるメネラオスの定理（横断線定

理）が登場します。現代風に書き改めると、「球面上の大円の弧ADB, AEC, BFE, DFCについて、

$$\frac{\sin CE}{\sin EA}=\frac{\sin CF}{\sin FD}\cdot\frac{\sin DB}{\sin BA}$$

が成り立つ」となります。［図4］。この定理は赤道と黄道との間にはさまれる弧の長さを求めるという天文学的必要性から生まれたものであり、この定理の証明の準備（予備定理）として平面幾何におけるメネラオスの定理が位置づけられるのです。

［図4］

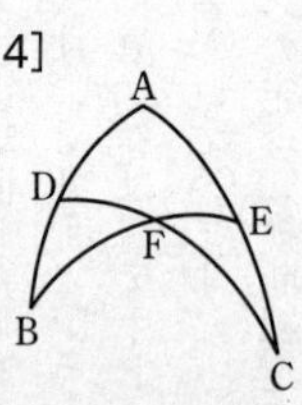


メネラオスの『球面論』では、平面幾何におけるメネラオスの定理はすでに知られたものとして扱われており、証明は示されていませんが、プトレマイオスの『アルマゲスト』では、第1巻第13章「球面に関する証明への準備」の中で証明が示されています。

メネラオスの定理は一般的には、3角形の3辺またはそれらの延長が、いずれの頂点をも通らない直線と交わるときにできる3つの交点に関する定理であって、

（1）2つの交点が辺上に、1つの交点が辺の延長上にある場合

（2）3つの交点すべてが辺の延長上にある場合

の2通りがありうるのですが［図5］、メネラオスが証明したのは（1）の場合でした。それは、球面におけるメネラオスの定理の本来の目的に由来しているのだと思われます。

## プトレマイオスの「弦の表」

ギリシアの三角法を実質的に完成させたのはプトレマイオスでした。彼は主著『アルマゲスト』を著し、古代天文学（天動説）を完成させましたが、そこで使用された数学的手段こそが三角法だったのであり、角度と弦の長さを対比させる表である「弦の表」を作成したのです［表1］。

「弦の表」に関しては、古代ギリシアの著名な天文学者であるヒッパルコス[注14]が『円における諸線分に関する理論について』（残存しない）を著し、円の中心角（1度きざみ）に対する弦の長さを示す「弦の表」を作成したと言われています。

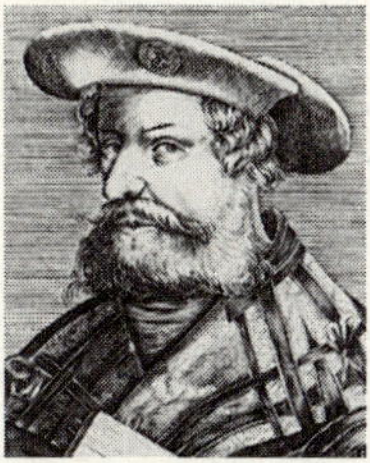

プトレマイオス

この件に関しては、アレクサンドリアのテオン[注15]の『アルマゲスト註釈』に、「円における弦に関する研究はヒッパルコスの12巻及びメネラオスの6巻の著作においてなされた」と記述されていますが、その詳細は記されていません。このヒッ

［図5］

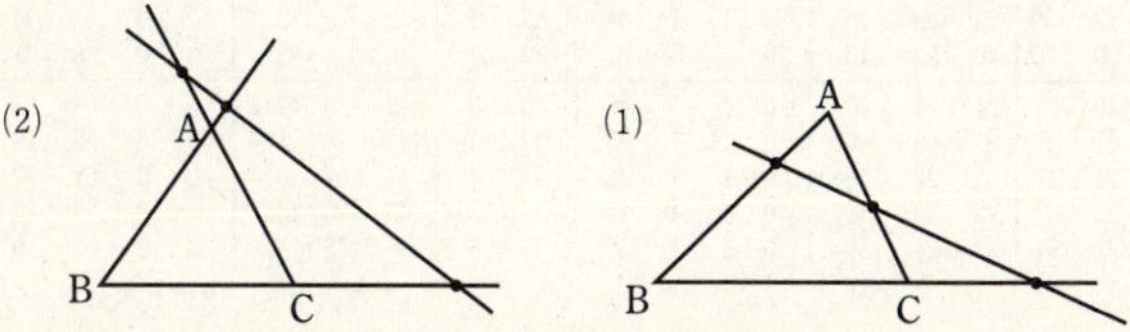

[表 1]

| 弧 | | 弦 | | | 差の1/30 | | | | 弧 | | 弦 | | | 差の1/30 | | | |
|---|---|---|---|---|---|---|---|---|---|---|---|---|---|---|---|---|---|
| 0° | 30′ | 0p | 31′ | 25″ | 0p | 1′ | 2″ | 50‴ | 23° | 0′ | 23p | 55′ | 27″ | 0p | 1′ | 1″ | 33‴ |
| 1 | 0 | 1 | 2 | 50 | 0 | 1 | 2 | 50 | 23 | 30 | 24 | 26 | 13 | 0 | 1 | 1 | 30 |
| 1 | 30 | 1 | 34 | 15 | 0 | 1 | 2 | 50 | 24 | 0 | 24 | 56 | 58 | 0 | 1 | 1 | 26 |
| 2 | 0 | 2 | 5 | 40 | 0 | 1 | 2 | 50 | 24 | 30 | 25 | 27 | 41 | 0 | 1 | 1 | 22 |
| 2 | 30 | 2 | 37 | 4 | 0 | 1 | 2 | 48 | 25 | 0 | 25 | 58 | 22 | 0 | 1 | 1 | 19 |
| 3 | 0 | 3 | 8 | 28 | 0 | 1 | 2 | 48 | 25 | 30 | 26 | 29 | 1 | 0 | 1 | 1 | 15 |
| 3 | 30 | 3 | 39 | 52 | 0 | 1 | 2 | 48 | 26 | 0 | 26 | 59 | 38 | 0 | 1 | 1 | 11 |
| 4 | 0 | 4 | 11 | 16 | 0 | 1 | 2 | 47 | 26 | 30 | 27 | 30 | 14 | 0 | 1 | 1 | 8 |
| 4 | 30 | 4 | 42 | 40 | 0 | 1 | 2 | 47 | 27 | 0 | 28 | 0 | 48 | 0 | 1 | 1 | 4 |
| 5 | 0 | 5 | 14 | 4 | 0 | 1 | 2 | 46 | 27 | 30 | 28 | 31 | 20 | 0 | 1 | 1 | 0 |
| 5 | 30 | 5 | 45 | 27 | 0 | 1 | 2 | 45 | 28 | 0 | 29 | 1 | 50 | 0 | 1 | 0 | 56 |
| 6 | 0 | 6 | 16 | 49 | 0 | 1 | 2 | 44 | 28 | 30 | 29 | 32 | 18 | 0 | 1 | 0 | 52 |
| 6 | 30 | 6 | 48 | 11 | 0 | 1 | 2 | 43 | 29 | 0 | 30 | 2 | 44 | 0 | 1 | 0 | 48 |
| 7 | 0 | 7 | 19 | 33 | 0 | 1 | 2 | 42 | 29 | 30 | 30 | 33 | 8 | 0 | 1 | 0 | 44 |
| 7 | 30 | 7 | 50 | 54 | 0 | 1 | 2 | 41 | 30 | 0 | 31 | 3 | 30 | 0 | 1 | 0 | 40 |
| 8 | 0 | 8 | 22 | 15 | 0 | 1 | 2 | 40 | 30 | 30 | 31 | 33 | 50 | 0 | 1 | 0 | 35 |
| 8 | 30 | 8 | 53 | 35 | 0 | 1 | 2 | 39 | 31 | 0 | 32 | 4 | 8 | 0 | 1 | 0 | 31 |
| 9 | 0 | 9 | 24 | 51 | 0 | 1 | 2 | 38 | 31 | 30 | 32 | 34 | 22 | 0 | 1 | 0 | 27 |
| 9 | 30 | 9 | 56 | 13 | 0 | 1 | 2 | 37 | 32 | 0 | 33 | 4 | 35 | 0 | 1 | 0 | 22 |
| 10 | 0 | 10 | 27 | 32 | 0 | 1 | 2 | 35 | 32 | 30 | 33 | 34 | 46 | 0 | 1 | 0 | 17 |
| 10 | 30 | 10 | 58 | 49 | 0 | 1 | 2 | 33 | 33 | 0 | 34 | 4 | 55 | 0 | 1 | 0 | 12 |
| 11 | 0 | 11 | 30 | 5 | 0 | 1 | 2 | 32 | 33 | 30 | 34 | 35 | 1 | 0 | 1 | 0 | 8 |
| 11 | 30 | 12 | 1 | 21 | 0 | 1 | 2 | 30 | 34 | 0 | 35 | 5 | 5 | 0 | 1 | 0 | 3 |
| 12 | 0 | 12 | 32 | 36 | 0 | 1 | 2 | 28 | 34 | 30 | 35 | 35 | 6 | 0 | 0 | 59 | 57 |
| 12 | 30 | 13 | 3 | 50 | 0 | 1 | 2 | 27 | 35 | 0 | 36 | 5 | 5 | 0 | 0 | 59 | 52 |
| 13 | 0 | 13 | 35 | 4 | 0 | 1 | 2 | 25 | 35 | 30 | 36 | 35 | 1 | 0 | 0 | 59 | 48 |
| 13 | 30 | 14 | 6 | 16 | 0 | 1 | 2 | 23 | 36 | 0 | 37 | 4 | 55 | 0 | 0 | 59 | 43 |
| 14 | 0 | 14 | 37 | 27 | 0 | 1 | 2 | 21 | 36 | 30 | 37 | 34 | 47 | 0 | 0 | 59 | 38 |
| 14 | 30 | 15 | 8 | 38 | 0 | 1 | 2 | 19 | 37 | 0 | 38 | 4 | 36 | 0 | 0 | 59 | 32 |
| 15 | 0 | 15 | 39 | 47 | 0 | 1 | 2 | 17 | 37 | 30 | 38 | 34 | 22 | 0 | 0 | 59 | 27 |
| 15 | 30 | 16 | 10 | 56 | 0 | 1 | 2 | 15 | 38 | 0 | 39 | 4 | 5 | 0 | 0 | 59 | 22 |
| 16 | 0 | 16 | 42 | 3 | 0 | 1 | 2 | 13 | 38 | 30 | 39 | 33 | 46 | 0 | 0 | 59 | 16 |
| 16 | 30 | 17 | 13 | 9 | 0 | 1 | 2 | 10 | 39 | 0 | 40 | 3 | 25 | 0 | 0 | 59 | 11 |
| 17 | 0 | 17 | 44 | 14 | 0 | 1 | 2 | 7 | 39 | 30 | 40 | 33 | 0 | 0 | 0 | 59 | 5 |
| 17 | 30 | 18 | 15 | 17 | 0 | 1 | 2 | 5 | 40 | 0 | 41 | 2 | 33 | 0 | 0 | 59 | 0 |
| 18 | 0 | 18 | 46 | 19 | 0 | 1 | 2 | 2 | 40 | 30 | 41 | 32 | 3 | 0 | 0 | 58 | 54 |
| 18 | 30 | 19 | 17 | 21 | 0 | 1 | 2 | 0 | 41 | 0 | 42 | 1 | 30 | 0 | 0 | 58 | 48 |
| 19 | 0 | 19 | 48 | 21 | 0 | 1 | 1 | 57 | 41 | 30 | 42 | 30 | 54 | 0 | 0 | 58 | 42 |
| 19 | 30 | 20 | 19 | 19 | 0 | 1 | 1 | 54 | 42 | 0 | 43 | 0 | 15 | 0 | 0 | 58 | 36 |
| 20 | 0 | 20 | 50 | 16 | 0 | 1 | 1 | 51 | 42 | 30 | 42 | 29 | 33 | 0 | 0 | 58 | 31 |
| 20 | 30 | 21 | 21 | 12 | 0 | 1 | 1 | 48 | 43 | 0 | 43 | 58 | 49 | 0 | 0 | 58 | 25 |
| 21 | 0 | 21 | 52 | 6 | 0 | 1 | 1 | 45 | 43 | 30 | 44 | 28 | 1 | 0 | 0 | 58 | 18 |
| 21 | 30 | 22 | 22 | 58 | 0 | 1 | 1 | 42 | 44 | 0 | 44 | 57 | 10 | 0 | 0 | 58 | 12 |
| 22 | 0 | 22 | 53 | 49 | 0 | 1 | 1 | 39 | 44 | 30 | 45 | 26 | 16 | 0 | 0 | 58 | 6 |
| 22 | 30 | 23 | 24 | 39 | 0 | 1 | 1 | 36 | 45 | 0 | 45 | 55 | 19 | 0 | 0 | 58 | 0 |

「弦の表」の一部（0°30′〜45°）

パルコスの研究成果を受け継いだのが三角法を完成させたプトレマイオスなのです。

この「弦の表」は次のことを示しています。すなわち、[図6]において、弦ABの長さを「crd 36°」と書くことにすると、$\mathrm{crd}\ 36° = 37^{p}\,4'55''$ であることになります。(注16) プトレマイオスは60進法によっていますから、弦ABの長さは、$37 + \frac{4}{60} + \frac{55}{60^2}$ であることを意味していることになります。これを弦の表では「$37^{p}\,4'55''$」と記しているのです。

プトレマイオスの「crd $x$」と今日の「sin $x$」との関係は次のようになっていることがわかります。すなわち、[図7]のように半径1の円を考えれば、$\mathrm{AB} = \mathrm{crd}\ x = 2\sin\frac{x}{2}$ となります。もっとも、プトレマイオスは半径を60としていますから、「弦の表」との関係で言えば、$\mathrm{crd}\ x = 60 \times 2\sin\frac{x}{2}$ ということになります。

ここで、sin 18° の値を10進法で求めてみますと[計算1]の

[図6]

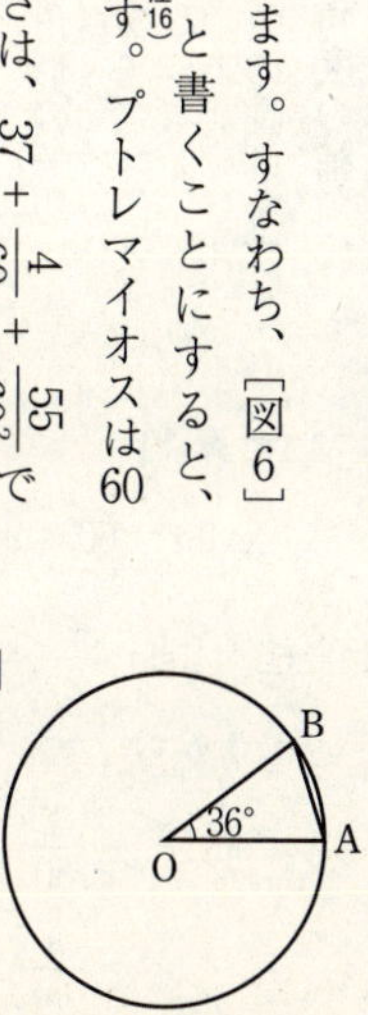


[図7]

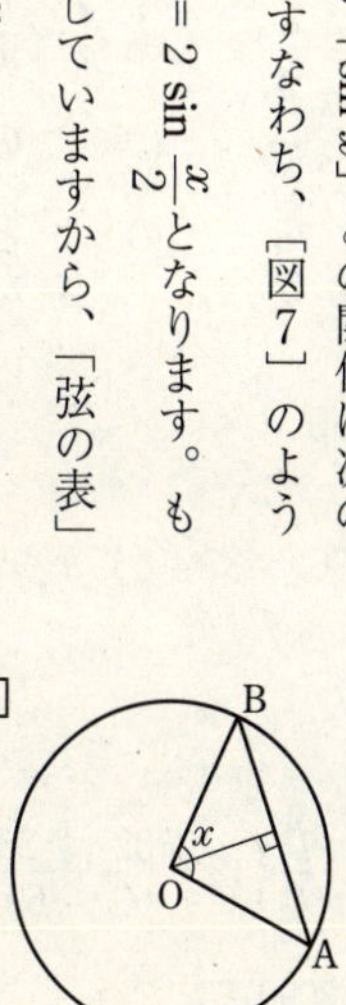

ようになります。

関数電卓で計算したsin 18°の値「0.309016994」と比較してみると、小数点以下第5位まで正しいことがわかり、きわめて精度の高い値であると言えます。このような優れた「弦の表」をプトレマイオスはどのようにして作成したのでしょうか。

プトレマイオスは、最初にcrd 36°とcrd 72°の値を求めるのですが、そのために、「同じ円に内接する正5、6、10角形について、正5角形の一辺の平方は正6角形の一辺の平方と正10角形の一辺の平方との和に等しい」（『原論』第13巻命題10）を利用するのです。なぜなら、円に内接する正10角形、正5角形の一辺に対応する中心角はそれぞれ36度、72度だからです。その計算は［計算2］のようになされます。

プトレマイオスは36度、72度に対する弦の長さを求めた後、「補角の規則」によって、ある角度の補角に対する弦の長さを求め、「差の規則」によって、すで

［計算1］

$$\mathrm{crd}\,x = 60 \times 2\sin\frac{x}{2} \text{ と } \mathrm{crd}\,36^\circ = 37^p4'55'' \text{ から、}$$

$$60 \times 2\sin\frac{36^\circ}{2} = 37^p4'55''$$

ですから、

$$\sin 18^\circ = \frac{1}{60} \times 18^p32'28'' = \frac{1}{60}\left(18 + \frac{32}{60} + \frac{28}{60^2}\right)$$

$$= \frac{1}{60} \times 18.5411 = 0.3090184$$

に弦の長さが知られている2つの角度の差に相当する角度に対する弦の長さを求めていくのです。さらに、「半角の規則」によって、すでに弦の長さが知られている角度の半分の角度に対する弦の長さを求めてもいます。そして最後に、1度、$\frac{1}{2}$度に対する弦の長さを求めた後、「和の規則」を用いて、$\frac{1}{2}$度きざみの弦の表を完成させることができたのです。(注17)

なお、「弦の表」の第3欄には「差の$\frac{1}{30}$」という項目が付けられていますが、これを使用することによって、1分きざみの角度に対する弦の長さを求めることができることになるのです。

## トレミーの定理

プトレマイオスは、種々の規則を用いて「弦の表」を完成させたのですが、その中の1つに「差の規則」がありました。この規則は、たとえば60度と72度に対する弦の長さが知られている場合、その差12度に対する弦の長さを求めるときに使用される規則です。そして、彼はこの規則のために「プトレマイオスの定理」すなわち「トレミーの定理」を作ったのです。トレミーの定理とは「円に内接する4角形において、対角線の長さの積は、4角形の相対する2組の辺の長さの積の和に等しい」（AC・BD＝AD・BC＋AB・DC）［図9］という内容です。この定理を用いて、crd 12°の値を求めてみましょう。

[計算2]

［図8］の半円において、ACは直径、OA, OB, OCは半径とし、Dは OCの中点とします。また、DB = DEとなるように点Eをとると、直角3角形OBEにおいて、

OB：円に内接する正6角形の一辺

OE：円に内接する正10角形の一辺

BE：円に内接する正5角形の一辺

となります。

crd36° = OE、crd72° = BEであり、三平方の定理により、$OB^2 + OE^2 = BE^2$が成り立ちますから、OB, OEの値がわかれば、$BE = \sqrt{OB^2 + OE^2}$としてcrd72°の値を求めることができるのです。

プトレマイオスは円の直径を120部分（$120^p$）としていますから、OB = crd60° = $60^p$は明らかです。直角3角形において、OB = $60^p$, OD = $30^p$ですから、

$$DE = DB = \sqrt{OB^2 + OD^2} = \sqrt{3600^p + 900^p}$$
$$= \sqrt{4500^p} \fallingdotseq 67^p4'55''$$

となります。したがって、

$$\mathrm{crd}36^\circ = OE = DE - OD \fallingdotseq 67^p4'55'' - 30^p = 37^p4'55''$$

として、crd36°の値が求められます。さらに、crd72°の値は次のように求められます。

$$\mathrm{crd}72^\circ = BE = \sqrt{(60^p)^2 + (37^p4'55'')^2}$$
$$\fallingdotseq \sqrt{3600^p + 1375^p4'15''} = \sqrt{4975^p4'15''} \fallingdotseq 70^p32'3''$$

[図8]

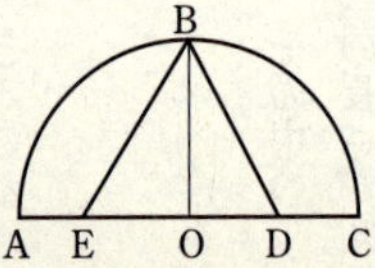

[図 10]

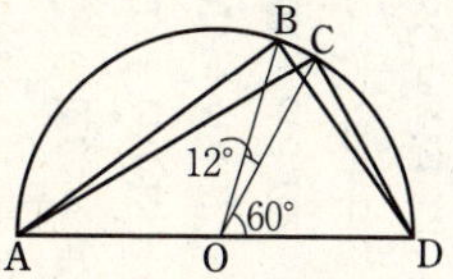


[図 9]

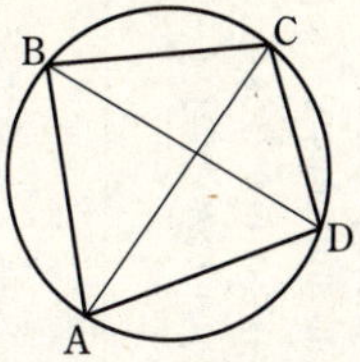


**[計算 3]**

［図10］に適用されたトレミーの定理「AC・BD = AB・CD + AD・BC」は、

$$\mathrm{crd}(180^\circ - 60^\circ)\cdot\mathrm{crd}\,72^\circ$$
$$= \mathrm{crd}(180^\circ - 72^\circ)\cdot\mathrm{crd}\,60^\circ + \mathrm{crd}\,180^\circ\cdot\mathrm{crd}(72^\circ - 60^\circ)$$

と書き表されます。そして、一般に、角$2x$, $2y$ に対して、

$$\mathrm{crd}(180^\circ - 2y)\cdot\mathrm{crd}\,2x$$
$$= \mathrm{crd}(180^\circ - 2x)\cdot\mathrm{crd}\,2y + \mathrm{crd}\,180^\circ\cdot\mathrm{crd}(2x - 2y)$$

が成り立つことになります。

これを半径１の円で考えて、$\mathrm{crd}\,x = 2\sin\dfrac{x}{2}$ で置き換えると、

$$\sin(90^\circ - y)\cdot\sin x = \sin(90^\circ - x)\cdot\sin y + \sin 90^\circ\cdot\sin(x - y)$$

となり、

$$\sin(x - y) = \sin x\cos y - \cos x\sin y$$

となりますから、「正弦の加法定理」と同値であることになります。

60度と72度に対する弦の長さから、その補角120度、108度に対する弦の長さも計算できますし、半径が60ですから、180度に対する弦の長さは$120^p$です。まとめますと、〔図10〕の内接4角形ABCDにおいて、

$AD = \mathrm{crd}\,180° = 120^p$, $CD = \mathrm{crd}\,60° = 60^p$,

$BD = \mathrm{crd}\,72° = 70^p\,32'3''$

$AB = \mathrm{crd}\,108° = 97^p\,4'55''$, $AC = \mathrm{crd}\,120° = 103^p\,55'23''$

のようになります。これらの値とトレミーの定理「AC・BD = AB・CD + AD・BC」によって$BC = \mathrm{crd}\,12°$の値が求められることがわかります。つまり、トレミーの定理はこのために考案されたのです。

ところで、トレミーの定理は今日の「正弦の加法定理」に相当する内容であることが「計算3」によってわかります。

---

（注1）『砂粒を算えるもの』は、宇宙全体が砂粒で埋め尽くされているとしたときの、砂粒の数を求めることが主題となっている。これに関連して、大数の数詞が導入される。

（注2）Aristarchus of Samos（前310頃－前230頃）古代ギリシアの天文学者。彼はギリシア人には「数学者アリスタルコス」として知られているが、それは、彼の著作において、数学

が天文学に見事に応用されているからである。

（注3）Nicolaus Copernicus（１４７３－１５４３）ポーランドの天文学者。『天球の回転について』（１５４３年）を著して、太陽中心の宇宙体系を発表し、地動説を初めて唱えた。

（注4）『太陽と月の大きさと距離について』は、もとはパッポスが編纂した『小天文学』と呼ばれる論文集の中に、ユークリッドの『光学』など、5つの論文とともに収録されていたらしい。

（注5）この証言は、アルキメデスの『砂粒を算えるもの』に見られる。

（注6）まず1は素数でないから除き、次に2を残して、2の倍数をすべて除き、次に3を残して、3の倍数をすべて除く、というようにしていくと、素数だけが得られる。この方法を「エラトステネスの篩」と言う。

（注7）Eratosthenes（前２７６頃－前１９５頃）キュレネ出身。地理学、天文学、歴史、数学など多くの分野で傑出していた。紀元前２５０年頃に世界地図を作成したと言われている。

（注8）プトレマイオス王朝の首都であるアレクサンドリアに建設された古代世界最大の図書館。蔵書数50万冊とも言われる。研究所であるムーゼイオンの附属図書館でもある。

（注9）Cleomedes（前1世紀後半）古代ギリシアの天文学者。彼の『天体の円運動について』はポセイドニオス（Posidonius、前1世紀前半、数学者、天文学者）の著作にもとづいていると言われている。ポセイドニオスはエラトステネスよりも正確に地球の周囲を計算したという。

（注10）Menelaus of Alexandria（１００頃活躍）『球面論』のほかに、『円における弦について』（全6巻）を著した。

（注11）Claudius Ptolemaeus（１００頃－１７０頃）英語名はトレミー（Ptolemy）アレクサンド

リア出身。古代ギリシア最大の天文学者で、古代天文学の集大成である『アルマゲスト』を著して、天動説を唱えた。

（注12）『アルマゲスト』（全13巻）の最初の書名は「数学集成」であったが、後に『小天文学』という入門書と区別するために「大集成」と呼ばれるようになり、これがアラビアに入って「偉大なる書」という意味の『アルマゲスト』となった。

（注13）Theodosius（前2世紀後半）古代ギリシアの天文学者。全3巻から成る『球面論』を著した。

（注14）Hipparchus（前2世紀中頃）ニカイア出身。古代ギリシア天文学の創始者の1人。太陽と月の大きさと距離に関するアリスタルコスの計算を改良した。また、三角法を使用して、「弦の表」を作成した。

（注15）Theon of Alexandria（4世紀後半）古代ギリシアの数学者、天文学者。ユークリッドの『光学』やプトレマイオスの『アルマゲスト』の注釈書を書いた。

（注16）円の直径を１２０として計算されている。右肩の小さな「$p$」は「部分」を意味するpartsの頭文字。

（注17）1度に対する弦の長さは単純な方法では求められず、種々の工夫が必要とされる。詳しくは、上垣渉『ギリシア数学の探訪』日本評論社を参照。

# 8　ギリシア数学の終焉

ヘロン

## ヘロンの公式とヘロン3角形

ヘロン(注1)の著作は幾何学的著作と機械学的著作に大別され、幾何学的著作としては『幾何学』『立体幾何学』『測量術』『定義』などがあります。(注2)このうち最も重要なものは全3巻からなる『測量術』であり、第1巻は面積の計算、第2巻は体積の計算、第3巻は面積や体積を与えられた比に分割することが扱われています。

3辺の長さが与えられた3角形について、その面積を求める「ヘロンの公式」は有名で、よく知られています。この公式は、「任意の3角形の3つの辺が与えられたとき、高さを見出すことなく、その面積を求める一般的な方法を与えよう」という文章で始まる『測量術』第1巻命題8で扱われていて、次のような内容です。

3角形の3辺の長さ $a$、$b$、c が与えられているとします。

このとき、$\frac{1}{2}(a+b+c)=s$ としますと、面積 $S$ は、$S=\sqrt{s(s-a)(s-b)(s-c)}$ によって求められるというものです［図1］。

ヘロンは公式の幾何学的証明に入る前に、3辺の長さが7、8、9という具体的な3角形の面積を求める計算を示しています。その計算は［計算1］のようになされています。

ここからわかるように、3辺の長さが7、8、9（いずれも自然数）という3角形の面積は自然数ではありませんが、場合によっては、3辺の長さおよび面積がすべて自然数であるような3角形が存在します。そして、このような3角形は「ヘロン3角形」と呼ばれているのです。

一般に、$a^2+b^2=c^2$ を満たす自然数 $a$、$b$、$c$ を持つような直角3角形は「ピュタゴラス3角形」と呼ばれますが、この3角形の面積は必ず自然数となります。なぜなら、一般に、ピュタゴラス3角形では、直角をはさむ2辺のうち、少なくとも一方は4の倍数であることが証明されるからです。したがって、ピュタゴラス3角形はすべてヘロン3角形でもあります。

ところが、ピュタゴラス3角形でない3角形でも、3辺の長さおよび面積がすべて自然数であるようなものが存在します。たとえば、［図2］のように、3辺が5、12、13のピュタゴラス3角形と、9、12、15のピュタゴラス3角形は直角をはさむ辺として、長さ12

[計算 1]

$$7+8+9=24、\frac{24}{2}=12$$

$$12-7=5、12-8=4、12-9=3$$

$$12\times 5=60、60\times 4=240、240\times 3=720$$

次に、720 の平方根を次のような開平計算によって求めます。

まず、720 のすぐ近くにある平方数として 729 を見出し、その平方根が 27 であることから、720 を 27 で割って $26\frac{2}{3}$ が得られます。

そして、$27+26\frac{2}{3}=53\frac{2}{3}$、$\dfrac{53\frac{2}{3}}{2}=26\frac{1}{2}+\frac{1}{3}$

と計算して、$\sqrt{720}$ の近似値が $26\frac{1}{2}+\frac{1}{3}$ と求められます(注3)。

[図 2]

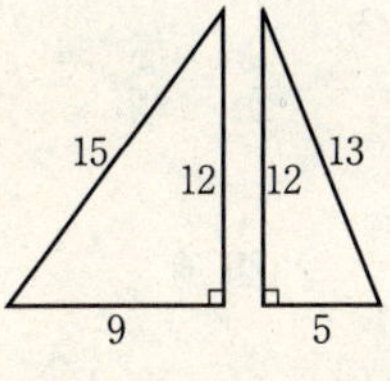


[図 1]

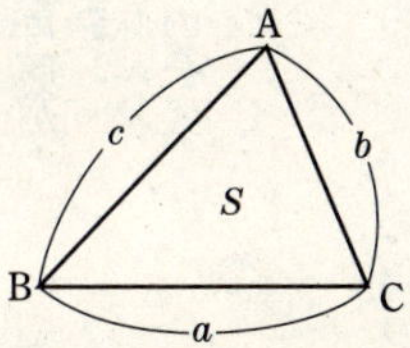

の辺を持っています。したがって、[図3]のように貼り合わせますと、3辺が13、14、15の3角形（ピュタゴラス3角形ではない）ができますが、これがヘロン3角形であることは明らかです。実際、この3角形の3辺はすべて自然数ですし、面積を計算しますと、$\frac{1}{2}\times14\times12=84$のように自然数になるからです

一般に、2つのピュタゴラス3角形があれば、双方の直角をはさむ辺を適当に何倍かして、等しい長さの辺を作ることができますから、それらを貼り合わせることによってヘロン3角形を得ることができます。しかし、2つのピュタゴラス3角形から作られることのないヘロン3角形もあります。たとえば、3辺の長さが65、119、180の3角形の面積はヘロンの公式によって、

$$\frac{1}{2}(65+119+180)=182$$

[図3]

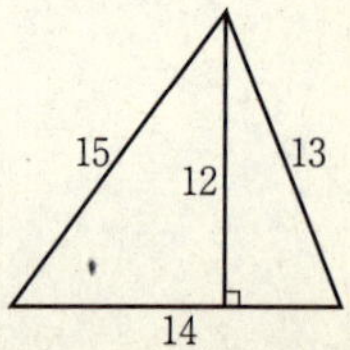


[図4]

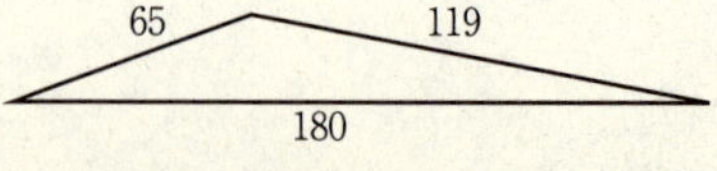

$\sqrt{182(182-65)(182-119)(182-180)} = \sqrt{2683044} = 1638$

のように自然数となりますから、ヘロン3角形です［図4］。しかし、この3角形は2つのピュタゴラス3角形から構成されたものではないのです。

## パッポスの『数学集成』

古代ギリシア数学の最後の光芒とも言われるパッポス(注4)の主著は全8巻から成る『数学集成(注5)』です。パッポスについては、紀元320年10月18日に日食を観測したことを自分自身の『アルマゲスト註釈』に記録していることから、4世紀前半に活動したことがわかります。

主著『数学集成』は、第1にギリシア数学の知られざる側面についての貴重な歴史的記録を提供しているということ、第2にユークリッド、アルキメデス、アポロニオス、プトレマイオスなどの見出した諸命題に対する別証明や補助定理が含まれているということ、第3にパッポス以前には見出されていない新しい発見や一般化がなされているということによって高く評価されています。

全8巻のうち、第1巻と第2巻の初めの部分は失われ、残存していません。第3巻では「作図題の3つの分類(注6)」および「平均の図示」が扱われています。また、第4巻ではピュタゴラスの定理の拡張あるいは一般化、靴屋のナイフ（アルベーロス）の問題、円の方形化問題や角の3等分問題に使用される特殊な曲線（ニコメデスのコンコイド、アルキメデスの螺線《らせん》、ディノストラトスやニコメデスの円積曲線）が扱われています。(注7)(注8)

第5巻では「等周問題」すなわち平面の場合は、形は異なるが同じ周囲を持つ図形の面積を比較する問題、立体の場合は、等しい表面積を持つ立体の体積を比較する問題が扱われています。またアルキメデスの準正多面体の紹介も見られます。第6巻は大部分が天文学にあてられています。

第7巻は最も重要な内容を含んでおり、「分析」と「総合」に関する定義から始まっていて、特別に「分析論宝典」と呼ばれています。この巻では「パッポスの定理」「パッポスの中線定理」が証明されていますし、また「パッポス・ギュルダンの定理」にも言及されています。第8巻は理論的な機械学に関する歴史的な叙述に始まり、重心や種々の作図題が取り上げられています。

## 平均の図示

ピュタゴラス学派のアルキュタス(注9)は立方体倍積問題の解法を与えた幾何学者ですが、彼はまた音楽理論家として最も重要な人物でもあります。彼は「音楽には3つの平均がある。第1は算術平均、第2は幾何平均、第3は小反対平均すなわち調和平均である」と述べ、それぞれを次のように定義しています。

第1の算術平均については、「第1項が第2項を超過している分だけ、第2項が第3項を超過している場合」と規定し、第2の幾何平均については、「第1項の第2項に対する関係（比）が、第2項の第3項に対する関係（比）と同様な場合」と規定しています。したがって、3項を$a$、$b$、$c$とすれば、算術平均は「$a-b=b-c$」を意味し、幾何平均は「$a:b=b:c$」を意味します。[注10]

アルキュタス以前は「小反対平均」と呼ばれていたものを、調和的で音楽的なトーンを醸し出すとの理由で、アルキュタスやヒッパソス[注11]によって「調和平均（音楽平均）」と改名された平均は、「第1項が第2項より自分自身の幾分かの部分で超過し、第2項が第3項より第3項のその同じだけの部分で超過している場合」と規定されています。これを今日の表記法で示せば、「$a=b+\frac{a}{n}, b=c+\frac{c}{n}$ より、$\frac{a-b}{b-c}=\frac{a}{c}$」となります。

ピュタゴラス学派において知られていた3つの平均に対して、パッポスは幾何学的作図を与えたのです。任意の不等な2線分AB、BCが与えられたとし、これらを連結した線分ACを直径

[図5]

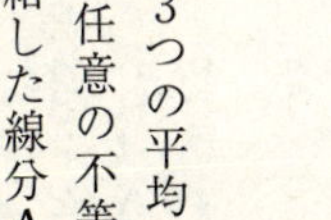

とし、その中点Oを中心として、半円を描きます［図5］。点Bから垂線BDを引き、さらに点BからODに垂線BFを下ろします。このとき、OCはAB、BCの算術平均、BDはAB、BCの幾何平均、DFはAB、BCの調和平均となるのです。

### アルベーロスの問題

『数学集成』第4巻には「靴屋のナイフの問題」と呼ばれる興味深い問題が見られます。

［図6］のように、1つの直線ABが点Cにおいて不等な2つの部分AC、CBに分けられ、AB、AC、CBを直径とする半円がABの同じ側に描かれたとします。このとき、3つの半円に囲まれた図形（斜線部分）が「靴屋のナイフ」（アルベーロス）[注12]と呼ばれます。

このアルベーロスに関する問題は、すでにアルキメデスの名でアラビアに伝えられた『補助定理集』の命題4として、「PNがABに垂直で、2つの小さな半円に接する直線であるとき、アルベーロスの面積はPNを直径とする円の面積に等しい」のよう

［図7］

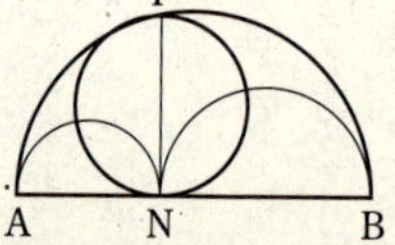


［図6］

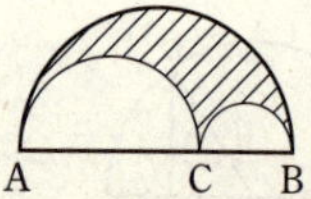

に見られます［図7］。また、命題5は［図8］において、「CDがABに垂直で、2つの小さな半円に接する直線であるとき、アルベーロスの中に、CDの左右に、それぞれCDと2つの半円に接するように描かれた円は等しい」という内容です。

パッポスは、これらのアルキメデスの諸命題にさらに次のような新しい命題を付加したのです。［図9］のように、一系列の円がアルベーロスの中に、半円および相互に接して置かれているとします。このとき、次のことが成り立つのです。

「円$O_1$、$O_2$、$O_3$……の直径を$d_1$、$d_2$、$d_3$……とし、中心$O_1$、$O_2$、$O_3$……からABに下ろした垂線の足を$N_1$、$N_2$、$N_3$……とすると、$O_1N_1 = d_1, O_2N_2 = 2d_2, O_3N_3 = 3d_3, \ldots\ldots, O_nN_n = nd_n$となる」

**準正多面体**

第3章では「プラトンの立体」とも呼ばれる5種類の正多面体を紹介しましたが、パッポスは『数学集成』第5巻において、この正多面体に言及するとともに、さらに複数の種類の正多角形で囲まれていて、どの頂点のまわりも同じ状態になっている凸多面

［図8］

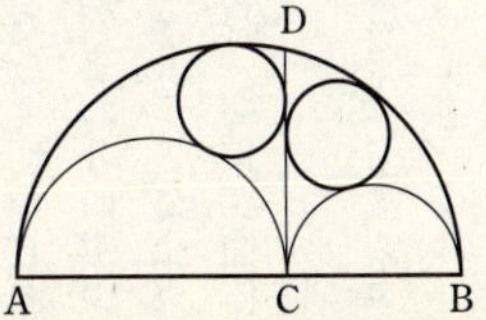


［図9］

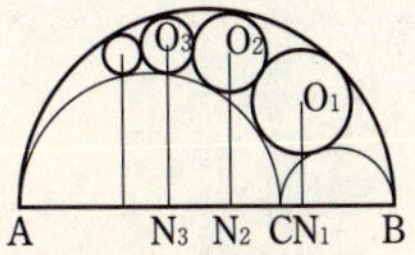

体をも取り上げています。これは今日「準正多面体」と呼ばれている立体のことです。

準正多面体の定義に照らしてみれば、［図10］の例に見られるように、
（1）平行に置かれた2つの正多角形を正方形でつないだ立体
（2）平行に置かれた2つの正多角形を正3角形でつないだ立体
も準正多面体ということになります。前者は「正角柱」、後者は「擬角柱」あるいは「反角柱」と呼ばれ、これらは無数にあることがわかります。これら正角柱・擬角柱を除外して、13種類の準正多面体をアルキメデスが発見したとパッポスが伝えていることから、これらの準正多面体は「アルキメデスの立体」と呼ばれています。

準正多面体は、たとえば正多面体の角《かど》を切ることなどによって得られます。正6面体（立方体）を例にとれば、その8つの角を切ることによって、［図11］のような「切頂6面体」と呼ばれる準正多面体が得られるわけです。切頂6面体では、各頂点のまわりに1つの正3角形と2つの正8角形が集まっています。これを（3, 8, 8）と書くことにします。そして、［図12］は13種類のアルキメデスの立体を示しています。このうち、切頂20面体がサッカーボールに使用されています。

長い間、準正多面体は13種類と考えられていましたが、1930年にミラーによって、新しい準正多面体が発見されました。これは「ミラーの立体」と呼ばれています。

ミラーの立体はアルキメデスが見落としていた準正多面体で、斜方立方8面体に類似し

[図 11]

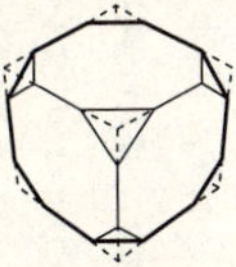

切頂6面体

[図 10]

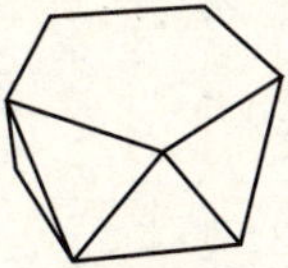

擬5角柱

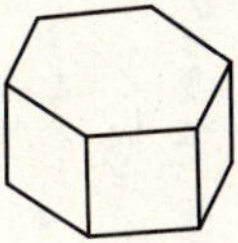

正6角柱

[図 12] アルキメデスの立体

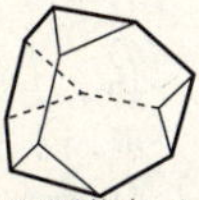

切頂4面体(3, 6, 6)

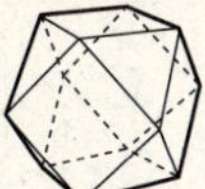

立方8面体(3, 3, 4, 4)

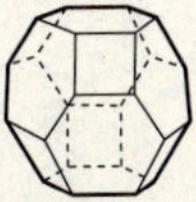

切頂8面体(4, 6, 6)

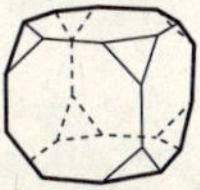

切頂6面体(3, 8, 8)

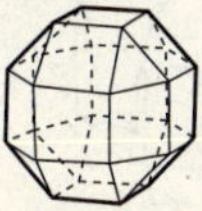

斜方立方8面体(3, 4, 4, 4)

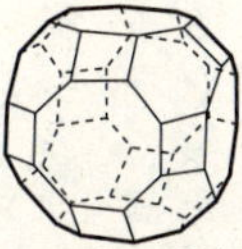

斜方切頂立方8面体(4, 6, 8)

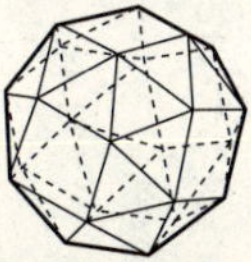

変形立方体(3, 3, 3, 3, 4)

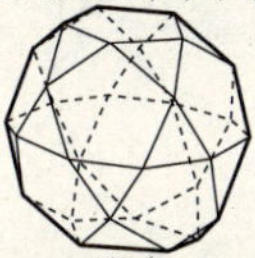

12·20面体(3, 3, 5, 5)

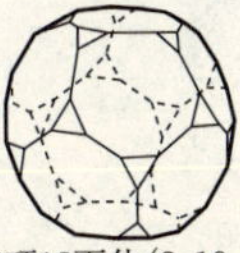

切頂12面体(3, 10, 10)

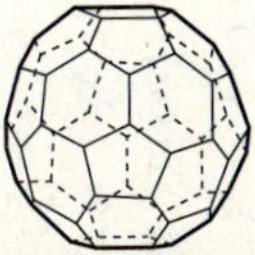

切頂20面体(5, 6, 6)

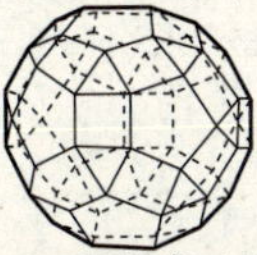

斜方12·20面体(3, 4, 4, 5)

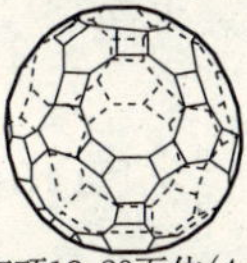

斜方切頂12·20面体(4, 6, 10)

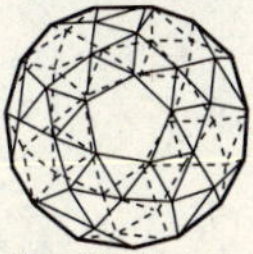

変形12面体(3, 3, 3, 3, 5)

ています。斜方立方8面体の上の部分は5個の正方形と4個の正3角形から成っていますが、この部分を45度回転させてできた立体がミラーの立体なのです〔図13〕。これももちろん準正多面体であり、各頂点のまわりの状態も斜方立方8面体と同じ(3, 4, 4, 4)となっています。

### 分析と総合

『数学集成』第7巻は「分析論宝典」と呼ばれるように、「分析」と「総合」の定義から始まっています。すなわちパッポスは、「分析とは、見出そうとするものがあたかも知られたかのごとくに考えて出発し、分析によって次々に出てくる結果を通して、総合によって認められるものへと進んでいく過程である。すなわち、分析においては、あたかもそれがなされたかのごとく仮定するのである。そして、それが何に由来しているかを調べ、さらにそれに先立つ要因を探し求めるなどして、そのように後戻りすることによって、最後に既知の事柄あるいは第一原理に属する事柄に到達するのである。このように、

[図13]

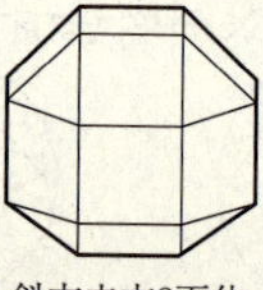

斜方立方8面体

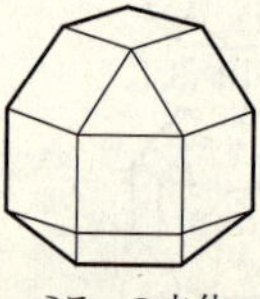

ミラーの立体

解の前にあるという意味で、この方法を『分析』と呼ぶのである。総合においては、この方法が逆である。分析で最後に得られたものを、すでになされたものと考え、先に導き出されたものを自然的順序に並べかえ、互いに結びつけて、最後に要求されたものの構成へと到達する。これが、我われが『総合』と呼んでいるものなのである」

と述べています。

この分析・総合の方法が使用されている例の1つは第7巻命題108に見られます。そこでは、[図14] において、「円と円内の2点D、Eが与えられたとき、円周上の点AとD、Eを結び、その延長と円との交点をB、Cとしたとき、DEとBCが平行になるように、点Aを見出すこと」が問題とされています。

この問題に対して、パッポスはまず問題が解かれたと考えて、分析の方法を適用していくのです。(注13) [図15] のように点Aがとられ、その結果、DEとBCが平行になったとします。

このとき、点Bにおける接線とEDの延長との交点をFとし

[図15]

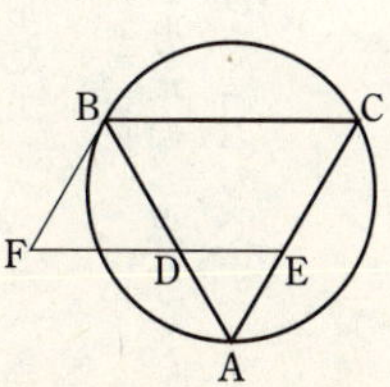


[図14]

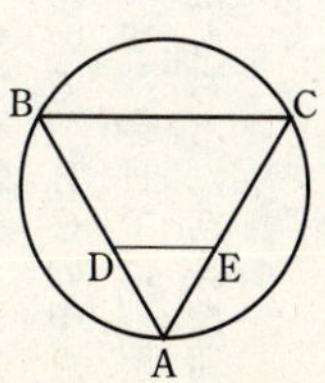

ますと、接弦定理によって、∠FBA = ∠BCA となります。また、ＤＥとＢＣは平行ですから、∠BCA = ∠FEA です。したがって、∠FBA = ∠FEA となりますから、円周角定理の逆[注14]より、4点F、B、E、Aは同一円周上にあることになります。したがって、方べきの定理[注15]より、「AD・DB = ED・DF」が成り立ちます。

以上の分析の結果から、AD・DB = ED・DF が成り立つように点Fを定め[注16]、点Fから円に接線を引けばよいことがわかります。その接点をBとして、B、Dを結ぶのです。すると、その延長と円との交点が求める点Aとなるのです。

## パッポスの諸定理

パッポスは種々の定理を証明していますが、有名な定理をいくつか紹介しましょう。その第1は「パッポスの中線定理」と呼ばれているもので、『数学集成』第7巻命題１２２で扱われています。その内容は、[図16]において、「3角形ＡＢＣにおいて、ＢＣの中点をDとすれば、$AB^2 + AC^2 = 2(AD^2 + BD^2)$ が成り立つ」というものです。今日では、解析幾何学的に証明されることが多いようですが、パッポスによる証明はもちろん初等幾何学によるものです。

第2に、『数学集成』第7巻の命題１３８では「パッポスの定理」が扱われています。その内容は［図17］において、「直線ＡＢとＣＤが平行に置かれ、ＡＢ、ＣＤ上の任意の点をE、Fとする。AF、ECの交点をH、AD、BCの交点をM、ED、BFの交点をKとすると、H、M、Kは一直線上にある」というものです。このパッポスの定理は、パスカルによって発展させられ、「円錐曲線に内接する6辺形の相対する辺の交点は一直線上にある」という「パスカルの定理」の特別な場合として位置づけられます。

さらにパッポスは、『数学集成』第7巻において、後になって、ギュルダン(注17)によって再発見された「1つの平面図形が、その平面上にあってこれと交わらない直線のまわりに1回転してできる立体の体積は、その平面図形の面積とその平面図形の重心が描く円周の長さとの積に等しい」という定理についても言明しています。この定理は今日では「パッポス・ギュルダンの定理」と呼ばれています。

なお、上記の内容は立体の体積に関する内容ですが、この定理の平面バージョンとして、「任意の線分を平面上に移動させたときにできる平面図形の面積は、その線分の長さと線分の中点が移動した距離との積に等しい」という命題を作ることがで

[図16]

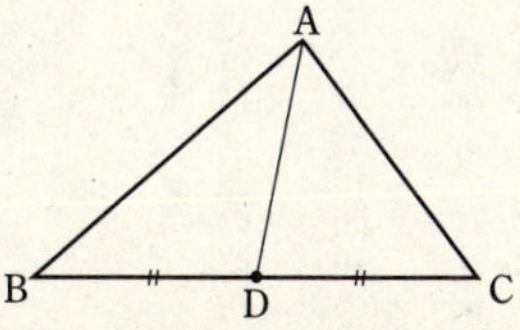


[図17]

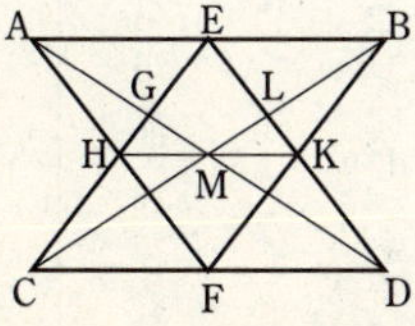

きます。

(注1) Heron of Alexandria (60年頃活躍) 古代ギリシアの機械学者、数学者。紀元2世紀よりも後の人とする説もある。

(注2) 機械学的著作としては、『気体装置』『自動装置製作法について』『照準儀について』などがある。

(注3) この計算法は、バビロニア人が平方根の近似値を求める際に使用した計算法と同じである。

(注4) Pappus of Alexandria (300－350頃活躍) 古代ギリシア数学に最後の光芒を放った、洗練された多才な数学者で、古典ギリシア幾何学の優れた代表者。主著である『数学集成』のほかに、『アルマゲスト』の注釈書やユークリッド『原論』第10巻の注釈書も著した。

(注5) 『数学集成』はギリシア幾何学の全範囲を包括すると同時に、百科事典というよりは、むしろ手引書あるいは入門書と言える。

(注6) 「作図題の3つの分類」とは、平面の作図題、立体の作図題、線の作図題を意味する。

(注7) Nicomedes (前2世紀) 古代ギリシアの幾何学者。コンコイドによる立方体倍積問題の解法、円積曲線による円の方形化問題の解法を手がけた。

(注8) Dinostratus (前4世紀中頃) 古代ギリシアの幾何学者。円積曲線による円の方形化問題の解法を手がけた。

(注9) Archytas of Tarentum (前400－365頃活躍) 古代ギリシアの哲学者、数学者、政治家。プラトンは第1回目のシケリア旅行(前388年頃)の際に、アルキュタスと会い、ピュタ

ゴラス学派の教義を学んだと言われる。

（注10）算術平均は相加平均、幾何平均は相乗平均とも言い、2つの量$a$、$b$に対して、それぞれ$\frac{a+b}{2}$, $\sqrt{ab}$、と表される。そして、$\frac{a+b}{2} \geqq \sqrt{ab}$という関係にある。

（注11）Hippasus（前5世紀前半）古代ギリシアのピュタゴラス学徒。無理量の発見を外部に漏らしたため、海に突き落とされて死んだという伝説がある。

（注12）「靴屋のナイフ」と呼ばれるのは、この形が靴屋が靴を作るときに用いるナイフの形に似ているからである。

（注13）この「分析の方法」は、今では解析的方法と呼ばれることが多い。

（注14）この場合の円周角定理とは「等しい弧の上の円周角は等しい」という内容。

（注15）方べきの定理とは「円内の2つの弦が交わるなら、一方の弦の2部分の積は他方の弦の2部分の積に等しい」という定理。

（注16）円と点Dは与えられているから、任意のA、Bに対して、AD・DBの値は一定。

（注17）Paul Guldin（1577－1643）スイスの数学者。ローマのクラヴィウス（Clavius、1537－1612）のもとで数学を学ぶ。パッポス・ギュルダンの定理は主著『重心について』の中で扱われている。

# 第Ⅱ部　中世の数学

# 1　インドの数学

## 祭壇の数学

インドでは、紀元前3000年から紀元前2500年頃、インダス河流域に高度な文明が存在していたことが知られています。実際、モヘンジョ・ダロとハラッパーには計画的に建設された都市があったようです。その後、紀元前1300年頃、北方からのアーリア民族の侵入によって、先住民は隷属させられ、次々と国家が形成されていったのです。

少なくとも紀元前9世紀頃までに、インドはアッシリアやバビロニアと交流があったと言われていますし、紀元前4世紀の終わり頃には、アレクサンドロス大王によるインド侵入によって、(注1)ギリシアの影響も受けたようです。また、1世紀頃に仏教が中国で広まったことからもわかるように、インドと中国の交流も始まっています。

インド数学に関する最初の文献史料は紀元前6世紀頃にまで遡《さかのぼ》ることができます。今日知られているインド最古の数学書は『シュルバスートラ』(注2)ですが、その成立は紀元前6世紀頃からのものと見られるだけで、著者などは不明です。この書では、祭場や祭壇などの設置に関する規定などが述べられていて、たとえば、祭壇を作るための数学として、「正方形、長方形の作図」「正方形の一辺と対角線の関係」「等積な円と正方形」などに関する幾何学的内容が証明なしに記述されています。

そのため、この数学は「祭壇の数学」とも呼ばれています。扱われている前記の内容から推察されますように、この書では、$\sqrt{2}$の近似値や円の面積が計算されています。

[計算 1]

$\sqrt{2}$ の大きい方からの第1近似値を $\frac{3}{2}$ とすれば、小さい方からの近似値は $2 \div \frac{3}{2} = \frac{4}{3}$

となりますから、第2近似値は、

$$\frac{\frac{3}{2}+\frac{4}{3}}{2} = \frac{17}{3 \cdot 4} = 1 + \frac{1}{3} + \frac{1}{3 \cdot 4}$$

となります(注3)。

そして、$2 \div \frac{17}{12} = \frac{24}{17}$ ですから、第3近似値として、

$$\frac{\left(1+\frac{1}{3}+\frac{1}{3 \cdot 4}\right)+\frac{24}{17}}{2} = \frac{289+288}{2 \cdot 3 \cdot 4 \cdot 17}$$

$$= \frac{2 \cdot 289}{2 \cdot 3 \cdot 4 \cdot 17} - \frac{1}{2 \cdot 3 \cdot 4 \cdot 17}$$

$$= \frac{17}{3 \cdot 4} - \frac{1}{2 \cdot 3 \cdot 4 \cdot 17} = 1 + \frac{1}{3} + \frac{1}{3 \cdot 4} - \frac{1}{3 \cdot 4 \cdot 34}$$

が得られるのです。

[計算２]

［図１］のように、直径$d$の円の円周を12等分し、８個の等分点を通る正方形を作り、この面積が円の面積と近似的に等しいと考えるのです。このとき、正方形の一辺を計算しますと、$\frac{\sqrt{3}}{2}d$となります。

ここで、$\sqrt{3}$の近似値を計算します。小さい方からの近似値を$\frac{5}{3}$としますと、大きい方からの近似値は$3 \div \frac{5}{3} = \frac{9}{5}$となります。したがって、次の近似値は$\dfrac{\frac{5}{3}+\frac{9}{5}}{2} = \frac{26}{15}$となります。

したがって、正方形の一辺は$\frac{13}{15}d$すなわち$\left(d-\frac{2}{15}d\right)$となりますから、求める円の面積は$\left(d-\frac{2}{15}d\right)^2$となるのです。

[図１]

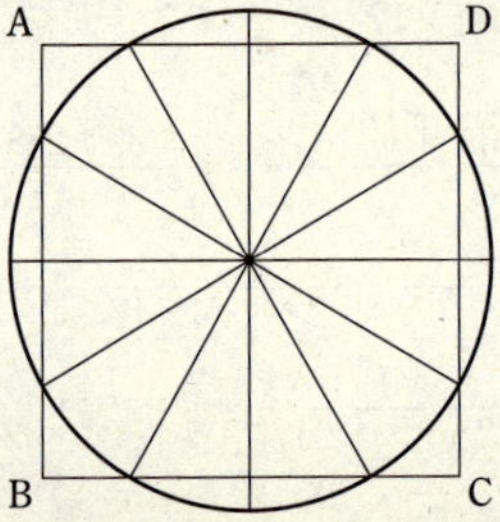

$\sqrt{2}$の近似値については、

$$1+\frac{1}{3}+\frac{1}{3}\cdot\frac{1}{4}-\frac{1}{3}\cdot\frac{1}{4}\cdot\frac{1}{34}$$

と計算されていますし、円の面積は直径を$d$として、

$\left(d-\frac{2}{15}d\right)^2$と求められています。(注4)

$\sqrt{2}$の近似値を求める計算式および円の面積を求める計算式は、それぞれ［計算1］と［計算2］のように導き出されたのではないかと言われています。

## ゼロの発見

インド数字が最初に使用されたのは紀元前3世紀のアシヨカ王碑文(注5)においてだと言われていますが、当時はまだ位取りの原理にもとづく記法ではありませんでした。

位取りの原理にもとづく表記が認められる最古のものは、西インド・ボラチ郊外で発見された銅板［図2］で、ダッダ3世の寄贈に関する証書と見られています。この銅板は

[図2]

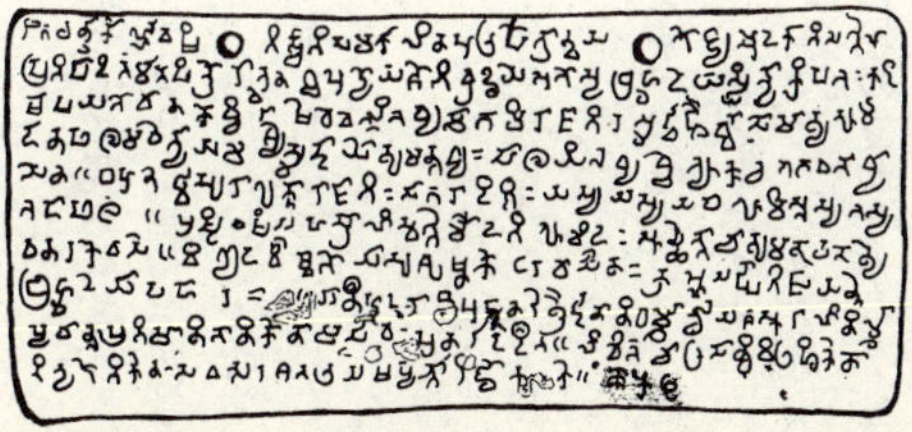

セディ暦346年（西暦595年）のものと言われ、銅板の最後に書かれている、

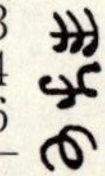

が「346」なのです。

また、空位を表すゼロは8世紀あるいは9世紀の銅板に、小円の形として見られますが、これは「数としてのゼロ」ではなく、「記号としてのゼロ」と言わねばなりません。記号としてのゼロは計算の対象としては扱われず、位取り記数法において、単に空位を表現するだけのものなのです。このような意味のゼロはバビロニア文明やマヤ文明などにも見られます。(注6)

これに対して、数としてのゼロは数学的演算の対象とされるもので、その使用をもって「ゼロの発見」とすべきでしょう。そして、このような意味でのゼロの発見はインド人によってなされたのです。

空位を表す記号としてのゼロは小円であったり、点であったりしますが、そのような記号の使用は6世紀半ばまで遡ることができるようです。これに対して、数としてのゼロについては、ブラフマグプタ(注7)の天文学書『ブラーフマスプタシッダーンタ(注8)』に、ゼロを対象とする演算規則が体系的に述べられていますから、ゼロの発見は6世紀の終わりから7世紀初めにかけての頃と言えます。

古代インドでは、早くから18個の数名称が自由に駆使されていて、それは10を基礎とし

た系統的な命数法によっていました。インド人は、たとえば「86789325174」を10進命数法で、「8クハルヴァス　6パドマス　7ヴィアルブダス　8コオティス　9プラユタス　3ラクサス　2アユタス　5サハスラ　1シャタ　7ダシャン　4」というように読むのです。この読み方では、1桁《けた》あがるごとに新たな数名称が用いられています。どの桁も10進法にしたがって、必ず1位ずつ規則的に高まっていきますから、最高位の数名称さえ定まっていれば、数だけ棒読みしても混乱は生じないのです。

インドでは、10進命数法による各数名称は次第に「位」の名称と考えられるようになりましたから、位取りの原理の思想は系統的な10進命数法からの必然的な産物であったと言えます。しかし、9個だけの数記号では不十分であり、そのために空位を表すための「スーニャ」(sūnya)(注9)という言葉が意味した点「・」や小円「。」が付加されました。こうして、ゼロ記号は位取りの原理の完結性のために発明されたのです。

しかし、インドにおけるゼロの発見はバビロニアやマヤにおけるそれとは一線を画する飛躍的前進を示しました。つまり、空位記号としてのゼロではなく「数としてのゼロ」を思惟《しい》する新しい段階に到達したのです。この新しい転回点に位置するのは《計算技術》だと思われます。

古代世界において数記号が発明されたときも、数記号によって計算がなされたわけではありません。数記号は単なる表示や記録のための手段として使用されたにすぎず、計算はもっぱら小石や棒きれなどの使用から始まり、そこから発達した計算器（算盤《そろばん》など）によってなされていたのです。[注10] つまり、数字には本来「記録数字」と「計算数字」という2つの性格があって、現代の私たちの算用数字がこの2つの性格を併せ持っているのに対して、古代世界においては、この2つは分離していたのです。

インドにおける10進位取り記数法においては、ゼロ記号はいわば「記録数字」としてではなく、「計算数字」としての性格をも付与されることによって「数としてのゼロ」が確立されたのだと言えます。つまり、インドにおいてゼロの発見がなされたのは、空位を表す記号があったことと、10進位取り表記によって筆算が行われていたという2つを要因とすることができます。

インドの「スーニャ」（sūnya）という言葉はアラビアに伝わって「シフル」（sifr）と呼ばれ、さらに西欧世界へ伝わっていきました。たとえば、ピサのレオナルド（通称名はフィボナッチ）は「zephirum」という言葉を用いました。フランスでは「ciffre」が使われ、イタリアでは「zero」が生まれました。英語のゼロ（zero）はイタリア語に由来しているのです。

英語の「シファー」（cipher）という言葉はゼロだけでなく、すべての数字をさらに「計算する」という意味を持っていますが、これはゼロを含むシステム全体を「シフル」と呼んだアラビアの伝統に由来しているのです。

## アールヤバタの数学

アールヤバタ(注11)は499年、数学の内容を含む天文学書を著しましたが、この書は彼の名にちなんで『アールヤバティーヤ』と呼ばれています。この書は4章から成っていて、第2章で数学が扱われていますが(注12)、そこでは位取り、3角形や円の面積、4面体や球の体積、円周率、三平方の定理、種々の数列、利息計算、分数計算、1次方程式、旅人算、不定方程式など多様な内容が含まれています。

アールヤバタは3角形の面積公式「底辺×高さ÷2」から類推して、4面体の体積公式を「底面積×高さ÷2」とする誤りを犯していたりしますが、円周率の値は彼以前よりは格段に精度がよいし、等差数列、平方数・立方数の和などは正確に求められていて、彼の数学的手腕の確かなことが知られます。ここでは円周率、三角法、数列がどのように扱われているかを見てみましょう。

アールヤバタ

円周率の値は、『アールヤバティーヤ』第2章第10節において、「104に8を掛けたものと62000の和は直径が20000の円の周囲に近い」と述べられていますから、$\frac{62832}{20000}$ すなわち3.1416とされています。この値を3.141592……と比較すれば、きわめて精密な近似値で、古代・中世を通じて、インド数学書に見られる円周率の中で最も精密な値です。

アールヤバタがどのようにしてこの値を得たのかについては明らかではありませんが、彼自身が円に内接・外接する正多角形の周囲あるいは面積を計算することによって算出したという説、プトレマイオスが用いた円周率の値に由来するという説、ヒッパルコスの三角法とともにインドにもたらされたという説など種々あります。

円の面積は「円周の半分と直径の半分の積」であり、球の体積は「円の面積と、円の面積の平方根との積」であると述べられていますから、円の面積に関しては正しく、球の体積に関しては誤っているということになります。(注13)

三角法に関しては、古代ギリシアのプトレマイオスが「弦の表」を完成させていましたが、アールヤバタは弦の半分の長さに着目して、「半弦の表」を作成しています。プトレマイオスの crd $x$ との関係で言えば、半径1の円の［図3］において、

$$AC = \frac{1}{2}\,\mathrm{crd}\,x = \sin\frac{x}{2}$$

となりますから、今日の正弦表を作成したことになります。

また、彼は基本となる円の半径を3438としていますが、

［図3］

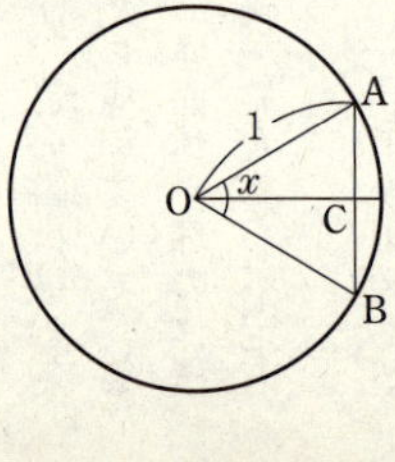

この値は基本円の円周を21600とし、これを$2\pi$で割って得た近似値ですから、今日の1ラジアン(注14)に相当するものと言えます。アールヤバタによる「半弦の表」によれば、sin 60°の値は0.8662となっていますから、今日の値と比べて小数点以下第3位まで正しいことがわかります。

数列に関しては、アールヤバタは等差数列の項数や和の求め方を知っていましたし、平方数列や立方数列の和も求めています。平方数列の和については「項数と、項数に1を加えたものと、それにさらに項数を加えたものを順に作り、その3数を掛け合わせたものの6分の1をとると、それが平方数列の和である」と記されていますから、$\frac{n(n+1)(2n+1)}{6}$という公式を知っていたことになります。また立方数列の和は「自然数の数列の和の平方である」と述べられていますから、$\left\{\frac{n(n+1)}{2}\right\}^2$であることも知っていたわけです。

## ブラフマグプタの数学

ブラフマグプタは628年に天文学書『ブラーフマスプタシッダーンタ』を著しましたが、その中で数学が扱われています。この書は正負の数とゼロに関する演算を体系的に述べた書として知られていますし、第12章では、3辺の長さから3角形の面積を求めるヘロンの公式を4角形に拡張した「ブラフマグプタの公式」が述べられています。

ブラフマグプタの公式とは、円に内接する4角形の辺の長さを$a$、$b$、$c$、$d$とするとき、その面積$S$は、$s=\dfrac{a+b+c+d}{2}$として、$S=\sqrt{(s-a)(s-b)(s-c)(s-d)}$で求められるというものです。[注15] ブラフマグプタの他の業績としては、ピュタゴラス数を作る方法を、

$$m,\ \frac{1}{2}\left(\frac{m^2}{n}-n\right),\ \frac{1}{2}\left(\frac{m^2}{n}+n\right)$$

のように与えたことや、2次方程式を研究して、$ax^2+bx=c\ (a>0)$という形の方程式の解を、$x=\dfrac{\sqrt{ac+\left(\dfrac{b}{2}\right)^2}-\dfrac{b}{2}}{a}$のように定式化したことなどが挙げられます。

## バースカラの数学

中世インド数学の代表的な数学者バースカラ[注16]は主として算術および種々の実用算を扱った『リーラーヴァティー』と正負の数や代数を扱った『ビージャガニタ』を著しましたが、この2書はその後全インドに普及していきました。[注17]『リーラーヴァティー』は自分の娘の

名前をタイトルとした著書であり、数とその計算、比例、数列、平面図形などを扱っていますが、比較的平易な文章で書かれているため、その後教科書として多くの人に親しまれたと言われています。

一方、『ビージャガニタ』はインド数学の集大成であり、方程式論がみごとに体系化されていて、扱われているものは1元および多元の連立方程式、2次方程式、2つ以上の未知数の積を含む方程式などです。彼は今日の2次方程式の解の公式を初めて定式化し、さらに負の解も認めたことでも知られています。

円周率の値は、アールヤバタによって$\frac{62832}{20000}$（3.1416）のようにきわめて正確に求められていましたが、ブラフマグプタにおいては、粗っぽい値（「粗」と言う）として3、精密な値（「密」と言う）として$\sqrt{10}$が使用されていました。したがって、アールヤバタの値は後代に引き継がれずに、忘れ去られたかに思われます。しかし、円周率の値はバースカラによって再発見されたかのごとく、彼は円周率の値を、アールヤバタの値を16で約分した値$\frac{3927}{1250}$としています。この値$\frac{3927}{1250}$はバースカラの「密」であり、「粗」の値としてはアルキメデスの$\frac{22}{7}$が用いられています。

バースカラは、円の面積を「円周と直径の積の4分の1」、球の表面積を「大円の面積の4倍」、体積を「球の表面積と直径の積の6分の1」と計算しています。これらはいずれも正しい結果ですから、バースカラによって初めて球の求積法が正しく確立されたと言えます。

円の面積の求め方に関しては、[図4]のように円を細分割し、半円部分同士を上下に咬《か》み合わすという思考操作によるものではないかと推測されます。

三平方の定理はすでにアールヤバタによって、「腕の平方と際の平方の和は耳の平方である」と正しく述べられています。「腕」とは[図5]のように「水平に置かれた辺」であり、「際」は他方の辺、「耳」は斜辺のことです(注18)。

バースカラは三平方の定理に関するさまざまな問題を解いています。たとえば、「32ハスタの長さの竹が嵐にあおられて1点で折れ、その先端が根元から16ハスタ離れた地点で地面に接したとすると、竹は根元から何ハスタの所で折れたか」という問題の解を12ハスタと正しく求めています。なお、1ハスタは約48㎝です。

[図4]

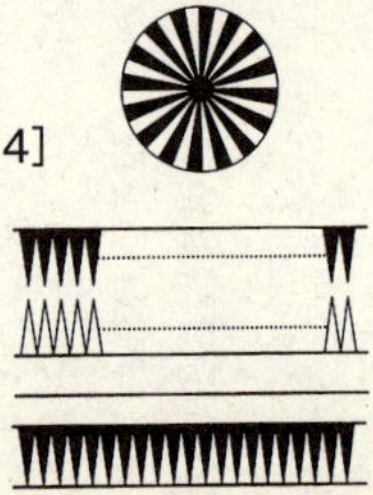

[図5]

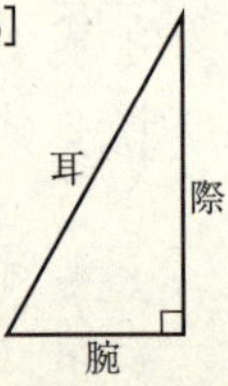

数列に関しては、バースカラ以前には扱われていなかった等比数列の和が扱われています。たとえば、「ある人が乞食《こつじき》僧《そう》に初め2ヴァラータカを与え、毎日2倍増で与えることを約束した。彼は1ヶ月で何ニシュカ与えるか」(注19)という問題があります。これは初項2、公比2、項数30の等比数列の和を求める問題ですが、バースカラはこれも正しく解いています。

次に2次方程式の解法を見てみましょう。2次方程式は、未知数を含む辺と既知数のみから成る辺に整理されます。つまり、$ax^2+bx=c$という形にしてから、式変形を進めていくのがバースカラの解法なのですが、それは［計算3］のように進められます。

ブラフマグプタが2次方程式の解を1つしか与えなかったのに対して、バースカラは2次方程式が2個の解を持つことを明確に述べています。

三角法に関しては、バースカラは『リーラーヴァティー』において、円および内接多角形の辺の長さ、弧と弦の関係などについて述べていますが、直径から弦を得ることについて

[計算3]

まず両辺に$4a$を掛けて、$4a^2x^2+4abx=4ac$とし、さらに両辺に$b^2$を加えて、$4a^2x^2+4abx+b^2=b^2+4ac$とします。すると、$(2ax+b)^2=b^2+4ac$となりますから、両辺の平方根をとって、$2ax+b=\pm\sqrt{b^2+4ac}$となります。

したがって、$x=\dfrac{-b\pm\sqrt{b^2+4ac}}{2a}$が得られます。

は、天文学書『ゴーラアディヤーヤ』の中の「弦の生成」において述べると語っていますから、最後にそれを見てみましょう。

バースカラは「4つの基本的な弦」として、正弦、余弦、正矢、余矢を挙げていますが、これらは［図6］においてそれぞれAB、OB、BC、DEを示します。

［図6］

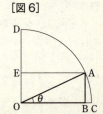

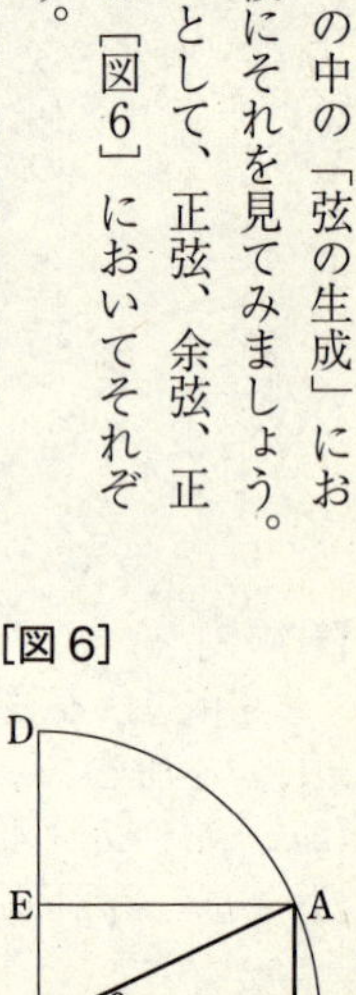


バースカラは30度、45度、60度の正弦、余弦の値について述べた後、36度の正弦値について、「半径の平方に5を掛けたものから、半径の平方の平方に5を掛けたものの平方根を引き、8で割り、その平方根をとると、36度の正弦である」と述べています。つまり、半径を$r$として式で表せば、$r\sin 36° = \sqrt{\dfrac{5r^2 - \sqrt{5r^4}}{8}} = \sqrt{\dfrac{5-\sqrt{5}}{8}}\,r$となり、正しく求められているのです（これに関連して、第Ⅰ部第七章のプトレマイオスの計算値を参照されたい）。

さらにバースカラは今日の半角の公式や倍角の公式、余角の公式、加法定理なども正しく求めており、これらを用いて、1度きざみの90個の正弦値が得られると述べています。

（注1）アレクサンドロス大王のインド侵入（前327－前325）によって、西はギリシア、エ

ジプトから東はインダス河流域に至る大帝国が建設された。

（注2）『シュルバスートラ』の名が付く主要なものは『アーパスタンバ』『バウダーヤナ』『カーツヤーヤナ』『マーナヴァ』の4種あると言われている。

（注3）このような平方根の近似値の求め方が、バビロニア人の方法と同じである点、大変興味深い。

（注4）『リンド・パピルス』での円の面積公式である$\left(d-\frac{1}{9}d\right)^2$と類似しているのは興味深い。

（注5）アショカ王の在位期間は、紀元前268－前232頃と言われている。

（注6）バビロニアでの記号は「」、マヤでの記号は「」。

（注7）Brahmagupta（598－660）インドの数学者、天文学者。彼の書いた天文学書としては、『カンダカードヤカ』もある。

（注8）『ブラーフマスプタシッダーンタ』は25章から成る書だが、そのうち数学が扱われているのは、第12、18、19、20、21章の5つ。

（注9）スーニャという言葉の意味は「空（から）」。

（注10）バビロニアなどでは、地面に位を表す線を引き、その上に小石を置いて計算する「線ソロバン」が使用されたと言われている。

（注11）Āryabhaṭa（476－550頃）インドの天文学者、数学者。西インド、ボンベイの北東部アシュマカ地方に生まれた。その後、東インド、ガンジス河下流域の町パータリプトラで著作活動を行った。

（注12）『アールヤバティーヤ』の第1章では天文学書に不可欠な数表、第3章では天球上の黄道に沿った5惑星の運動、第4章では球面天文学が論じられている。

(注13) インドにおいて、初めて球の体積を正しく求めたのは12世紀のバースカラ。

(注14) 1ラジアンとは、円周上に半径と同じ長さの弧を描いたとき、その弧に対する中心角の大きさを言う。

(注15) 円に内接しない場合の、一般の4角形の面積$S$は次の式で与えられる。

$$S=\sqrt{(s-a)(s-b)(s-c)(s-d)-abcd\cos^2\frac{A+C}{2}}$$

(注16) Bhāskara（1114－1185）インドの数学者、天文学者。著書『シッダーンタシローマニ』には、一連の代数的問題の解法、とくにペル（John Pell、1611－1685）の方程式$ax^2+1=y^2$の整数解が求められている。

(注17) この2書以外に、天文学書『グラハガニタアディヤーヤ』『ゴーラアディヤーヤ』があり、合計4部から成る書が『シッダーンタシローマニ』。

(注18) 直角3角形のことは「高貴3角形」と訳されることが多い。

(注19) 「ヴァラータカ」「ニシュカ」はインドの貨幣。他にも「カーキニー」「パナ」「ドランマ」などがあり、1ヴァラータカ＝20カーキニー＝80パナ＝1280ドランマ＝20480ニシュカ。

## 2 アラビアの数学

ギリシアの諸科学は、最初イオニア地方に起こり、それが本土のアテナイに移り、さらにアレクサンドリアで発展しました。アレクサンドリアを中心として発展した諸科学は「ヘレニズム諸科学」とも呼ばれますが、このヘレニズム諸科学はローマ帝国が東西に分裂した後、ギリシア語を用いる東ローマ帝国すなわちビザンティン文明圏に引き継がれていきます。(注1)

このヘレニズム諸科学はビザンティン文明圏からシリア語訳されてシリア文明圏へと移入されます。これが5世紀から7世紀にかけてのことで、その担い手はビザンティン帝国を追われた異端キリスト教徒たち(注2)でした。そして次の段階で、シリア的ヘレニズム諸科学がアラビア

アラビア科学圏

語訳されてアラビア文明圏に移入されるのです。これが8世紀から9世紀にかけてのことで、この時期には、シリア語訳を介さずに直接ギリシア語の諸文献がアラビア語訳されることもありました。

もともとアラビア地域には科学とか哲学のような学問はなく、アラビア圏における学術文化はすべて外来のものと言えます。

アラビアに科学が芽ばえ発展していったのは、7世紀初頭に神アッラーの啓示を受け、予言者を自覚したムハンマド（マホメット）の出現によって、イスラムの宗教の下にアラビア半島が統一され、さらに東は中央アジア、南はアフリカ北部、西はイベリア半島南部に及ぶ地域の征服を通して、統一王朝（ウマイヤ王朝）が確立したことにあります。

ウマイヤ王朝、アッバース王朝と続くイスラム帝国の成立によってギリシアの諸科学とりわけヘレニズム諸科学の輸入が活発化し、アラビア学術文化の勃興《ぼっこう》の時代が到来することになるのです。

9世紀初頭には、首都バクダードに「知恵の館《やかた》」と称する研究所が設立され、図書館や天文台が付設されて、多くの学者、文化人が集められました。シリア語やギリシア語からの翻訳が大規模になされたのは、この研究所においてだと言われています。

アラビア語訳されたギリシアの科学文献は、ユークリッドの『原論』、アルキメデスの『球と円柱について』、アポロニオスの『円錐曲線論』、プトレマイオスの『アルマゲスト』、ディオファントスの『数論』、プラトンの『ティマイオス』、アリストテレスの『自然学』など多数にのぼっています。

アラビアの数学は、内容的に見て5つの部分から成っていると考えられます。第1はインドに起源を持つと考えられる位取りの原理にもとづく算術、第2に諸地域に起源を持ちながらも、アラビア人の手によって体系的に創られた代数学、第3にギリシア・インドに起源を持つ三角法、第4にギリシアに由来する幾何学、第5に同じくギリシアに由来する数論の5つです。以下において、これらの数学を概観することにしましょう。

## アラビアの算術

今日、アラビア数字あるいは算用数字と呼ばれる数字を用いた筆算はインドからアラビアへもたらされたものと言われています。たとえば、アル＝フワーリズミー(注3)の著した算術書は『インド式記数法による算術』であって、その起源がインドであることを示しています。この書は「アルゴリズミーは語った」という言葉で始まっていることから、インド・アラビア式記数法や算術はアルゴリズム（algorithm）と呼ばれるようになり、その後、算術に限らず、広い意味の「計算

[計算 1]

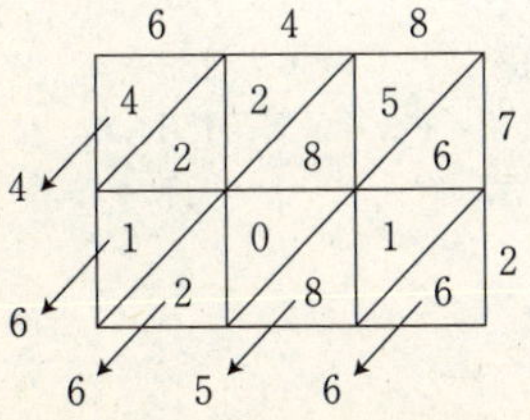

の手順」一般をアルゴリズムと呼ぶようになったのです。

アル＝フワーリズミーはゼロと位取りの原理にもとづくインド式計算法を熟知していたようです。たとえば、和が10になると、1つ上の位に送り、一の位には丸（ゼロ）を書くのは、一の位が空になるので、十の位が一の位とまぎれないためである、などとアル＝フワーリズミーは述べています。

アラビアでの乗法の1つの方法は、インド起源の格子掛け算です。たとえば、648×72は［計算1］のように計算され、46656という結果が得られるのです。このような格子掛け算は中世ヨーロッパにもたらされて「ゲロシア」[注4]と呼ばれ、中世イタリアの『トレヴィソ算術』（1478年）にも見られます。また中国でも、『算法統《さんぽうとう》

［計算2］

①
3216（被除数）
　17（除数）

②
3216
17

③
　1（商）
3216
17

④
　1
1516
17

⑤
　1
1516
　17

⑥
18
1516
　17

⑦
18
156
17

⑧
18
156
　17

⑨
189
156
　17

⑩
189（商）
　3（余り）
17（除数）

宗《そう》』（1592年）に「寫算《しやさん》」あるいは「鋪地錦《ほじきん》」という名前で登場していますし、これが日本に伝わって「籌算《ちゆうさん》」と呼ばれました。現在の通常の掛け算はこのような計算法から始まったものと思われます。

また、割り算もインド起源の［計算2］のような方法でなされます。これは3216÷17を計算したものです。インドでの書式は、189、3、17という3つの数字が縦に並べて書かれたようですが、アラビアにおいて$189\frac{3}{17}$のような帯分数の形が発明されたと言われています。

アル＝フワーリズミー

## アラビアの代数学

アラビア数学がなした最も著名な数学上の貢献は代数学に関するものだと言ってもよいでしょう。実際、「代数学」を意味する言葉「algebra」はアラビア語に由来しているのです。この言葉は、アル＝フワーリズミーの主著である『アル・ジャブル・ヴァ・ル・ムカーバラ』の書名に見られる「アル・ジャブル」（al-jabr）に由来しています。

前記のアル＝フワーリズミーの書名に見られる「ジャブ

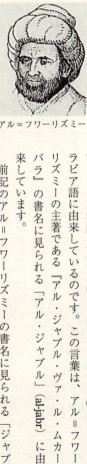

ル」と「ムカーバラ」はそれぞれ「復元」「縮小」というような意味で、ジャブルは負の項を方程式の他の辺に移項して、すべての項を正にすることであり、ムカーバラは方程式の両辺にある同類項を消去することを意味しています。

アル＝フワーリズミーの代数学書では、根、平方、数（それぞれ $x$、$x^2$、定数）という3種類の数量からなる6種類の方程式が分類されています。それらを現代流の式で書けば、

$$ax^2 = bx,\ ax^2 = c,\ bx = c,\ ax^2 + bx = c,$$
$$ax^2 + c = bx,\ bx + c = ax^2$$

となります(注5)。以下に、第4番目と第5番目の場合の方程式解法を見てみましょう。

$ax^2 + bx = c$ の具体例として、$x^2 + 10x = 39$ を取り上げます。これを解くために、フワーリズミーは2種類の図を使用していますが、そのうちの1つが［図1］です。この図では、ABCDが一辺 $x$ の正方形で、DF＝BE＝5となっています。したがって、正方形AFKEは $x^2 + 10x + 25$

［図1］

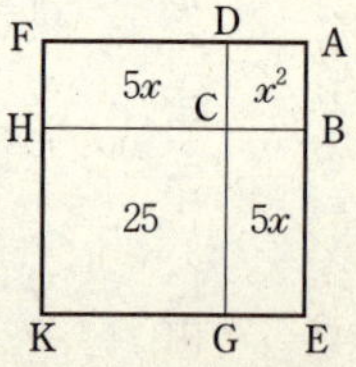


［図2］

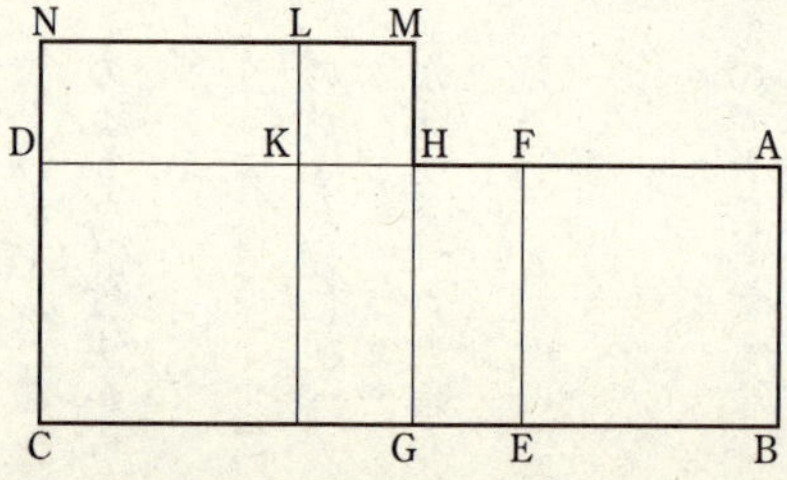

を表していることになります。問題の式は $x^2+10x=39$ ですから、両辺に25を加えて、$x^2+10x+25=39+25$ とし、$(x+5)^2=64$ と変形できます。よって、$x+5=8$ となり、$x=3$ という解が得られます。なお、負の解は認知されていませんでした。

次に、$ax^2+c=bx$ の具体例として、$x^2+21=10x$ を取り上げます。これを解くために、フワーリズミーが使用したのは［図2］です。この図では、$AB=x$, $BC=10$ として、長方形ABCDが作られています。ただし、ここでは $x < \frac{b}{2}$ が仮定されていて、$x > \frac{b}{2}$ のときは、別の図が使用されています。一辺 $x$ の正方形ABEFを作ると、長方形ABCD（$10x=x^2+21$）から正方形ABEF（$x^2$）を引いた残りの長方形FECDの面積は21となります。

次に、BCの中点をGとし、さらにCDを延長して、$CN=CG=5$ となるように点Nをとり、正方形GCNM（面積25）を作ります。また、NM上に点Lをとって、一辺が（$5-x$）の正方形LMHKを作ります。すると、（長方形NLKD）＝（長方形FEGH）ですから、

（正方形NMGC）＝（正方形LMHK）＋（長方形DFEC）

であることから、$25=(5-x)^2+21$ が得られ、$(5-x)^2=4$ より、$x=3$ という解が求められるのです。

アル＝フワーリズミーが $ax^2+c=bx$ という型の方程式を解くために使用した［図2］

は、ユークリッド『原論』第2巻命題5「もし線分が相等および不等な部分に分けられるならば、不等な部分にかこまれた矩形《くけい》と2つの区分点の間の線分上の正方形との和は、もとの線分の半分の上の正方形に等しい」の証明に付された図(注6)ときわめて類似していますが、フワーリズミーが『原論』を参考にしたのかどうかは不明です。

## アラビアの三角法

アラビアの三角法は、『アルマゲスト』に示されたプトレマイオスの理論を基礎としつつ、インドの「半弦の表」(今日の正弦表)を取り入れて発展していきました。半弦はサンスクリット語で「*jyārdha*」(弦が*jyā*、半分が*ardha*)ですが、これが略されて、「*jyā*」とか「*jīyā*」と呼ばれました。

この言葉がアラビアに伝わったとき、子音・母音の混同から、胸とか谷間、入り江、あるいは一般に「曲がったもの」を意味するジャイブ(jayb)となったのです。そして、ヨーロッパでラテン語訳されたとき、同じく「曲がったもの」を意味するラテン語「sinus」とされ、これが英語の「sin」となったのです。

なお、「cos」はインドでは、余角($90°-\theta$)のsin、すなわち$\cos\theta=\sin(90°-\theta)$として扱われました。これは「残りの弦」という意味の「*kotijyā*」「*kotijīvā*」、略して「*koti*」と呼ばれました。この「残りの弦」がラテン語で「sinus complenti」(補足の正弦)となり、

「co-sin」から「cos」となったのです。

アラビアの最も偉大な天文学者として知られているアル＝バッターニー(注7)は、プトレマイオスの著作『テトラビブロス』(注8)の注釈を含む種々の占星術書を著しましたが、彼の主著は『星の運動について』であり、これはルネッサンス期に至るまで大きな影響を及ぼしたと言われています。

バッターニーは、塔の高さ（$h$）とその影の長さ（$x$）に関連して、太陽の高度（仰角$\theta$）を見出《みいだ》す規則を$x = \dfrac{h\sin(90^\circ - \theta)}{\sin\theta} = h\cot\theta$として与える（［図3］）とともに、$\cot\theta = \dfrac{\cos\theta}{\sin\theta}$の関係に基礎をおいて、余接の表を作成しています。また彼は、一般の球面3角形における辺と角の関係も知っていて、成り立つ公式も示しています。

バッターニーの次の時代に現れたアル＝ビールーニー(注9)は多方面で活躍した学者ですが、天文学においては、近代三角

アル＝バッターニー

［図3］

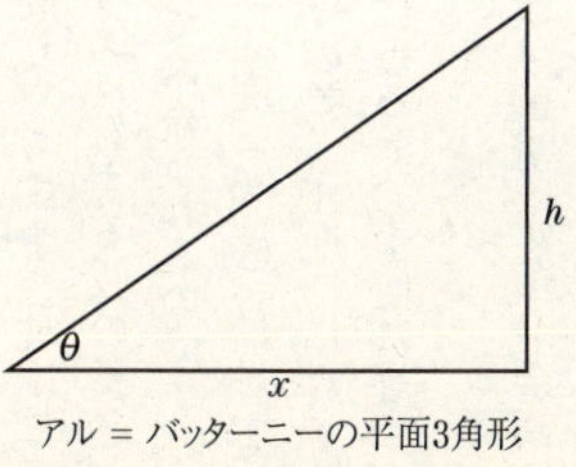

アル＝バッターニーの平面3角形

アル＝ビールーニー

法の基礎を築いた人々のうちの1人として知られ、球面3角形における球面正弦定理の証明も示しています。「弦の表」や「半弦の表」を作成するには、1度に対する弦の長さを求めることが必要であり、しかも、それは単純な方法では求められず、種々の工夫を要するのですが、ビールーニーは独創的な方法によって、1度に対する弦の長さを求めています。それは、$\frac{1}{9}$度に対する弦の長さを利用する方法です。

ビールーニーは、$\frac{1}{9}$度に対する弦の長さを求めるのに、3種類の方法を用いているのですが、そのうちの1つは次のようなものです。円の半径を1とし、$\frac{1}{18}$度（20度）に対する弦の長さを$x$とすると、$x^3+1=3x$という3次方程式が成り立ちます。(注10) 彼はこれを解いて、精度の高い近似解を得ているのです。そして、$\frac{1}{9}$度に対する弦の長さは、$\frac{1}{18}$度に対する弦の長さに「和の規則」を適用することによって求められるのです。

$\frac{1}{9}$度（40度）に対する弦の長さが求められれば、すでに$\frac{1}{10}$度（36度）に対する弦の長さは求められているのですから、「差の規則」によって、その差（4度）に対する弦の長さが求められ、さらに「半角の規則」を2回適用することによって、1度に対する弦の長さが得られるのです。

アラビアでは、正弦（sin）、余弦（cos）、正接（tan）、余接（cot）、正割（sec）、余割

（cosec）という6つの基本的な三角比が考察され、それらの間の基本的関係が確立されるなど、三角法の分野で顕著な研究が進められました。そのことによって、三角法は天文学から分離した独立科学としての道を歩むようになっていったのです。

## アラビアの幾何学

アラビア人は、代数学や三角法ほどには幾何学に興味を示さなかったようですが、ユークリッド『原論』の第5公準（平行線公準）の証明には大きな関心を抱いたようです。たとえば、900年頃アル＝ナイリージー[注11]は『原論』の注解の中で、平行線の理論に言及し、平行線間の距離はこれに垂直な線分によって定められることなどを述べています。

イブヌル＝ハイタム

また、ヨーロッパでアルハーゼンと呼ばれたイブヌル＝ハイタム[注12]は、同一平面上にあって、無限に延長したとき、どちらの側においても交わらない2直線としての平行線を作るために、平面上に与えられた直線に一定の長さの線分を垂直に立て、それが直線上を動くとき、線分のもう1つの端点が描く線を研究しましたが、この中にはすでに第5公準が含まれています。

さらにハイタムは、3つの角が直角の4辺形から始めて、4番目の角もまた直角でなければならないことを証明でき

ロバチェフスキー

ボーヤイ・ヤーノシュ

たと考えましたが、これはもちろん誤りです。このような4辺形は、後にランベルト(注13)が平行線の理論について研究する際に基礎として考えたものと同一です。ハイタムは、この誤った「定理」から第5公準が成り立つことを証明したのです。一方、ウマル＝ハイヤーミーは幾何学に運動の概念を導入することに反対して、ハイタムを批判しました。そして、ハイヤーミーは2辺が等しくかつ両辺とも底辺に垂直な4辺形から始めて、上に位置する2つの頂角について研究しましたが、この4辺形は後にサッケリ(注14)によって研究された4辺形と同じものです。

　その後、平行線公準の研究はアッ＝トゥーシーやナシレジンによって進められましたが、彼らはユークリッド幾何学とは異なる体系を導き出すにはほど遠く、ただ平行線公準をもっと明確な命題をもとに証明しようと試みただけでした。しかし、その研究の過程において、平行線公準と4辺形の内角の関係、鋭角仮定や鈍角仮定などが考察されました。

　平行線公準(注15)の研究はランベルトやサッケリの研究を経て、19世紀前半におけるロバチェフスキーとボーヤイ(注16)父子による非ユークリッド幾何学の発見へと展開していきます。

## アラビアの数論

アラビアにおける数論の研究で有名なものに「友愛数」の研究があります。友愛数とは、220と284のように、お互いに、一方の約数の和（ただし、自分自身は除く）が他方になっているような一組の数のことで、実際、220の約数（自分自身を除く）の和は、

$$1 + 2 + 4 + 5 + 10 + 11 + 20 + 22 + 44 + 55 + 110 = 284$$

となり、また284の約数（自分自身を除く）の和は、

$$1 + 2 + 4 + 71 + 142 = 220$$

となっています。このように、この2数はそれぞれの約数の和（自分自身を除く）がお互いの数を作っているのです。このような友愛数の起源はピュタゴラスの時代にまで遡ります。イアンブリコスの注釈書である『ニコマコス　数論入門』において、

「というのも、反対に彼らは、他のある数どもを、もろもろの徳や立派な性向をそれらに帰することによって〝友愛数〟と呼んでいるからであるが、284と220がたとえばそういった数である。なぜなら、それらの数はピュタゴラスが明らかにしたように、お互いに友愛のロゴス（理）にしたがって、それらの各部分を産み出すからである。というのも、ある人に『友とは何か』と尋ねられて、彼は『もう1人の自分である』と言ったのだが、このことがまさに、これらの数について示されている事柄だからである」

という伝承が語られていますが、これが友愛数とピュタゴラスの関わりを示す根拠となっ

タービット・ベン・クッラ

オイラー

ています。

古代において知られていた友愛数は（220、284）だけでしたが、L・E・ディクソンの『数論の歴史』によれば(注17)、9世紀のアラビアの数学者であるタービット・ベン・クッラが友愛数に関して、

「もし、$p=3\cdot 2^{n}-1, q=3\cdot 2^{n-1}-1, r=9\cdot 2^{2n-1}-1$ がすべて素数ならば、$2^{n}pq$ と $2^{n}r$ は友愛数である。ただし、$n$ は2以上の自然数である」（「クッラの公式」）

という記録を残しているとのことです。このクッラの公式において、$n=2$ のとき、友愛数（220、284）が得られます。そして $n=3$ のときは、友愛数は得られず、$n=4$ のとき、友愛数（17296、18416）(注18)が得られます。

友愛数の研究はクッラ以後、デカルトやフェルマーなどによってなされましたが、彼らが得た結果はクッラの公式と同値なものでした。その後、友愛数の研究に新機軸を出したのは18世紀のオイラー(注19)で、彼は64組の友愛数の一覧表を発表しています。ただし、そのうちの2組は誤りであることが後に確かめられました。この64組の友愛数のうち、最小のものは、（2620、2924）ですが、1866年頃にパガニーニ（当時16歳と言われている）によって、さらに小さい友愛数（1184、1210）が発見されました。これらはクッラの公式からではなく、別の方法によって導き出されたものです。

いずれにしても、クッラの友愛数に関する研究成果は、17世紀のデカルトやフェルマーが得た結果を700年以上も先取りしたものと言えます。

（注1）ローマ帝国は395年に東西に分裂。西ローマ帝国は476年に滅亡し、東ローマ帝国はビザンティウム（コンスタンティノープルと改称）を首都として栄えるが、1453年オスマン帝国によって滅ぼされる。

（注2）これはネストリオス派で、ビザンティンのギリシア正教会を追われたキリスト教の異端のこと。

（注3）al-Khwarizmi（780頃－850頃）ウズベク出身のアラビアの代表的な数学者、天文学者。いくつかの著作があるが、最も重要なものは代数学に関する著作で、これによって初めて代数学は独立した分科として研究された。

（注4）ゲロシア（格子掛け算）の格子は、当時ヴェネチアの窓に使用されたもので、家の中の婦人たちが街路から見えないように置かれたものと言われる。ゲロシアの本来の意味は嫉妬《しっと》と言われる。

（注5）アラビアの代数学では、記号が使用されず、言葉によって記述されていることから、ネッセルマンの3段階説における「修辞的代数」に位置づけられている。

（注6）『原論』第2巻命題5については、本書第Ⅰ部第4章の「幾何学的代数」を参照。

（注7）al-Battani（858－929）シリア出身の天文学者、数学者。プトレマイオスの著作『アルマゲスト』の注釈書を著した。

（注8）『テトラビブロス』は古代占星術の代表的著作であり、古代天文学の完成者であるプトレマイオスの手になるものである。中世以降のヨーロッパ占星術にも大きな影響を与えたと言われている。テトラは「4」、ビブロスは「書」の意味。

（注9）al-Biruni（973－1048）ホレズム出身の学者。著作『マスウード宝典』は当時の天文学的知識の集大成となっていた。

（注10）円に内接する正9角形、正18角形の1辺に対応する中心角がそれぞれ40度、20度であることを利用した。

（注11）al-Nayrizi（9世紀後半～10世紀前半）ムータディド教王（在位892－902）時代にバクダードで研究に従事した天文学者、数学者。プトレマイオスやユークリッドの著作の注解書を著した。

（注12）Ibn-al-Haitham（965－1039）西欧ではAlhazenとして知られる。イラクのバスラ生まれの物理学者、数学者。『光について』は最も重要な論文で、視覚の生理学や反射と屈折に関する諸発見が含まれ、そのラテン語訳は中世ヨーロッパの光学の発展に大きな影響を及ぼした。

（注13）Johann Heinrich Lambert（1728－1777）スイス生まれの哲学者、数学者。死後1786年に公刊された著作『平行線の理論』がある。

（注14）Girolamo Saccheri（1667－1733）イタリア・パビア大学の数学教授。主著に『あ

らゆる汚点から清められたユークリッド、一名、幾何学の原理の基礎づけのための幾何学的試論』（1733年）がある。

（注15）Lobachevskii（1793－1856）ロシアの数学者。カザン大学に学び、わずか21歳で同大学の数学教授となった。1826年2月23日に論文「幾何学の基礎の簡潔な説明」を提出したことから、この日が非ユークリッド幾何学誕生の日とされている。

（注16）Bolyai Janos（1802－1860）ハンガリーの数学者。父ボーヤイ・ファルカシュは数学の教授で詩人。1825年頃に非ユークリッド幾何学の基本的な考えに達していたと言われ、息子ヤーノシュの研究成果は1832年に出版された父の著作の付録として公表された。

（注17）Thabit ibn Qurra（836－901）アポロニオスの『円錐曲線論』（全8巻）のうち、最初の7巻が現存しているが、そのうちの第5巻～第7巻はクッラのアラビア語訳のみが残されている。

（注18）フェルマーは1636年のメルセンヌあての手紙で、デカルトは1638年のメルセンヌあての手紙で、それぞれ友愛数を求める一般的規則を書き送っている。

（注19）Leonhard Euler（1707－1783）スイス生まれ。史上最も多産な万能数学者で、700点の論文と45冊の著作があり、刊行中の全集は完結のめどすら立っていないと言われる。オイラーの関数、オイラーの公式、オイラー定数、オイラー線など、オイラーの名前の付いた定理、用語は多い。

## 3　中国の数学

### 劉徽と『九章算術』

中国最古の数学書は紀元前100年から紀元後100年に至る200年間の間に複数の算学者の編纂《へんさん》補修によって成立したと言われている『九章算術』で、その名前が示すように、次のような篇目《へんもく》からなる巻一から巻九までの9つの部分から構成されています。（　）内の数は問題数を示していて、合計246問あります。

巻一 方田（38）、巻二 粟米《ぞくべい》（46）、巻三 衰分《しぶん》（20）、巻四 少広（24）、巻五 商功（28）、巻六 均輸（28）、巻七 盈不足《えいふそく》（20）、巻八 方程（18）、巻九 勾股《こうこ》（24）

それぞれの巻で扱われている内容を概観すると次のようになります。巻一では長方形、3角形、円形、弧形、環形など種々の形の田地の面積計算、巻二では粟《あわ》、米、麦その他穀物相互の交換、巻三では俸禄《ほうろく》や収穫量などの比例配分、巻四では正方形、円の面積、立方体・直方体、球の体積など、巻五では土木工事に関連した種々の立体の体積、巻六では物を輸送するときに生じる種々の問題、巻七では過不足算、巻八では2元あるいは3元の連立方程式、巻九では直角3角形の辺の長さに関する問題、がそれぞれ扱われています。

　今日の方程式という言葉は巻八の「方程」に由来していますし、巻九の「勾股」は今日の三平方の定理に対して、戦前の日本で使用されていた名称「勾股弦の定理」(注1)の語源になった言葉です。また巻八では、正式な数として認められたわけではありませんが、計算途中に現れる負の数も見られます。分数計算は巻一で扱われていますし、分数の約分に関する問6の計算法には、ユークリッド『原論』第7巻命題2での最大公約数の求め方（交互差し引き法）と同じ方法が説明されています。

『九章算術』では、まず問題文が示され、次に答と計算法が述べられるという形式が採られていて、何故にその計算法でよいのかという論証的内容が欠如しています。本書第I部で見た古代オリエントの数学文書と同様な形式を採っているのです。これは古代数学に共通した方式と言えます。そして、内容的にも、第1に、実用性と密接に繫《つな》がっていることがわかります。それも官僚が政治を執り行う必要から生じた内容が多いのです。第2に、理論的ではなく技術的であることがわかります。つまり、実用と結びつく問題を解く計算技術が中心的な課題であったのです。

　したがって、古代中国の数学を古代ギリシアの数学と比較してみると、ユークリッド『原論』に見られるような公理的・演繹的《えんえきてき》な理論体系にもとづく幾何学が古代中国には欠如していたと言えます。もっとも、論証的幾何学の欠如は古代中国に限ったことではなく、

劉徽（将兆和画）

あらゆる地域に共通したことです。逆に言えば、専制的国家体制ではなかった古代ギリシアのポリスでのみ、論証的幾何学が誕生しえたのでしょう。

『九章算術』は前漢《ぜんかん》の時代に成立したのですが、漢が滅んで魏《ぎ》・呉《ご》・蜀《しょく》が鼎立《ていりつ》する三国時代に入って、魏の数学者である劉徽《りゅうき》(注2)が『九章算術』に詳細な注釈を施しました。『隋書』律暦志によれば、この注釈が施されたのは263年とのことです。ここでは、劉徽が付した個々の注釈は省略して、彼の顕著な業績である、

（1）円周率の計算

（2）陽馬《ようば》（4角錐《かくすい》の一種）と鼈臑《べつどう》（3角錐の一種）の体積

の2つを紹介しましょう。

『九章算術劉徽註』における円周率計算では、まず半径1尺（10寸）の円に内接する正6角形から出発して、内接する正12角形、正24角形、正48角形、正96角形の一辺の長さが求められ、最後に、内接正192角形の面積が$314\frac{64}{625}$（平方寸）と求められています。計算結果は［表1］の通りです。ここでの「差冪《さべき》」とは、面積相互の差を意味します。

劉徽は、「次々に差冪を加えていく」として、「内接正192角形の面積に

$\frac{36}{625}$を加えた値が円の面積になる」と述べているのですが、この$\frac{36}{625}$という値はどこから得られたのでしょうか。［表1］における比率が約$1/4$であることに注目すると、内接正96角形の面積と内接正192角形の面積の差が$\frac{105}{625}$であることから、内接正384角形の面積は、

$$314\frac{64}{625}+\frac{105}{625}\cdot\frac{1}{4}$$

と推測され、さらに内接正768角形の面積は、

$$314\frac{64}{625}+\frac{105}{625}\cdot\frac{1}{4}+\frac{105}{625}\cdot\left(\frac{1}{4}\right)^2$$

と推測されます。したがって、「次々に差冪を加えていく」という文章の意味するところを計

［表1］

| 正多角形 | 面　積 | 差　冪 | 比　率 |
|---|---|---|---|
| 正12角形 | 300 | | |
| | | $\frac{6614}{625}$ | |
| 正24角形 | $310\frac{364}{625}$ | | 0.2532506 |
| | | $\frac{1675}{625}$ | |
| 正48角形 | $313\frac{164}{625}$ | | 0.2507462 |
| | | $\frac{420}{625}$ | |
| 正96角形 | $313\frac{584}{625}$ | | 0.2500000 |
| | | $\frac{105}{625}$ | |
| 正192角形 | $314\frac{64}{625}$ | | |

算しますと、［計算1］のようになって、$\frac{35}{625}$ という値が得られます。

この値 $\frac{35}{625}$ を $314\frac{64}{625}$ に加えるのですが、この分子が64であることから、$\frac{35}{625}$ の分子を36とし、$\frac{36}{625}$ としたのではないかと考えられます。この推測は三《み》上《かみ》義夫《よしお》(注3)によるもので、彼は「35と36とでは其《その》差は625分の1寸に過ぎずして甚だ微細であり、且つ35とせずして36とすれば、分数は整除せられ、25分の4と云《い》う簡潔な形になるから、35を36に変えたのではあるまいか(注4)」と述べています。劉徽が［計算1］にもとづいて $\frac{36}{625}$ という値を得たとすれば、彼は公比 $\frac{1}{4}$

**［計算1］**

$$\frac{105}{625}\cdot\frac{1}{4}+\frac{105}{625}\cdot\left(\frac{1}{4}\right)^2+\frac{105}{625}\cdot\left(\frac{1}{4}\right)^3+\frac{105}{625}\cdot\left(\frac{1}{4}\right)^4+\cdots$$

$$=\frac{105}{625}\left\{\frac{1}{4}+\left(\frac{1}{4}\right)^2+\left(\frac{1}{4}\right)^3+\left(\frac{1}{4}\right)^4+\cdots\right\}$$

$$=\frac{105}{625}\cdot\frac{\frac{1}{4}}{1-\frac{1}{4}}=\frac{105}{625}\cdot\frac{1}{3}=\frac{35}{625}$$

の無限等比級数の求和法に知悉《ちしつ》していたということになります。

　劉徽の計算を続けましょう。彼は、$314\frac{64}{625}$ に $\frac{36}{625}$ を加えた値が円の面積になると言っているのですから、$314\frac{64}{625}+\frac{36}{625}=314\frac{100}{625}=314\frac{4}{25}$ となって、円周率は3.1416となります。これが劉徽によって得られた値なのです。

　次に、陽馬と鼈臑《べつどう》の体積を見てみましょう。［図1］のように、立方体を分割して得られた立体として「塹堵《せんと》」「陽馬《ようば》」「鼈臑」が現れます。劉徽は『九章算術』巻五の問15に付けた注釈において、「鼈

三上義夫［写真1］

［図1］

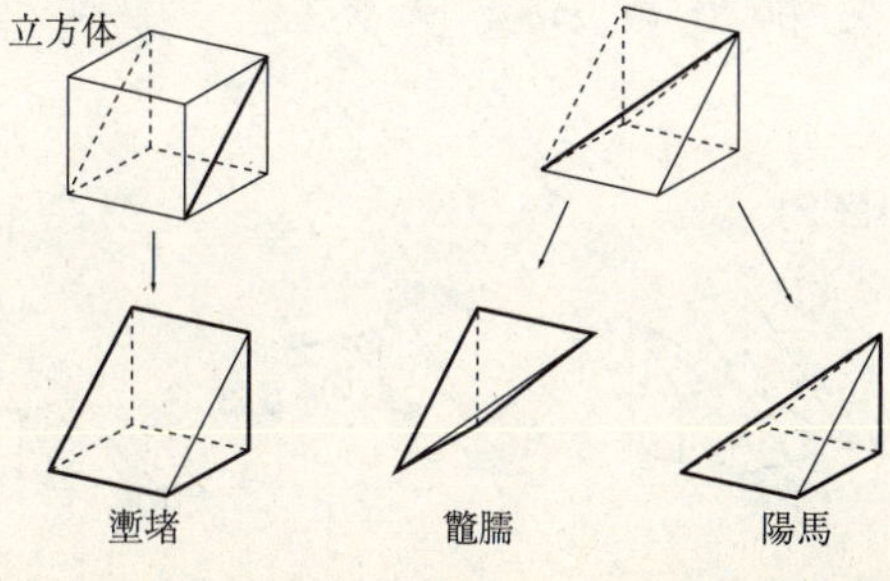

臑と陽馬の間には1対2の常率がある」と述べ、これを数値的に窮めるためには、[図2]のように、各立体の横幅、長さ、高さを次第に半分にしていくことによって極微に至る様を考察すればよいとしています。ここにも、円周率計算に見られた無限等比級数の求和法が登場し、極限値の思想の存在がうかがわれます。

## 祖沖之と祖暅之

唐《とう》の時代に算学教育との関わりで定められた「算経十書」(数学を学ぶ者にとっての10の数学書)のうち、最も高度な数学書であった『綴術《てつじゅつ》』を著したのが祖沖之《そちゅうし》(注5)です。この数学書には、劉徽による円周率の値をさらに精密にした計算が扱われていたと言われていますが、残存していませんので、その計算法がどのようなものであったのかは不明です。『隋書』律暦志の記述によれば、祖沖之による円周率の値は、

$$3.1415926 < \pi < 3.1415927$$

祖沖之

[図2]

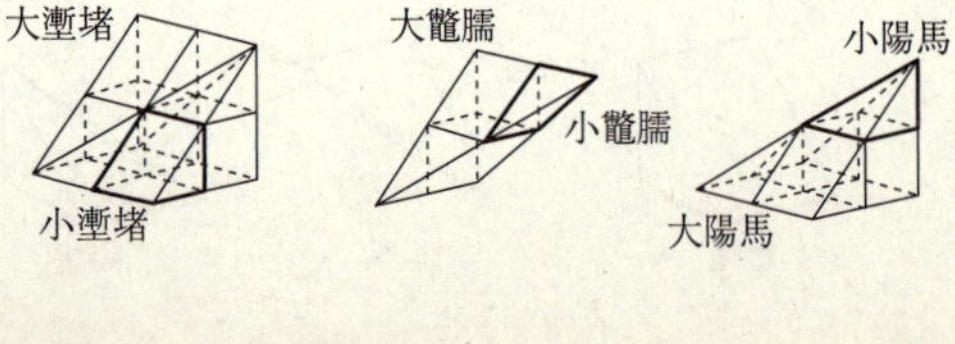

となっていますから、小数点以下第7位まで正しいことがわかります。この値は、当時の世界で最もよい値であったと思われます。

また、祖沖之は分数表記による円周率の値として、「約率：$\frac{22}{7}$」と「密率：$\frac{355}{113}$」を与えています。約率は古代ギリシアのアルキメデスが用いた近似値ですが、密率はヨーロッパでは、ようやく1573年にドイツ人オットー（Valentinus Otto、16世紀）によって求められた値です。祖沖之に比べて約千余年も遅れています。

一方、祖沖之の息子である祖暅之《そこうし》(注6)は球の体積公式を正しく導き出したことで知られています。球の体積については、すでに劉徽が『九章算術』巻四の問24に付けた注釈において言及しているのですが、彼は正しい結果を得ることはできませんでした。

劉徽は、立方体の正面と側面から円柱を通して重なり合った部分にできる立体の考察から始めます。この立体は［図3］のごとくであり、「合蓋《ごうがい》」と呼ばれていて、［図4］に示すような「丸みを帯びた陽馬」（「内棊《ないき》」と呼ばれます）8個から成っています。

［図3］

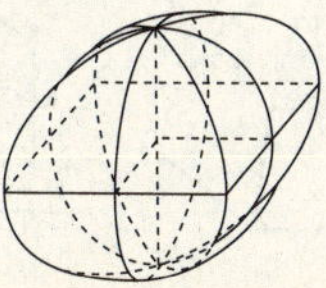

［図4］

ここで、最初の立方体（大立方体）が8個の小立方体からできているとしましょう。すると、小立方体とそれに含まれる内棊と陽馬に劉徽－祖暅之原理（カヴァリエリの原理のこと）を適用することによって、球の体積公式が得られるのですが、劉徽は内棊のような曲面を含む立体に関しては、劉徽－祖暅之原理をうまく適用することができなかったのです。劉徽は『九章算術劉徽註』の中で、「よく説明できる者を待つことにする」と述べています。この「よく説明できる者」として登場したのが祖暅之だったのです。

小立方体とそれに含まれる内棊についての［図5］を参照し、この小立方体の一辺を$r$として、高さ$h$で水平に切断したときの切断面を考えてみましょう。内棊の切断面の面積は三平方の定理によって、$r^2-h^2$となります。また、$r^2$は立方体の切断面の面積ですから、$h^2$は立方体と内棊との隙間にできている切断面の面積となります。

ところで、この小立方体に含まれる陽馬を考えると、それを高さ$h$で切断したときの切断面の面積は明らかに$h^2$です。し

［図5］

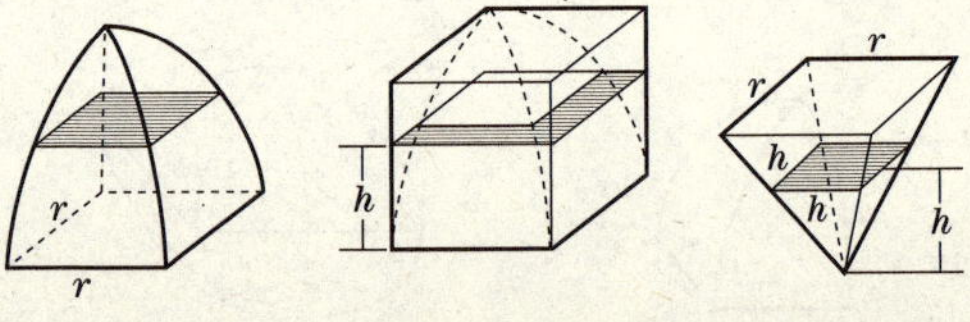

たがって、先の結果と合わせると、小立方体と内棊の隙間にできている立体と陽馬とは、高さ$h$における断面積が等しいことになり、劉徽－祖暅之原理によって、この双方の立体は同体積であることになります。したがって、

（内棊の体積）＝（小立方体の体積）－（陽馬の体積）

となります。祖暅之はすでに、（陽馬の体積）＝$\frac{1}{3}$（小立方体の体積）であることを知っていましたから、（内棊の体積）＝$\frac{2}{3}$（小立方体の体積）を導き出すことができたのです。

内棊8個によって合蓋が構成されていること、（内棊の体積）＝$\frac{2}{3}r^3$であることから、合蓋の体積は$\frac{16}{3}r^3$となることがわかります。

次に、祖暅之は合蓋に内接する球の考察に進みます。[図6]のように、正方形ABCDに平行な平面で合蓋および内接球を切断しますと、[図7]のように、正方形とそれに内接する円が現れます。

[図6]

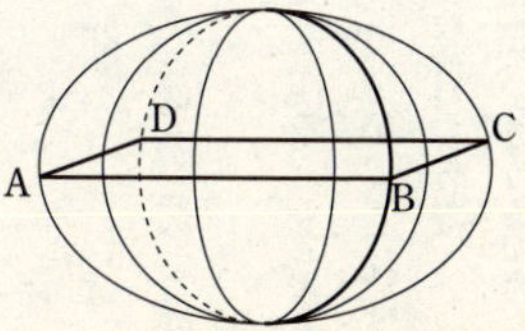


[図7]

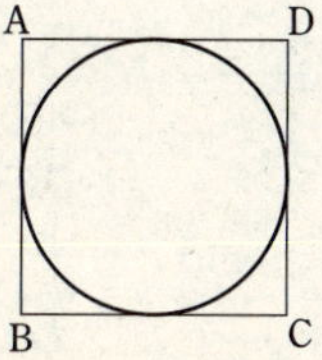

円周率を $\frac{22}{7}$（約率）としますと、（正方形の面積）：（内接円の面積）＝14：11（注7）となりますから、（合蓋の体積）：（球の体積）＝14：11と考え、（合蓋の体積）＝$\frac{16}{3}r^3$と合わせて、

$$（球の体積）= \frac{16}{3}r^3 \times \frac{11}{14} = \frac{22}{7} \times \frac{4}{3}r^3 = \frac{4}{3}\pi r^3$$

と、祖暅之は結論づけたのです。

## 「算経十書」の成立

『九章算術』および『九章算術劉徽註』（3世紀）以後、西晋《せいしん》・東晋《とうしん》、南北朝の時代には、多くの数学書が著されました。4～5世紀の書としては、『孫子算経』『夏侯陽算経』『張邱建算経』が見られます。

『孫子算経』は啓蒙的《けいもうてき》な算術入門書で、たとえば「雉《きじ》と兎が同じ籠《かご》に入れられている。頭数は35、足数は94である。雉と兎はそれぞれ何匹か」という問題が見られますが、これは今日の鶴亀算の原型となったものです（注8）。また、「いま物があり、その数は不明である。これを3ずつ数えると2余り、5ずつ数えると3余り、7ずつ数えると2余る。物の数はい

くらか。答えて言う。23」というような、今日の連立合同式で表される問題も見られますが、一方では、「いま妊婦がいて、年齢は29、臨月は9月である。男と女のどちらが生まれるか。答えて言う。男が生まれる」のような、およそ算術問題とは考えられない問題も含まれています。

『張邱建算経』は南北朝時代の数学書で、測量や土木工事に関する問題、物品交換や納税、利息などに関する問題など、総じて社会的問題が多く扱われています。また、開平・開立計算、過不足算、等差級数などが扱われている他、「いま雄鶏《おんどり》1羽は5銭、雌鶏《めんどり》1羽は3銭、雛鶏《ひなどり》3羽で1銭である。100銭で鶏を100羽買うには、それぞれ何羽にすればよいか」という有名な「百鶏問題」も見られます。

『張邱建算経』の序文では、『孫子算経』や『夏侯陽算経』で扱われている問題に言及されていますから、『孫子算経』と『夏侯陽算経』は『張邱建算経』以前の数学書であることがわかります。ただ、『夏侯陽算経』については、あまりよくわかっていません。

6世紀後半、北周《ほくしゅう》の甄鸞《しんらん》(注9)が撰《せん》した数学書として『五曹算経』『五経算術』『数術記遺』が知られています。『五曹算経』は地方行政官のための応用算術書であり、種々の図形の求積問題、軍隊での給与問題、穀物の徴収、輸送、貯蔵に関する問題、糸・絹・貨幣を対象とした問題などが扱われています。また、『五経算術』は『礼記』や『周礼』など古代の経典に見られる算術問題に対して注釈を加えた書です。

一方、『数術記遺』は「珠算」という用語の初出文献として知られているとともに、(注10)当時使用されていた算盤の形態についても記述されています。また、「皇帝が法を為し、数に十等あり、用法に三等ある」とありますが、「数の十等」とは、

億、兆、京《けい》、垓《がい》、秭《し》、穣《じょう》、溝《こう》、澗《かん》、正《せい》、載《ざい》

のことであり、「用法の三等」とは「下数、中数、上数」という3通りの位取りの進め方のことです。下数（法）では十十で位を上げ、十万を億、十億を兆、十兆を京、……と進み、中数（法）では万万で位を上げ、万万を億、万億を兆、万兆を京、……と進んでいきます。また、上数（法）は数が極まったところで位を上げる方法で、万万を億、億億を兆、兆兆を京、……と進んでいくのです。

唐初の王孝通《おうこうつう》(注11)は算暦博士も務めた数学者で、『緝古算術』を著しました。この書では天文の問題、土木工事に関する問題、倉庫の容積に関する問題、勾股弦の問題の4種類、合計20の問題が扱われています。いずれも難問であり、王孝通は先人が研究しなかった問題や未解決の問題を探求し、大きな成果をあげたのです。

唐代の初めに、算学教育の必要から、李淳風《りじゅんぷう》(注12)たちが十部の数学書を選定し、注釈を付けて算学の教科書としたのですが、これが「十部算経」あるいは「算経十書」と呼ばれるもので、次の数学書がそれらです。

『九章算術』『周髀算経』『海島算経』『綴術』『孫子算経』『夏侯陽算経』

『張邱建算経』『五曹算経』『五経算術』『緝古算術』唐代の日本と中国の間の交流によって、「算経十書」の多くは日本に伝来しましたが、高度な中国の数学を受容し咀嚼《そしゃく》する土壌は当時の日本にはなく、日本の数学が独自の発展をとげるのはまだ先のことです。

## 垜積術と天元術

唐王朝の滅亡後、五代十国の時代を経て、北宋《ほくそう》政権が誕生してから、農業生産力が向上するとともに、商工業も発達し、商業貿易も盛んになりました。こうした社会・経済の安定と発展の下で、宋・元《げん》の時代に、数学も飛躍的な発展をとげたのです。

宋・元時代の数学には、とくに代数分野において顕著な業績が見られますが、その代表的な内容が「垜積《だせき》術」と「天元《てんげん》術」です。垜積術とは数列の求和法のことであり、11世紀の数学者である沈《しん》括《かつ》(注13)をもって嚆矢《こうし》とされています。沈括は［図8］のように、4角錐台状に積まれた物の総和を、

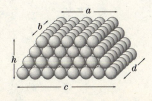

[図8]

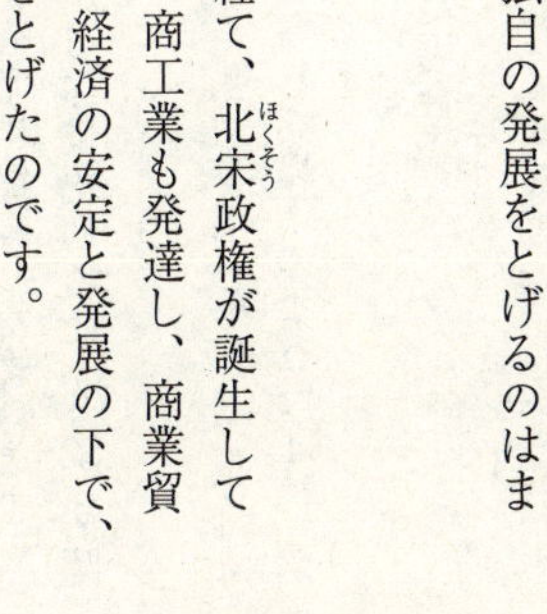

沈括

楊輝

$$\frac{h}{6}\left\{(2b+d)a+(2d+b)c\right\}+\frac{h}{6}(c-a)$$

と正しく求めています。沈括の研究はその後の垜積問題の発端をなしたものであって、清《しん》代の数学者である顧《こ》観光《かんこう》は「堆《たい》垜《だ》の術は楊氏、朱氏の2書に詳しいが、創始の功としては沈氏を推す」と述べています。ここで言及されている「楊氏」とは13世紀後半に活躍した楊輝《ようき》(注14)のことであり、「朱氏」とは13世紀末から14世紀初めにかけて活躍した数学者朱世傑《しゅせいけつ》(注15)のことです。

楊輝は『詳解九章算法』(1261年)において種々の垜積問題を考察し、以下のような4種類の垜積公式を導き出しています。

(1) 方垜(正4角錐台状に積まれた場合)

$$S=a^2+(a+1)^2+\cdots+(b-1)^2+b^2=\frac{h}{3}\left(a^2+b^2+ab+\frac{b-a}{2}\right)$$

(2) 平方垜(正4角錐状に積まれた場合)

$$S=1^2+2^2+3^2+\cdots+n^2=\frac{1}{3}n(n+1)\left(n+\frac{1}{2}\right)$$

（3）3角垜（正3角錐状に積まれた場合）

$$S=1+3+6+\cdots+\frac{1}{2}n(n+1)=\frac{1}{6}n(n+1)(n+2)$$

（4）菓子垜（4角錐台状に積まれた場合）

$$S=ab+(a+1)(b+1)+(a+2)(b+2)+\cdots+(c-1)(d-1)+cd$$
$$=\frac{h}{6}\left\{(2b+d)a+(2d+b)c\right\}+\frac{h}{6}(c-a)$$

楊輝は、前記の（2）平方垜の$\sum_{k=1}^{n}k^2$について、$n=5$の場合を扱っていますが、それは立体模型を用いた方法のようです。すなわち、［図9］のように、1、4、9、16、25個の立方体で作られた階段形4角錐を3つ用意し、これを組み合わせて［図10］のような直方体ができることの観察から一般公式$\frac{1}{3}n(n+1)\left(n+\frac{1}{2}\right)$を得たものと思われます。

これは、楊輝の原著『詳解九章算法』に書かれている記述からの推測です。

また、朱世傑は『四元玉鑑』（1303年）において、一層複雑な垜積問題を扱っており、以下のような一連の3角垜公式を導き出しています。

$$\sum_{k=1}^{n} k = \frac{1}{2!}n(n+1)$$

$$\sum_{k=1}^{n} \frac{1}{2!}k(k+1) = \frac{1}{3!}n(n+1)(n+2)$$

$$\sum_{k=1}^{n} \frac{1}{3!}k(k+1)(k+2)$$

$$= \frac{1}{4!}n(n+1)(n+2)(n+3)$$

$$\vdots$$

そして、一般に、

$$\sum_{k=1}^{n} \frac{1}{p!}k(k+1)(k+2)\cdots(k+p-1)$$

［図9］

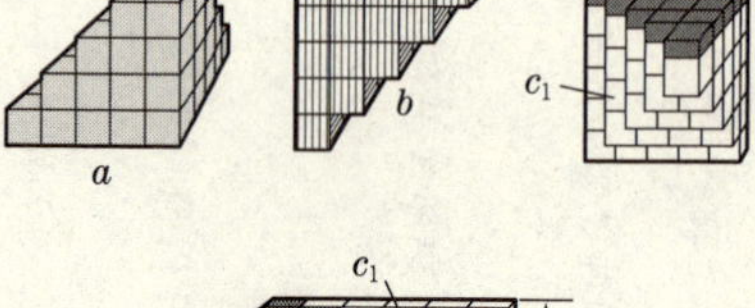


［図10］

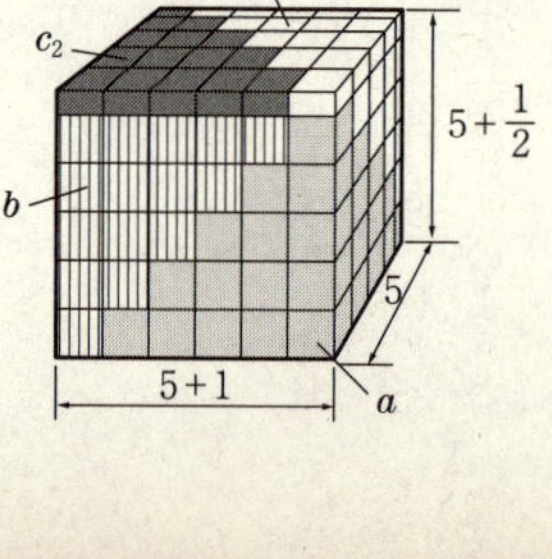

$$= \frac{1}{(p+1)!}\,n(n+1)(n+2)\cdots(n+p)$$

を帰納的に導出しているのです。

次に天元術を見てみましょう。天元術とは方程式解法のことであり、これを扱った現存最古の数学書は李冶《りや》(注16)の『測円海鏡』（1248年）です。この書には円城（円形の城）の半径を求める問題があって、4次方程式

$$-x^4 + 8640x^2 + 652320x + 4665600 = 0$$

が［図11］のように、2次方程式、

$$2x^2 + 302x + 18481 = 0$$

が［図12］のように示されています。

中国では古来、「算木《さんぎ》」と呼ばれる、竹を材料としたマッチ棒のような計算器具が使用されてきました。碁盤目状に区切られた小正方形を描いた布や板（算盤《さんばん》と呼ばれる(注17)）が作られ、その小正方形の上に算木を置いて計算したのです。

「算」という漢字はもともと「筭」と書かれていたのですが、それは計算が「竹を弄《もてあそ》ぶ」（算木を用いて）ことによってなされた

［図11］

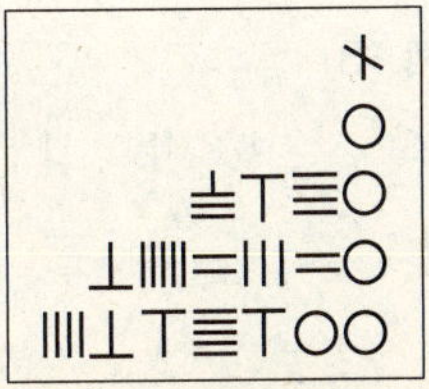

［図12］

からにほかなりません。算木を用いた数の表示方法には、[図13]のように、縦式と横式の2つがあり、[図11]に見られるように、この2つの表示が交互に使用されたのです。正数には赤、負数には黒の算木が使用されましたが、紙に書くときには、負数に斜め線が付けられました。[図11]では、$x^4$の係数は「$-1$」ですから、斜め線が付けられています。

天元術の「元」は「始め」というような意味ですが、天元術では未知数に対して用いられ、「未知数を$x$とする」という言葉に対して「天元の一を立てる」と言われます。ここから天元術という言葉が使用されるようになったのです。[図12]には「元」という字が見られます。現在の代数学における方程式でも「元」という字が用いられますが、その起源は李冶の『測円海鏡』にあるのです。

### 朱世傑と程大位

朱世傑《しゅせいけつ》の『算学啓蒙』（1299年）と、程大位《ていだいい》(注18)の『算法統宗』（1592年）は日本の江戸時代に発達した数学（和算）に大きな影響を与えた数学書として知られています。

[図13]

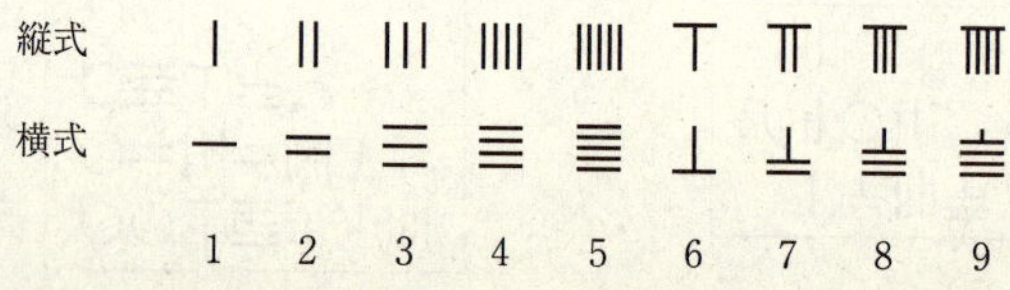

『算学啓蒙』上中下3巻は259の問題が20の部門に分けて扱われています。巻頭には「総括」の項があり、乗法九九や珠算の口訣《こうけつ》（割り算九九）、度量衡の名称と換算などが見られます。また、大数《おおかず》の名称として『数術記遺』では「載」までありましたが、『算学啓蒙』に至って初めて、

極《ごく》、恒河沙《ごうがしゃ》、阿僧祇《あそうぎ》、那由他《なゆた》、不可思議《ふかしぎ》、無量数《むりょうすう》

という6個の名称が加えられたのです。[注19] さらに、小数《こかず》の名称についても、

分《ぶ》、釐《りん》、毫《もう》、絲《し》、忽《こつ》、微《び》、纖《せん》、沙《しゃ》、塵《じん》、埃《あい》、渺《びょう》、漠《ばく》、模糊《もこ》、逡巡《しゅんじゅん》、須臾《しゅゆ》、瞬息《しゅんそく》、弾指《だんし》、刹那《せつな》、六徳《りっとく》、虚《きょ》、空《くう》、清《せい》、浄《じょう》

のように見られます。

12世紀に生まれ、李冶によって整理された天元術を発展させた朱世傑は、『算学啓蒙』において27問を天元術によって解いています。また、正負数の乗法規則に関する記述があり、中国の数学書では最も古いものと言われています。

朱世傑はさらに『四元玉鑑』（全3巻）を著し、天元術を未知数が3つ、4つの多元高次連立方程式の解法にまで拡張しています。この術は今日「四元術」と呼ばれています。この数学書は288の問題が24の部門に分けて扱われているのですが、その中で、2元、3元、4元の高次連立方程式がそれぞれ36問題、13問題、7問題取り上げられています。

また、『四元玉鑑』には、17世紀フランスのパスカルの名を冠した「パスカルの3角形」

が図表示されていることでも有名です。［図14］では、$(a+b)^0$ から $(a+b)^8$ までの展開式の係数が表示されています。

14世紀初頭から16世紀末にかけての約300年間（その多くは明《みん》の時代）に、あらゆる分野で中国の生産力は大きく向上していきました。数学に関しては、高い水準の理論的研究よりも日常での応用算術および珠算算法が普及し、その口訣化が進みました。それは、当時の商業界などからの社会的需要と密接な関係があったものと思われます。そのような背景のもと、明代の程大位が著した『算法統宗』（全17巻）は当時最も広く普及した数学書で、［図15］のよ

［図14］

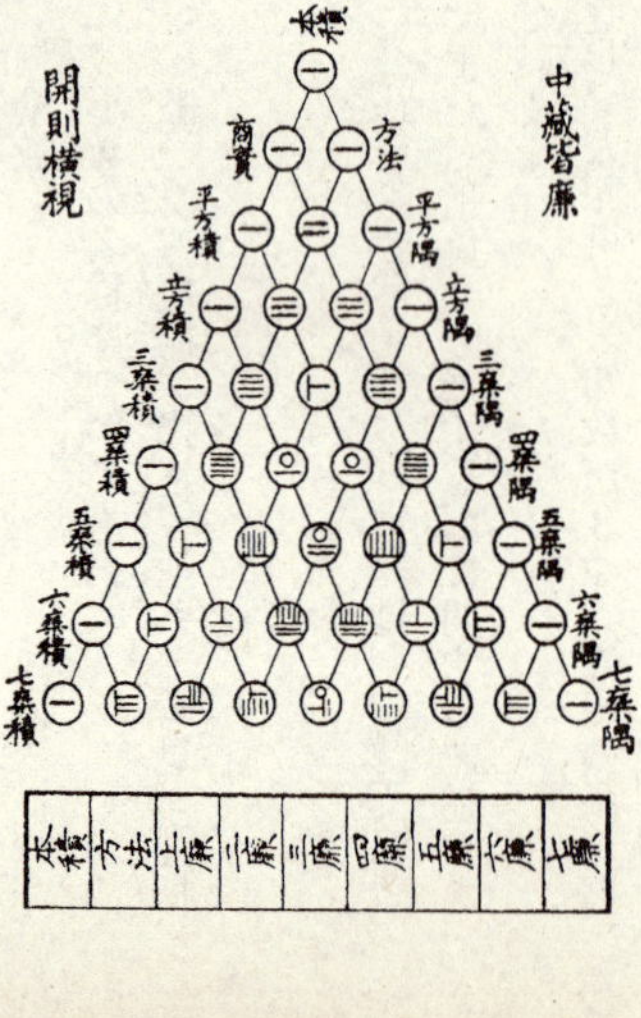

うに、算盤《そろばん》の図が見られます。

内容的には、『算法統宗』巻一、巻二は、数学語彙《ごい》の解釈、大数・小数と度量衡単位、珠算口訣など、巻三から巻十二までは応用問題とその解法、巻十三から巻十六までは難題の集成、巻十七は雑法が扱われていて、長い間、珠算学習の入門書として使用されたようです。明代における珠算の著しい普及は、商業貿易の発展に依拠したものであり、高度な数学理論よりも日用の応用算術が重宝された結果と言えます。

珠算の普及は明代の一大特徴であり、『算法統宗』をはじめとして明代の多くの珠算書が日本にもたらされました。なお、算盤が日本に伝来

[図 15]

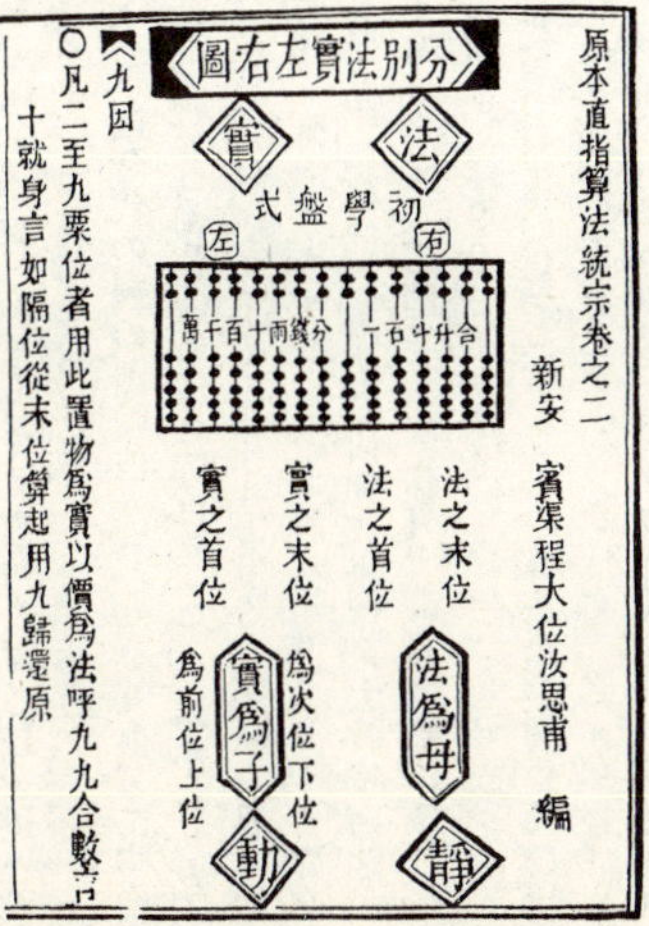

したのは元亀《げんき》・天正時代[注20]のこととされています。江戸時代を通してベストセラーとなった和算書『塵劫記《じんこうき》』を著した吉田《よしだ》光由《みつよし》は『算法統宗』を手本として数学を学んだのです。[注21]

（注1）勾股弦の定理とはピュタゴラスの定理（三平方の定理）のことで、直角をはさむ2辺のうちの短辺を「勾」、長辺を「股」という。また「弦」は斜辺のこと。

（注2）劉徽（Liu Hui、3世紀）中国の数学者で、三国時代の魏の国の住人。『九章算術』に詳細な注釈を付け、序言を書き、併せて『重差』（後に『海島算経』と呼ばれる）一巻を著した。

（注3）三上義夫（1875－1950）広島県に生まれる。1894～1895年頃から日本数学史に関心を寄せ始める。アメリカの数学者ハルステッド（1853－1922）との交信から、日本数学史の研究に目覚め、1905年に研究に着手。研究成果は東大教授菊池《きくち》大《だい》麓《ろく》（1855－1917）に認められ、1908年、帝国学士院和算史調査嘱託に任じられた。主著に『文化史上より見たる日本の数学』（1922）がある。

（注4）三上義夫の1932年の論文「関孝和《せきたかかず》の業績と京坂の算家並に支那の算法との関係及び比較」による。

（注5）祖沖之（Zu Chongzhi、429－500）中国、南朝の宋および斉《せい》の時代の数学者。各地の行政官を務めた。行政事務の余暇を利用して、天文暦法と数学の研究に従事した。

（注6）祖暅之（Zu Geng、5世紀後半～6世紀前半）祖沖之の息子で、数学者。父が著した『綴術』5巻を修訂し、さらに一巻を加えて6巻としたと言われている。

（注7）14：11は、アルキメデスの『円の測定』命題2において証明されている。

（注8）鶴亀算という名称の初出文献は坂部《さかべ》廣胖《ひろなお》（1759－1824）の『算法点竄《てんざん》指南録』（1810）。

（注9）甄鸞（6世紀）南北朝時代の北周の学者。仏教の信徒で道教は信じなかったので、仏教を宣揚し、道教を嘲笑《ちょうしょう》する『笑道論』を著した。

（注10）『数術記遺』での原文は「珠算控帯四時経緯三才」。

（注11）王孝通（Wang Xiaotong、6～7世紀）中国、唐代の数学者。

（注12）李淳風（Li Chunfeng、7世紀）中国、唐代の数学者。天文、暦算、陰陽の学に通暁していたという。

（注13）沈括（Shen Kuo、1030－1094）中国、宋代の科学者。多芸多才で、当時の学問分野すべてにおいて重要な業績を残したと言われている。

（注14）楊輝（Yang Hui、13世紀後半）中国、南宋末の数学者、数学教育者。『九章算術』は初学者向きではないと考え、詳細な解説を加えて編集し直すなど、学習する人の立場を考えて、丁寧な説明が心がけられている。

（注15）朱世傑（Zhu Shijie、13～14世紀）中国、元代の傑出した数学者であると同時に数学教育者でもあった。彼は沈括、楊輝などの研究を基礎にして、級数と補間法の研究を大きく進歩させた。

（注16）李冶（Li Ye、1192－1279）中国、南宋時代の数学者。多数の書を著したが、大部分が失伝したと言われる。数学書に『益古演段』（1259）がある。

（注17）漢字は「算盤」だが、計算器具としてのソロバンではない。

（注18）程大位（Cheng Dawei、１５３３－１６０６）中国、明代の数学者。あざなは汝思《じょし》。少年時から広く読書するとともに、数学にすこぶる興味を示したという。『算法統宗』は出版以来、翻刻版や改編本が多く刊行され、長きにわたって珠算学習の入門書とされた。

（注19）恒河沙などは仏教用語から借用されたと言われている。日本の和算書では「無量数」は「無量大数」となっている。

（注20）元亀時代は１５７０年～１５７３年、天正時代は１５７３年～１５９２年。

（注21）寛永8年版『塵劫記』の跋文《ばつぶん》に次の一文がある。

「算数の代に置けるや、誠に得難く捨て難きは此道なり。然れども、代代此道衰えて、世に名ある者少なし。然かあるに、我れ稀に或師に就きて、汝思の書を受けて是れを服飾とし、領袖として、其の一二を得たり」

ここに登場する「汝思の書」とは『算法統宗』のことで、吉田光由がこの書を手本として数学を学んだことがわかる。

［図14］『中国の数学通史』李迪著　森北出版より
［図15］『中国の科学と文明（第4巻）』ジョゼフ・ニーダム著　思索社より
［写真1］『文化史上より見たる日本の数学』三上義夫著、佐々木力編　岩波文庫カバーより

# 4　日本の数学

## 中国数学の輸入と算盤の伝来(注1)

中国から日本への数学の輸入は2つの時期にわたっています。第1期の輸入は飛鳥《あすか》時代から奈良《なら》時代にかけてであり、中国の隋《ずい》および唐の数学が輸入されました。唐の時代には「算学館」が設置され、唐およびそれ以前の数学書十種がそこでの教科書として定められました。これらの書をまとめて「算経十書」あるいは「十部算経」と言いますが、その多くが日本に輸入されたのです。しかし、高度な中国の数学を受け入れる土壌は当時の日本にはなく、日本数学が独自の発展をとげるのは第2期の輸入以後になります。

第2期の輸入は室町時代末期から安土《あづち》桃山時代にかけてのことで、中国の元および明の数学が輸入されました。第1期に「掛け算九九」と「算木《さんぎ》」(注2)が輸入されたのに対して、第2期には「割り算九九」と「算盤《そろばん》」が輸入されました。また、朱世傑《しゅせいけつ》の『算学啓蒙』や程《てい》大位《だいい》の『算法統宗』なども、このとき輸入されたと思われます。

日本の算盤は中国から輸入された中国式算盤を日本人が改良したものです。算盤のことが書かれている中国最初の書は『数術記遺』ですが、現在の中国式算盤が最初に出てくる書は1371年の『魁本《かいほん》対相四《たいそうし》言雑字《げんそうじ》』で、［図1］に示した通りです。この書は絵を見て字を覚えるという世界最古の本だと言われています。

［図1］

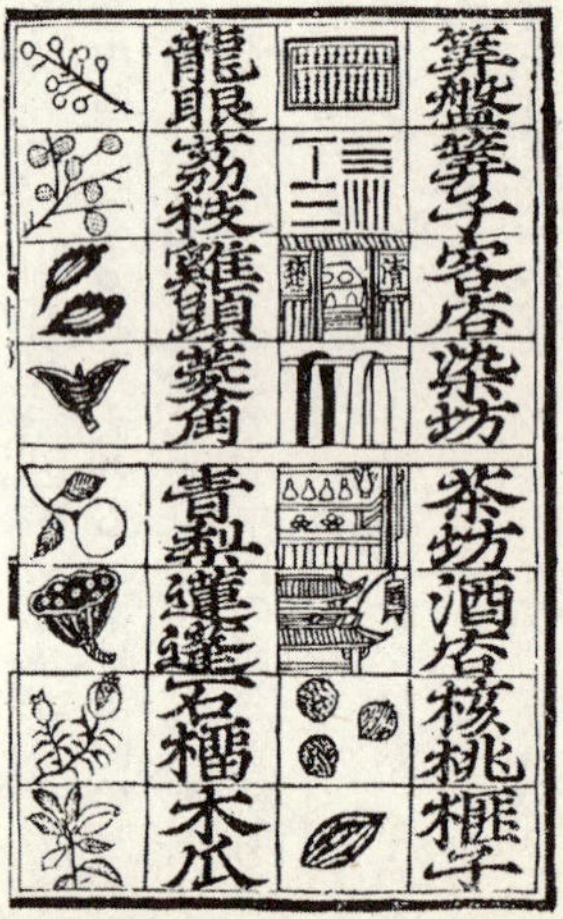

これを見てもわかるように、中国式算盤では5珠が2個、1珠が5個となっています。また、程大位の『算法統宗』でも、5珠が2個、1珠が5個でした。中国式算盤では、5珠が2個、1珠が5個ですから、全部で15となり、これに1を加えると位が1つ上がることになります。これは、古代中国での重さの単位が「1斤＝16両」であったことに由来すると言われています。

日本への算盤の伝来はおよそ元亀・天正時代（1570年〜1592年）と考えられています。倭寇《わこう》(注3)の被害に悩まされていた中国人は日本および日本人を知るために、『日本考』という書を作ったのですが、そこには算盤に関して「筭盤　所大盤　そおはん」と書かれています。そして、この『日本考』のもとになった『日本風土記』が書かれたのが

１５７３年から１５８０年の間と言われていますから、日本への算盤の伝来は元亀・天正時代と考えられるわけです。また、［図２］に示す算盤は文禄《ぶんろく》の役（１５９２年）（注4）のときに、前田《まえだ》利家《としいえ》侯が肥前名護屋《ひぜんなごや》の陣中で使用したと言われていますから、１５９０年頃には、すでに日本で算盤が使われていたことがわかります。この算盤は縦が約7cm、横が約13cmという小型の算盤で、桁は銅線、珠は獣の骨で作られています。

　ところで、中国式算盤と日本式算盤を比較すると、珠の形に大きな違いがあることに気づきます。前田侯の小型算盤を見てもわかるように、すでに珠《たま》はやや角みを帯びていて、中国で作られたものではないことがわかります。さらに、1個1個の珠の大きさが一定していないことから、大量生産されたものではなく、1個ずつ削って仕上げたものと考えられます。たぶん、中国式算盤を模倣して、大工がのみやかんなで作ったものなのでしょう。

　前田侯の算盤の珠数は、中国式と同じで5珠が2個、1

[図2]

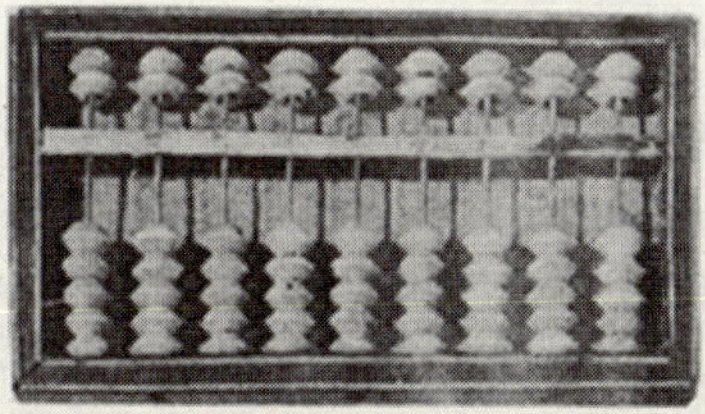

珠が5個ですが、後には5珠が1個、1珠が5個という日本式算盤も作られるようになりました。さらに、今日のように5珠が1個、1珠が4個の算盤が学校教育で推奨されるようになったのはようやく昭和になってからのことです(注5)。

なお、現存する日本最古の算盤は前田家所蔵のものとされていましたが、平成26年になって、それよりも少し古いと思われる算盤が大阪で発見されました。この算盤は豊臣秀吉《とよとみひでよし》に仕えた軍師・黒田《くろだ》官兵衛《かんべえ》の家臣団「黒田二十四騎」の一人である久野《ひさの》四兵衛《しへい》重勝《しげかつ》が博多《はかた》の町割りに貢献したとして、秀吉から褒美として授かったもので「拝領算盤」と呼ばれています[図3]。

この算盤は造形が素晴らしいもので、実用品としてではなく芸術品として製作されたと思われます。この拝領算盤は久野家所蔵の古文書にある由緒書きからみても、現存する日本最古の算盤と思われます(注6)。

次に、「ソロバン」という名前の由来について考えてみましょう。これにはいろいろな説があります。たとえば、算盤は珠が揃っているという意味で揃盤と言い、ここから「ソロバン」

[図3]

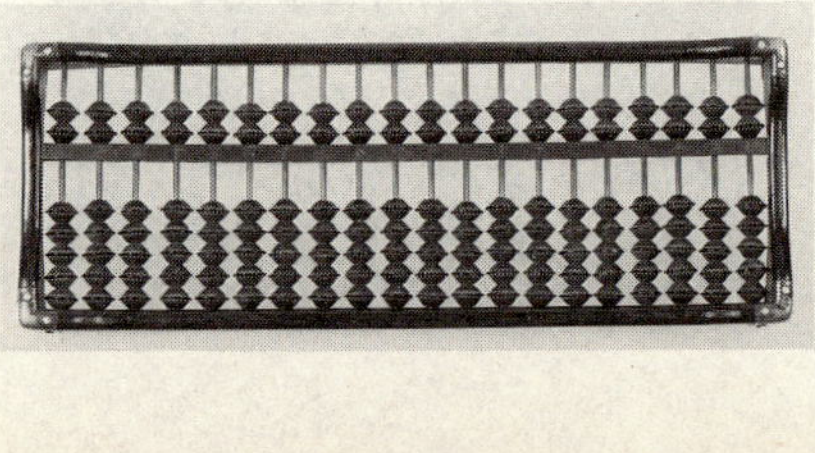

と言うようになったとか、珠盤とか数盤から転訛《てんか》したものであろうなどの説があります。しかし、そろばんの原産地である中国では主として「算盤」という漢字が使用されていました。そして、この漢字の中国式発音は「スワンパン」（swan-pan）あるいは「スアンパン」（suan-pan）ですから、この発音からスァンバンがソルバンへと転訛し、さらに「ソロバン」へと転訛したのであろうというのが有力な説となっています。

## 割算天下一と号した毛利重能

毛利《もうり》重能《しげよし》(注7)については、その生没年など詳しいことはわかっていませんが、著者名の判明している書としては日本最初の数学書である『割算書』（1622年）を著しました。(注8)この『割算書』の跋文《ばつぶん》に見られる記述から、以前は「摂津国武庫郡瓦林《せっつのくにむこのごおり》」(注9)の住人でしたが、元和《げんな》８（１６２２）年には京都に住み、「割算の天下一」を自任していたことがわかります。

また、吉田光由もその一員である角倉《すみのくら》一族の系図である「角倉源流系図稿」に「洛陽二条京極の辺に寓居して、天下一割算指南の額を出す」と記録されていますから、京都二条京極あたりで塾を開き、算盤を指南したことがわかります［地図1］。

現在の京都には二条京極という地名はありません。二条京極の「二条」は二条《にじょう》通りのことであり、「京極」とは〝京の極《きわ》み〟のことで、京都の一番端という意味です。二条通りは東西の通りですから、それと交差する京極通りは南北の通りということになります。

現在の京都には「西京極《にしきようごく》」という名がありますが、「東京極」という名はありません。市の中心部に京極という繁華街がありますが、ここは「新京極」と呼ばれていて、明治の末期に墓地と空地を整地して町並みが作られ、屋台店の集まりから出発して今日のように発達した街のことです。

今日ある西京極は通りの名ではなく、都の西方一帯の広い地域を表す地名です。その地域の西端に「角倉町」が今でも残っています。この町は『塵劫記』の著者吉田光由の宗家である角倉家一族の傑物、角倉《すみのくら》了以《りようい》(注10)に関係のある町です。

角倉了以は嵯峨《さが》嵐山《あらしやま》の西北の岩また岩の山峡を流れる保津川《ほづがわ》を開削し、岩を砕き、幅を広げ、水を流して、舟や筏《いかだ》を通す仕事をしました。その便を利用して、丹《たん》

[地図1]

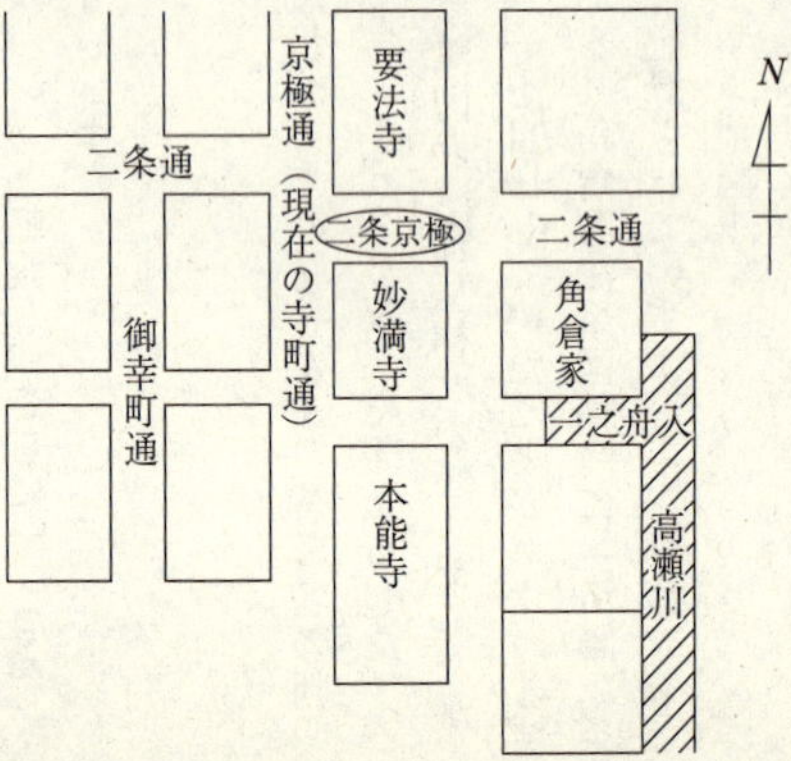

波《ば》・丹後《たんご》・山陰の産物や木材を大量に輸送し、山城《やましろ》の国（京都）に持ち込んだのです。その陸揚げの場所が角倉町の辺りでした。丹波と山城の境の老《おい》の坂《さか》峠を、馬の背や人の肩に担いで運ばれていた物資が、保津川を利用して大量に運ばれるようになり、都の物価は大幅に下がりかつ安定したのです。

角倉町に陸揚げされた物資は、京都の町の中に運ばれ、売りさばかれました。陸揚げ地と消費地が近距離であったため、西京極は物資の通り道として利用されるばかりで、商取引の場としての働きをする必要はありませんでした。したがって、この地域は市街地としての開発がなされず、長年にわたって農村地帯だったのです。人家や人口の少ないこの地域は塾を開くには不適当であったと考えられます。したがって、毛利重能が塾を開いた「二条京極」は現在の西京極ではないと考えられます。

次に「東の京極」に目を転じてみましょう。二条通りの東端は、室町末期には鴨川《かもがわ》の河原でしたが、この南北の川筋が実は「京極通り」と呼ばれていたのです。織田信長《おだのぶなが》によって京都の守護に任ぜられた秀吉により、この通りに意図的にしかも急速に多くの寺が集められ、寺院街が作られました。これによって、「京極通り」は「寺町《てらまち》通り」と改名され、現在に至っているのです。現在の寺町今出川《いまでがわ》を少し下がったところに、湯川秀樹《ゆかわひでき》博士(注11)が少年時代に通っていた小学校がありますが、その学校の名前は「京極小学校」です。寺町通りを、かって京極通りと呼んでいた名残と言うことができます。

京都では、2つの通りの名を用いて、町の位置を表す習慣がありますが、この場合、目的の建物などのある通りの名を先唱することになっています。したがって、毛利重能の塾が「二条京極」にあったということは、二条通りに面した位置に塾があったことになります。以上の考察から、毛利重能の塾は［地図1］で、〝二条京極〟と記したあたりにあったと考えられます。ただし、二条通りの北側か南側かは不明です。

さて、『割算書』では、面積の求め方に関して、「検地算」の項に「いろいろの形どもあり。いずれも、四角なるように見積もり、出でたるところ引き、入りたるところへ引きならし申し候こと」とあります。つまり、不規則な形の土地の面積は、出入りが打ち消されるようにならして、長方形状に縄を張り、その長方形の面積をもって土地の面積とする方法がとられていたのです。この方法を後の数学書と比較すると、旧式のものであることがわかりますから、『割算書』は日本の古い数学をまとめた書であると言えます。

次に、『割算書』の内容の一部を紹介しますと、以下のようになります。

（1）八算見一などの「割り声」

「八算」とは1桁で割る割り算の「割り声」です。1で割ることは省略して、2から9までの割り算の8種類あります。また「見一」とは2桁で割るときの「割り声」の総称であり、「見一」は10いくつで、「見二」は20いくつで、「見三」は30いくつで、……割るときの「割り声」のことです。

（2）糸綿の重さと代金

「糸綿8貫350目《もんめ》の代金[注12]が1貫750目のとき、糸綿535匁《もんめ》の代金は?」という問題が見られます。

（3）直方体状の器の容積　縦×横×高さ

（4）円柱状の器の容積　$(\text{直径})^2 \times (\text{高さ}) \times 0.8$、ここでの「0.8」は $\frac{\pi}{4} = \frac{3.16}{4} = 0.79$で、約0.8としたものです。[注13]

（5）正3角柱状の器の容積　ここでの底面積は、正3角形の一辺を$a$とすると、$0.43a^2$とされています。本来は $\frac{\sqrt{3}}{4}a^2$ ですから、$\sqrt{3} = 0.43 \times 4 = 1.72$ とされています。

（6）球の体積

球の大円の周囲を4で割り、それを3乗しています。

直径が1尺の球の体積を50としていて、これを「あら（荒）き算」と称しています。さらに、「こま（細）き算」として「四十九三分三毛九糸」とありますから、49.3039 とされています。

（7）金と銀の両替の計算

（8）借金の利息の計算
（9）大工さんの賃金の計算
（10）米の売買の計算
「銀10匁が米3斗5升に相当するとき、米153石5斗では銀何匁になるか」という問題が見られます。
（11）検地の問題（3角形、4角形、円の土地の面積）
（12）町見術（測量）の問題

このように、内容を見ていくとわかるように、この書は理論を説いたものではなく、主として世間の実用に供する目的で編纂されたものと考えられます。したがって、おのずと世相を反映していることがわかります。

毛利重能には、『竪亥録《じゅがいろく》』の著者である今村知商《いまむらともあき》(注14)、『塵劫記』の著者である吉田光由《よしだみつよし》、そして高原吉種《たかはらよしたね》(注15)の3人の高弟がいました。今村知商の門下からは、円周率を3.14とした『算俎《さんそ》』の著者である村松茂清《むらまつしげきよ》(注16)、中西流の祖である中西正好《なかにしまさよし》(注17)など、吉田光由の門下からは、朱世傑《しゅせいけつ》の算学書『算学啓蒙』を京都・東福寺で発見し訓点付けした久田玄哲《ひさだげんてつ》、それを出版した土師道雲《はじどううん》など、高原吉種の門下からは、『算法闕疑抄《さんぽうけつぎしょう》』の著者である礒村吉徳《いそむらよしのり》などが輩出しました。

毛利重能を元祖とする初期和算家の系譜を［図4－1］に示しましたが、ここでは、和算の主流派を形成する関孝和と高原吉種を点線で結んでいます。従来、関孝和は高原吉種の高弟であるとして実線で結ばれていましたが、その根拠は乏しく、信頼できるものではありませんので点線にしています。そして、関孝和を元祖とする関流和算家の系譜を［図4－2］として示しておきました。なお、この系譜図のうち、①～⑧はそれぞれ「関流初伝」～「関流8伝」を意味しています。「関流」とは関孝和を元

［図4－1］　初期和算家の系譜図

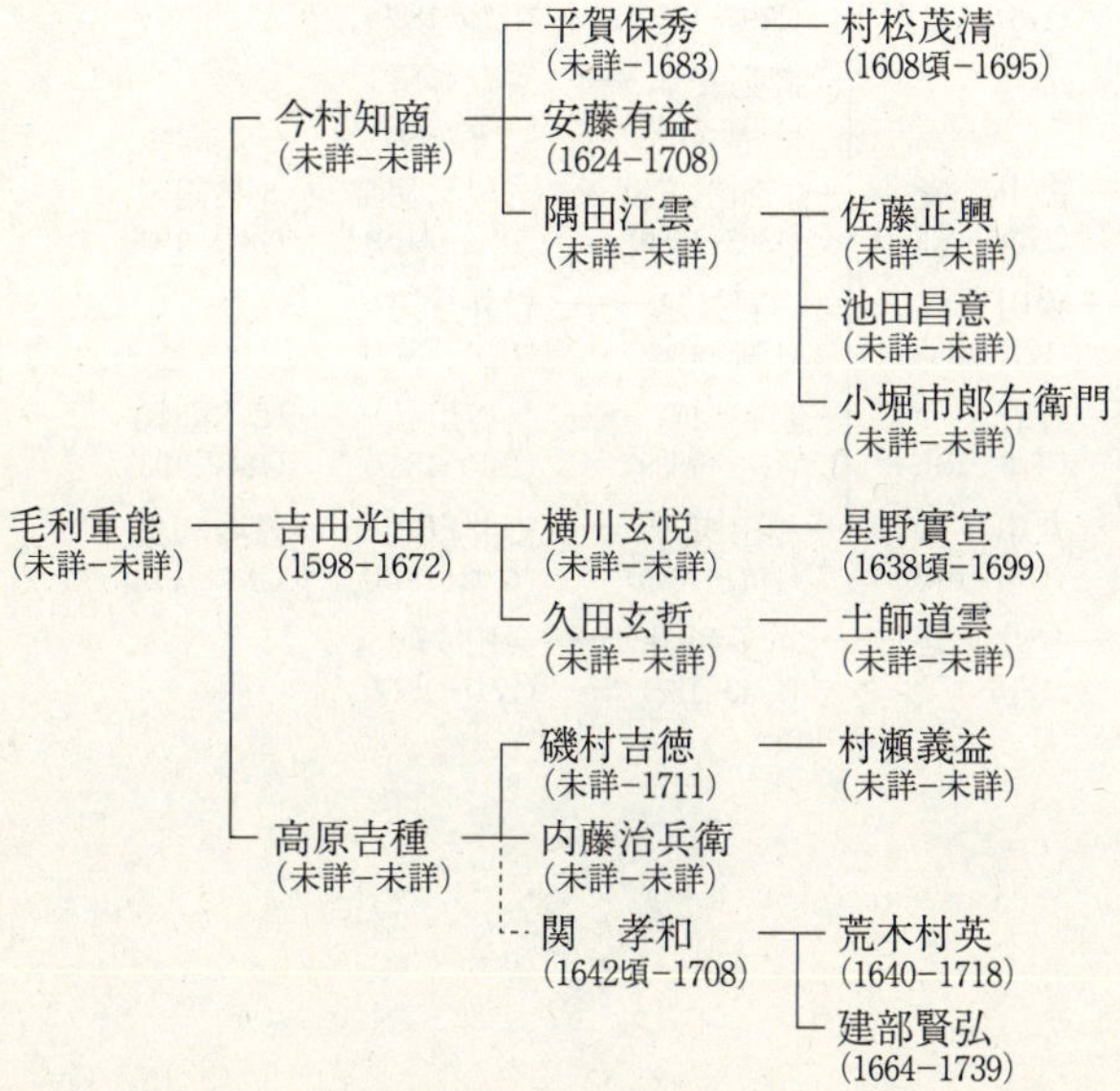

| | | | |
|---|---|---|---|
| | | | 岩田好算 (1812–1878) |
| | 馬場正督 (1777–1843) | 馬場正統 (1801–1860) | 高久守静 (1821–1883) |
| | | | 鈴木円 (未詳–未詳) |
| | 坂部広胖 (1759–1824) | 斎藤宜長 (1784–1844) | 斎藤宜義 (1816–1889) |
| | ⑤日下誠 (1764–1839) | 小出修喜 (1797–1865) | 福田理軒 (1815–1889) |
| | | 御粥安本 (1794–1862) | 平野喜房 (未詳–未詳) |
| | 古川氏清 (1758–1820) | ⑥内田五観 (1805–1882) | ⑦川北朝鄰 (1840–1919) — ⑧林鶴一 (1873–1935) |
| | 藤田嘉言 (1772–1828) | 白石長忠 (1795–1862) | 岩井重遠 (1804–1878) |
| | 神谷定令 (未詳–1811) | 長谷川寛 (1782–1838) | 長谷川弘 (1810–1887) — 岡本則録 (1847–1931) |
| | 丸山良玄 (1757–1816) | 和田寧 (1787–1840) | 細井寧雄 (1802–1873) — 遠藤利貞 (1843–1915) |
| | 今井兼庭 (1718–1780) | 本多利明 (1743–1821) | 会田安明 (1747–1817) |

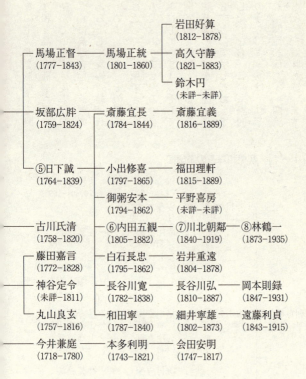

[図4－2]　関流和算家の系譜図

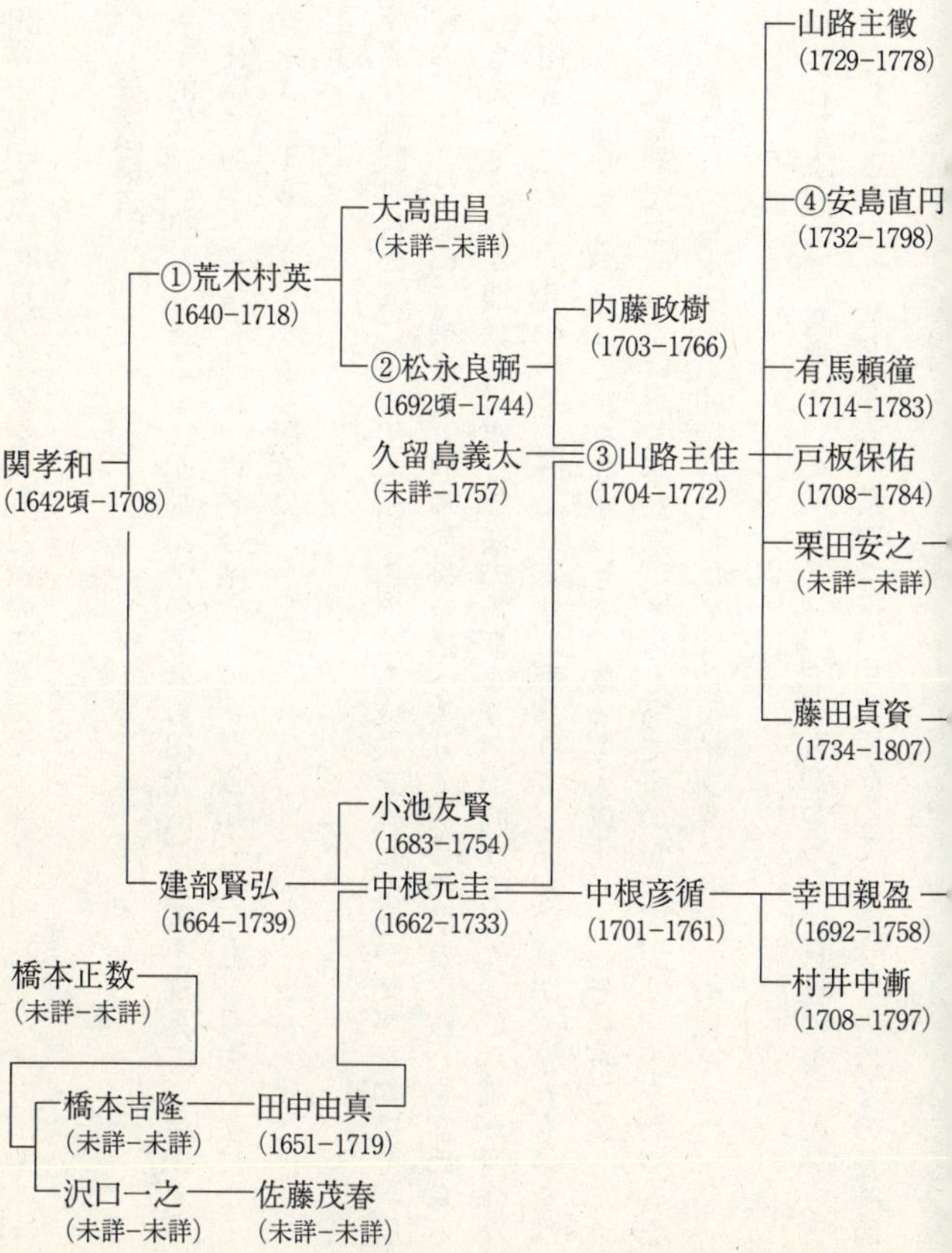

祖とする和算の流派で、和算の主流をなした派のことです。

## 『塵劫記』と遺題継承

日本の数学的伝統の祖とも言える『塵劫記』の著者吉田光由は自著を携えて、嵐山大悲《あらしやまだいひ》閣千光寺《かくせんこうじ》の住職であった舜岳《しゅんがく》を訪ね、書名と序文・跋文を依頼しました。(注18)舜岳の手になる序文は、寛永4（1627）年の初版本に、

「塵劫記序

山城州葛野郡嵯峨村《さんじょうしゅうかどのごおりさがむら》の人こと吉田光由、このころ或人《あるひと》を介して予が柴扉《さいひ》を扣《たた》いて、眉《び》毛《もう》あい結ぶ。予これを披《ひら》いてこれを観れば、ここにおいて袖裏《しゅうり》より四巻の書を携へ来りて、書の名と序跋《じょばつ》とを需《もと》めらる。予これを披いてこれを観れば、実に算法の霊枢《れいすう》なり。予問うて云《いわ》く、これ誰が所作なりや。光由答へて云く、我少《わか》かりし時より算法に癖《へき》ありて、諸家の算法、繁《しげ》きものをばこれをかり、略せるものをばこれを詳《つまびら》かにして、集めて大成す。……その首《はじめ》に題してこれをなづけて塵劫記と曰《い》ふ。けだし塵劫来事糸毫《しごう》も隔てずの句に本《もと》づく。予を謗《ぼう》づるなくんばよし。これ時寛永四年丁卯《ていぼう》秋八月日亀毛舜岳贋納玄光《きもうしゅんがくがんのうげんこう》これがために序す」

とあります。

ここに見られるように、〝塵劫記〟とは「塵劫たっても変わらない真理の書」という意味で名づけられたことがわかります。「劫」とは、比喩《ひゆ》でなくては表せないほどの長時間

を意味しており、「塵劫」とはこの劫の数の多さをもう一度比喩で表現したものです。したがって、「長い年月がたっても変わらない真理の書」ということになるのです。

吉田光由は角倉一族の一員ですが、角倉家は代々「医」を本業とし、本姓は吉田でした。しかし、了以の父である宗桂《そうけい》（意庵《いあん》）が大覚寺《だいかくじ》門前で「角倉」という屋号の「土倉《どそう》」（金融業）を営むようになって家名を上げ、了以の代から角倉を名乗るようになったのです。

了以は豪商としてその名をはせただけではなく、私財を投じて山城の大堰川《おおいがわ》や京都の高瀬川《たかせがわ》を開削して舟行の便を図るという土木家でもありました。また、朱印船貿易も手がけ、中国からの学問、文化の輸入にも貢献しました。

了以の子素庵《そあん》(注19)は父の業を受け継いで、海外貿易を発展させ、土木事業を手がけました。さらに、素庵はよく漢学を学ぶ学者・文化人でもありました。光由は初め毛利重能に学んだのですが、まもなく師を追い越し、毛利から学ぶことがなくなってからは、この素庵から程大位の数学書『算法統宗』を学んだのであり、光由の主著『塵劫記』はこの『算法統宗』を手本にして書かれたのです。

角倉了以は光由の外祖父であり、素庵は光由の外伯父にあたります。こうした角倉一族の一人であったことが、『塵劫記』誕生の1つの背景でもあったと言えます。

光由の祖父宗運は池田輝政《いけだてるまさ》に仕える医者でした。そして、その医業は光由の兄光長《みつなが》が継ぎましたから、光由は医業を継がなくてもよかったのです。むしろ、光由は幼い頃から数学が好きであったようで、角倉家に出入りする商人や家の者が算盤を使っているのを見て、最初は音の出る遊び道具としていたようですが、数の加減ができることから興味を覚えるようになったと言われています。

　さらに光由は、二条京極で評判の高かった毛利重能の塾へは10歳頃に通ったようです。重能が以前に池田輝政に仕えていたこと、そして光由の祖父宗運も同じく池田輝政に仕えていたことから、この2人には面識があり、その縁で光由が重能の塾に通うようになったのかもしれません。

　吉田光由の著書としては、『塵劫記』の他にも『和漢編年合運図』（正保《しょうほう》2〈1645〉年）および『古暦便覧』（慶安元〈1648〉年）がありますが、主著『塵劫記』は江戸時代を通じてベストセラーとなったもので、「塵劫記と言えば算術、算術と言えば塵劫記」と言われ、塵劫記という言葉は算術と同義に使用されたとも言われています。そして、〝塵劫記〟と銘打った書は明治期に至っても出版されたほどで、たとえば、福田《ふくだ》理《り》軒《けん》(注20)の書である『明治小学塵劫記』は明治11年3月の出版となっています。

　寛永4年に刊行された初版本『塵劫記』は4巻26条から成っていて、その目次は以下の通りです。なお、（　）内はその項目の内容を示したものです。

　［巻之第一］

　一　大かすの名の事（大数の名前）

二　一よりうちこかすの名の事（1より小さい数の名前）
三　一石より内小かすの名の事（体積・容積の単位の名前）
四　田の名かすの事（面積の単位の名前）
五　九九の事（掛算九々）
六　八算のわりの図　付かけさんの事（割算九々）
七　見一わりの図　付かけ算の事（2桁の割算九々）
八　かけてわれるさんの事（掛算によって割算をする）
九　米うりかひの事（米の売買問題）

［巻之第二］

十　金銀両かへの事（金と銀の両替計算）
十一　せにうりかいの事（銭と銀の両替計算）
十二　万利足の事（いろいろな利息計算）
十三　きぬうりかひの事（絹や木綿の売買計算）
十四　くろ舟のかい物の事（長崎での輸入品の買い物計算）
十五　ふねのうんちんの事（輸送料の計算）
十六　ますの法　付万物に枡目積もる事（いろいろな物を枡で測る問題）

［巻之第三］

十七　検地の事（土地の面積の問題）
十八　知行物成の事（扶持《ふち》や租税の計算）
十九　金銀の箔《はく》うりかひの事（金箔、銀箔の売買問題）
二十　材木の事（材木の売買問題）

［巻之第四］

廿一《にじゅういち》　川ふしんの事（河川の工事に関する問題）
廿二　萬《よろず》ふしんわりの事（いろいろな工事に関する問題）
廿三　木のなかさをはなかミにてつもる事（木の高さを測定する問題）
廿四　町つもりの事（距離を測定する問題）
廿五　開平法の事（開平計算）
廿六　開立法の事（開立計算）

この『塵劫記』初版本は嵯峨本の販売ルートを知っていた角倉素庵の指示によって売りさばかれたようであり、京都・大坂《おおさか》さらには江戸《えど》までもたらされたと言われています。[注21] 初版は500部ぐらいだったと言われ、評判はよく、全部売れてしまったようです。そのため、後に海賊版、偽版が出まわるようになりました。著作権のない時代でしたから、光由にはどうしようもありません。そこで、光由は初め『塵劫記』に取り上げようと思っていた内容のうち、とりやめておいた部分を追加し、全体をもう一度編集し直して通称「五巻本」（寛永6年頃）を完成させたのです。この「五巻本」には新たに「入れ子算」「継子立《ままこだ》て」「ねずみ算」「からす算」「百五減算」「絹盗人算」「油分け算」など多くの問題が取り入れられました。

吉田光由は内容を増やして海賊版の刊行を防ごうとしたのですが、実際には海賊版はいくらでも作られました。そこで、光由は再び新しい版を出そうと考え、たとえば「薬師算」などを取り入れて寛永8年に刊行します。ただ、光由はこのままではまた海賊版が作られるだろうと考え、内容ではなく、印刷技術の面で手間のかかる色刷り印刷にすることにしました。寛永8年版は4色刷りの挿し絵もあり、日本最初の多色刷り本となったのです。このような出版には多額の経費がかかり、角倉家の後ろ盾がなければできないことであると言えましょう。ところが、数学本としては、色は実際にはどうでもいいことですから、海賊版はあとをたちませんでした。

そこで、光由はさらに、親から譲られるお金を子供が分配する問題、大工の賃金計算の問題などを加えて寛永11年版『塵劫記』を刊行します。その後一時期九州の熊本藩に招かれますが、九州から寛永18年に帰京しました。帰京後、今村知商が寛永16年に『竪亥録』を出版し、さらにこれを理解しやすく書き直した『因帰算歌』を寛永17年に刊行したことを知りました。買い求めて読んでみると、これらの書が生活に必要な算法書ではなく、中国の数学を基本とした組み立てで、全文漢文で書かれた書であることがわかりました。

光由の本は漢字とかなを使った和文で書かれていて、読めばわかるようになっていましたが、内容的には今村の方がレベルが高いことを認めざるをえませんでした。そこで、吉田光由は今村へのライバル意識から、『塵劫記』をもう一度、基本から書き直すことを決意するのです。こうして完成したのが寛永18年版の『塵劫記』です。これが、光由自身の手になる最後の『塵劫記』だと思われますが、寛永20年本という説もあります。

寛永18年版『塵劫記』の最大の特徴は、巻末に12問の答えのない問題を記したことです。光由はその理由として次のようなことを述べています。「世の中にはさほど数学の力もないのに塾を開いて、多数の人を教えている人がいる。教わる人から見れば、自分の師に力があるかどうかわからないだろう。そこで、ここに解法や答えを付けていない問題を12問出しておくから、これで自分の師を試してみればよい」というわけです。

このように解法や答えを示さず、読者に解かせる問題のことを「遺題」と言います。そして、後代の人はこの遺題を解いて本を刊行し、その本にさらに遺題を載せるという慣習が生まれるようになりました。このような慣習は「遺題継承」と呼ばれています。遺題継承においては、次第に難問が現れるようになりますから、遺題継承は和算の発達に大きく寄与したと言えます。つまり、日本数学に「遺題継承」という伝統を作り、和算の発展を促した書が寛永18年版『塵劫記』というわけです。

寛永18年版『塵劫記』の遺題を3問だけ紹介しておきましょう。

（1）直角三角形があって、直角をはさむ2辺が$a$、$b$で、斜辺が$c$とする。$a+c=81$、$b+c=72$であるとき、$a$、$b$、$c$の値を求めよ。

（2）円錐台《えんすいだい》の形の唐木がある。上底の円周が2尺5寸、下底の円周が5尺、高さが3間である。これを等しい体積の円錐台に3等分した。それぞれの高さを求めよ。

（3）檜《ひのき》の木2本と松の木4本と杉の木5本を合わせた値段が銀で220目、檜の木5本と松の木3本と杉の木4本を合わせた値段が銀で275匁、檜の木3本と松の木6本と杉の木6本を合わせた値段が銀で300目であるとき、おのおのの木は1本いくらか。

これらの遺題を解き、その答えを載せた書が承応2（1653）年に刊行された榎並和澄《えなみともすみ》の『参両録』(注22)であり、彼は自分の作った8つの問題を再び「遺題」として『参両録』に載せたのです。『参両録』の遺題8問に答えた書としては、山田正重《やまだまさしげ》の『改算記』(注23)（1659年）があり、『改算記』に付けられた遺題13問に答えた書としては、沢口一之《さわぐちかずゆき》の『古今算法記』(注24)（1671年）があります。

**関孝和と関流和算**

日本独自の伝統的な数学は今日「和算」と呼ばれていますが、狭義には、和算は関孝和(注25)に始まると言わねばなりません。室町時代末期における中国から日本への第2回目の数学

関孝和

輸入がなされ、毛利重能や吉田光由、今村知商などによって発展させられてきた日本の数学は関孝和に至って質的転換をとげ、興隆することになるのです。その意味で、今日では、関孝和は「算聖」と呼ばれています。

彼は中国の朱世傑が１２９９年に著した『算学啓蒙』によって天元術を学びました。天元術とは、算木を算盤の上に並べて高次方程式を解く方法ですが、(注26)関はこれを改良して、傍書法による代数的方法に仕立てたのです。この方法は後に点竄《てんざん》術と呼ばれます。

関は沢口一之の『古今算法記』に付けられた遺題15問に挑戦したのですが、一元高次方程式に限られる天元術では容易に解けない事態に陥りました。多元高次方程式では、未知数を減らしていって、最後に未知数１つの方程式にするのですが、この未知数を減らしていく部分は暗算で行わなければならなかったのです。この困難さを救い、未知数１つの方程式に変形していく道筋を紙に書いて記録していく方法（傍書法）を考案したのが関でした。これによって、日本の数学は飛躍的に発展しました。

関は『古今算法記』の遺題に対する解答を付して、延宝２（１６７４）年に『発微算法』を刊行しました。しかし、この書は結果のみが述べられ、未知数を消去していく道筋が省略されていましたから、世間では関がでたらめを集めて出版したという噂も流れたようです。そこで、関の高弟であった建部賢弘《たけべかたひろ》は(注27)『発微算法』を詳しく解説した『発微算法演段諺解』を貞享《じょうきょう》2（1685）年に刊行します。

関孝和の業績は数多く伝えられています。それらを列挙すると、今日「ホーナーの方法」と呼ばれている数字係数方程式の解法と、(注28)これに関連するニュートンの近似解法、行列式の発見、円理の問題、ベルヌーイ数の発見、(注29)不定方程式の解法、ニュートンの補間公式、正多角形の計算、方陣・円陣の問題などが挙げられます。円周率に関しては、円に内接する正131072（$2^{17}$）角形に到達して、(注30)円周率の値を3.14159265359として求めていますが、弧《こ》の長さと矢《し》の長さに関わっての円周率の一般的な公式を導き出すことには失敗していま す。

関孝和を元祖とする関流の正統を継いだのは初伝・荒木村英《あらきむらひで》ですが、(注31)数学の上での実力者は建部賢弘であると言われています。実際、建部は関に勝るとも劣らない業績を残しています。前述した『発微算法演段諺解』の他に、正多角形や円周率の計算を扱った『研幾算法』、数学的帰納法を説いた『綴術算経』、ディオファントス近似問題を展開した『累約術』、円理の問題を発展させた『円理弧背術』など多数の著書があります。

関孝和は円周率の値に関する一般的公式の導出に失敗しましたが、建部はこれに成功をおさめ、日本で最初の円周率の公式を完成させました。その後、建部の教えを受けた松永良弼《よしすけ》は、(注32)

$$\pi^2 = 9\left(1 + \frac{1^2}{3\cdot4} + \frac{1^2\cdot2^2}{3\cdot4\cdot5\cdot6} + \frac{1^2\cdot2^2\cdot3^2}{3\cdot4\cdot5\cdot6\cdot7\cdot8} + \cdots\right)$$

という公式を発見しています。

関流第2伝に位置しているのが松永良弼です。松永は初伝・荒木村英に2～3年ほどの期間学んだようですが、荒木の数学のレベルはそれほど高くはなかったとも言われています。むしろ、関流の最も重要な内容である円理の研究を行った建部賢弘の方が関流の正統派と言えます。

松永はこの建部にも師事し、円理の完成者として知られています。松永は30以上もの和算書を著すとともに、円理のほか、不定方程式、行列式、順列・組合せ、角術(注33)、巾《べき》級数など多岐にわたる数学的内容を扱っています、とりわけ『立円率』（1729年）には欠球や球の体積が定積分の形で提示されていて、日本の文献に定積分が判然と書かれたのはこの書が最初であると言われています。

関流和算は、第3伝・山路主住《やまじぬしずみ》(注34)、第4伝・安島直円《あじまなおのぶ》(注35)……と連綿と続いていき、明治の中期頃に終焉《しゅうえん》を迎えることになりますが、その数学的業績には西洋の数学を凌駕《りょうが》する内容が多くあったことが明らかとなっています。

## 算額奉納

遺題継承という伝統が和算を発達させた契機であったことは先に見た通りですが、和算を発達させたもう1つの契機に「算額奉納」という伝統があったことも見逃すことはできません。「算額」とは数学の問題とその解法・解答が書かれた絵馬のことであり、数学の難問が解けたことや、今後の数学の上達などを祈願して、算額を神社仏閣に掲げることを算額奉納と言うのです。

算額奉納には、代表的問題の周知、流派の自己顕示などの目的もあったと言われていて、寛政元（1789）年に刊行された藤田《ふじた》貞資《さだすけ》・藤田嘉言《かげん》(注36)の『神壁算法』は、藤田の門人関係者が掲げた算額を集めたものであり、算額に記された問題とその解法・解答を写し集めた最初の数学書として有名です。

藤田貞資［写真1］

現存する算額の数は約900面ほどありますが、［図5］はそ

［図5］

のうちの1つで、三重県四日市市《よっかいち》の神明《しんめい》神社に文久3（1863）年8月に奉納された算額です。この算額の大きさは縦56cm、横121cmであり、累円の問題が扱われています。[注37]

算額で扱われた問題は多岐にわたっていますが、主なものを挙げれば、円に関連した問題および円と多角形の混合問題が最も多く、その他に、楕円《だえん》に関連した問題、球に関連した問題、円柱・円錐・回転体などの立体に関する問題、サイクロイドなどの曲線に関する問題、方陣や虫食い算に関する問題などが見られます。

全国的な算額分布を見てみますと、東京（江戸）が多い他、福島県や岩手県など東北地方に多く見られます。これは、会田安明《あいだやすあき》[注38]を祖とする最上流《さいじょう》の和算の影響が大きいと思われます。しかし、文献上に見るかぎり、奉納された算額はほぼ全都道府県にわたっていることから、江戸時代から明治初期にかけての日本人の数学的水準はかなり高いものであったと推測することができます。しかも、数学はほんの一握りの和算家の独占物でなく、数学愛好家とでも言える層はかなり厚かったのではないかと思われます。

---

（注1）「算盤」という言葉は、計算器具としての「ソロバン」を意味する他に、算木を置く布や板などを意味する。ここでは前者の意味で使用する。

（注2）算木とは、主として竹を材料としたマッチ棒のようなもので、あらかじめ区割りされた布

や板（算盤）の上に置いて計算を進める道具のこと。

（注3）倭冦とは、朝鮮半島や中国大陸の沿岸海域で略奪などをした海賊（日本人）のこと。

（注4）文禄の役とは、１５９２年、豊臣秀吉が仕掛けた朝鮮半島への侵略戦争のこと。15万余の軍勢を送り込んだと言われる。なお、１５９７年にも同様の侵略を行ったが、これは「慶長の役」と呼ばれる。

（注5）昭和10年度から使用された『尋常小学算術』の第4学年で導入された。時の文部省図書監修官塩野《しおの》直道《なおみち》（１８９８－１９６９）の考えによる。

（注6）この拝領算盤の発見は全国珠算教育連盟発行の「全国珠算新聞」（第６０８号、平成26年11月1日）に報じられている。

（注7）毛利重能（16世紀末～17世紀初め）現在の西宮《にしのみや》市の出身。日本における珠算の祖とも言える。『割算書』以外にも『割算極意』『秘伝書』を著したと言われるが、残存していない。

（注8）『割算書』という書名は通称であって、そもそも固有の書名があったかどうか定かでない。なお、著者名は不明だが、『割算書』以前に刊行された『算用記』（１６００頃）が日本最初の数学書と言われている。

（注9）現在は西宮市の東、甲子《こうし》園《えん》あたり。瓦林は現在の熊野《くまの》町であり、熊野神社の境内には毛利重能の顕彰碑が建立されている。

（注10）角倉了以（１５５４－１６１４）安土桃山時代から江戸時代にかけて、朱印船貿易や河川土木事業などに活躍した有力豪商。京都市の富裕な商家に生まれ、江戸幕府の命により、現在のベトナムとの貿易を進めた。これによって得た莫大《ばくだい》な利益で、53才の時、半年余りかけて大堰川（保津川下流）の開削を行った。続いて富士《ふじ》川《がわ》でも同様の工事を行った。さらに、

鴨川に並行して京都から伏見《ふしみ》に至る細い運河を掘り、これを通って淀川《よどがわ》につながる水上交通路を開いた。これによって、大坂まで荷物を運ぶ舟の行き来が盛んになった。この運河が高瀬川である。

(注11) 湯川秀樹（1907－1981）物理学者。1949年、中間子論によって日本人として初めてノーベル物理学賞を受賞。日本の素粒子物理学において指導的役割を果たした。

(注12)「目」は「匁」のこと。J・ロドリゲス（1561－1634）の『日本大文典』（1604～8刊）によれば、「一位の数値がゼロのときは『匁』と言わないで『目』という」とある。

(注13) $\frac{\pi}{4}$の値を「円積率」という。$\pi = 3.14$とすれば、$\frac{\pi}{4} = 0.785$となる。

(注14) 今村知商（17世紀中頃）『竪亥録』（1639）の序文によれば、河内国《かわちのくに》（大阪府東部）の出身のようである。1640年には『因帰算歌』を刊行した。

(注15) 高原吉種（17世紀）関孝和の師という位置づけがなされているが、そうではないという説もある。

(注16) 村松茂清（1608頃－1695）播州赤穂《ばんしゅうあこう》の浅野《あさの》内匠頭《たくみのかみ》に仕えた。その養子秀直《ひでなお》、その子高直《たかなお》の2人は赤穂四十七士の義挙に加わった。『算俎』は1663年刊行。

(注17) 中西正好（17世紀後半）池田昌意の弟子。江戸糀町（麹町《こうじまち》）に住し、荒木村英より天元術を学んで、中西流を建てたと言われる。中西流は関西方面および仙台《せんだい》に伝わった。

(注18) 吉田光由（1598－1672）幼名は與七《よしち》、後に七兵衛と改め、入道して久菴《きゅうあん》と号す。諱《いみな》（実名）は光由。寛永11年版『塵劫記』を刊行した後、熊本藩主細川忠利《ほそかわただとし》に招かれ、数学を教授した。その後、国東《くにさき》半島にある村の庄屋隈井《くまい》吉定《よしさだ》に厚遇されて教場を得た。吉田光由

の墓はこれまで生地の京都嵯峨にはなく，大分県西国東郡《にしくにさきぐん》香々地町《かかじちょう》夷《えびす》（当時）の共同墓地内にあると言われていた。理由は定かではないが，光由が切支丹と関わりを持ったからという説もある。しかし，平成24年11月22日の京都新聞の記事によれば，光由の墓と思われる墓石が角倉家・吉田家の菩提寺《ぼだいじ》である京都嵯峨・二尊院《にそんいん》の墓地内で発見されたという。詳しくは私家版『探訪・吉田光由之墓』を参照。

（注19）角倉素庵（1571－1632）角倉了以の息子。陶芸・蒔絵《まきえ》などの幅広い芸術活動を行った本阿弥《ほんあみ》光悦《こうえつ》（1558－1637）と交流があり光悦本（角倉本・嵯峨本）の出版に成果をあげた。

（注20）福田理軒（1815－1889）幕末・明治期の和算家で、洋算も学ぶ。洋算の入門書である『西算速知』（1857）を刊行した。

（注21）嵯峨本とは、近世初頭、京都の嵯峨で本阿弥光悦やその門下の角倉素庵が刊行した木活字の豪華本。ほとんどが伊勢《いせ》物語・徒然草《つれづれぐさ》・方丈記・百人一首・観世流謡曲など国文学作品で、用紙や装丁には美しいデザインと工夫がこらされている。角倉本。光悦本。

（注22）遺題に解答した書は、『参両録』以外にも初坂重春《はつさかしげはる》の『円方四巻記』（1657）や礒村吉徳《いそむらよしのり》の『算法闕疑抄』（1659）がある。

（注23）山田正重（17世紀後半）は目標を『塵劫記』に置き、それよりすばらしい算書を刊行しようとして『改算記』を著した。実際、『塵劫記』に次いでベストセラーとなった。

（注24）沢口一之（17世紀後半）は天元術を初めて正しく理解したと言われ、『古今算法記』は天元術を解説した書ともなっている。そして、天元術では解けない多元高次連立方程式などに導かれる問題などを遺題15問として巻末に出題した。

（注25）関孝和（1642頃－1708）幕臣内山七兵衛永明の第2子として生まれる。生年は定かでないが、1642年あるいはその2、3年前と推定される。生地も上州藤岡《じょうしゅうふじおか》か江戸かの2説ある。出《い》でて関家を継ぎ、甲府《こうふ》宰相綱重《つなしげ》（家光《いえみつ》の子、4代将軍家綱《いえつな》の弟、5代綱吉《つなよし》の兄）及びその子綱豊《つなとよ》に仕えて勘定吟味役となる。綱豊が5代将軍綱吉の世子となって、西之丸《にしのまる》に入るや、孝和も従って幕府の士となった。1708年10月24日没し、牛込七軒寺町《うしごめしちけんてらまち》（現在の弁天《べんてん》町）浄輪寺《じょうりんじ》に葬られた。

（注26）点竄術という名前は内藤政樹《ないとうまさき》（上総《かずさ》佐《さ》貫《ぬき》城主内藤義英《よしひで》の長男、出でて磐城平《いわきたいら》藩内藤義稠《よししげ》の養子となり、のち日向国延岡《ひゅうがのくにのべおか》に移封された）の命名によるもので、関孝和の時代には「帰源整法」と呼ばれていた。

（注27）建部賢弘（1664－1739）徳川《とくがわ》8代将軍吉宗《よしむね》の天文・暦学の顧問格でもあり、日本総図の作成を吉宗から命じられ、1723年にこれを完成している。彼の全20巻にもおよぶ大著『大成算経』（1710）での内容は和算全般に及んでおり、和算に関するかくも組織的な編纂書はその後においても見られない。

（注28）ホーナー（Horner、1786－1837）の方法とは、数字係数方程式の実根の近似値計算法のこと。ホーナーが発表したのは1819年だから、関孝和の発見はそれに先立つこと135年前ということになる。

（注29）18世紀初頭に刊行されたヤコブ・ベルヌーイ（1654－1705）の遺著で公表されたベルヌーイ多項式の係数に関わる本質的部分の数をベルヌーイ数と言う。

（注30）矢とは、円の弦の中点から円周に向けて垂直に立てた線分のこと。

（注31）荒木村英（1640－1718）関流第2伝・松永良弼の「机前雑記」なる写本中にある

「荒木先生茶談」は村英の雑談を書き留めたものであり、関孝和以前の和算に関する内容を知る最も古い記録となっている。

（注32）松永良弼（１６９２頃－１７４４）日向延岡藩内藤家の文書によれば、久留米《くるめ》藩の浪人であったが、のち江戸に出て、１７３２年内藤家に召し抱えられた。良弼は関流和算を整理大成した人で、点竄術を確立するとともに、円周率の値を51桁まで正しく算出した。これが日本人の計算した最も詳しい値。

（注33）角術とは、正多角形に現れる諸量の間に成り立つ関係式を見出す術のこと。

（注34）山路主住（１７０４－１７７２）初め中根元圭《なかねげんけい》に学び、後に久留島義太《くるしまよしひろ》と松永良弼に師事した。これによって、当時の関流和算のことごとくを身につけた。これを仙台藩士戸板保佑《といたやすすけ》に伝え、和算の全集とも言うべき『関算四伝書』５００巻を編集させた。また、久留米《くるめ》藩主有馬頼徸《ありまよりゆき》に関流和算を伝授した。

（注35）安島直円（１７３２－１７９８）江戸芝《しば》の新庄《しんじょう》藩邸に生まれる。山路主住の門に入り、皆伝を得た。幾何図形のほか、円理、綴術、対数なども研究した。

（注36）藤田貞資《ふじたさだゆき》（１７３４－１８０７）武蔵国本田《むさしのくにほんだ》村の本田親天《ほんだちかひろ》の第3子として生まれたが、大《やま》和《と》新庄藩の藤田定之の養子となる。山路主住の暦作観測の手伝として幕府に召されたが、後に有馬頼徸に召し抱えられた。著書に『精要算法』（１７８１）、算額の問題84問を収集した『神壁算法』（１７８９）がある。藤田嘉言（１７７２－１８２８）は貞資の息子。父の指導を受けて『続神壁算法』（１８０７）を刊行した。

（注37）算額の大きさ、形は種々ある。失われた算額も含めると、その総数は不明だが、２０００面を優に超えるのではないか。

（注38）会田安明（１７４７－１８１７）出身地である最上国《もがみのくに》山形に因《ちな》んで、自分の流派を最上流《さいじょうりゅう》と称した。郷里の岡崎安之《おかざきやすゆき》に学んだ後、江戸に出て、幕府の御普請役を務め、利根川《とねがわ》筋の治水工事などに従事した。安明は点竄術を天生法《てんしょうほう》と名づけ、『算法天生法指南』（１８１０）を刊行した。編集した算書は１３００巻を超えるという。

［図１］『日本珠算史』社団法人全国珠算教育連盟編　暁出版より
［図２］公益社団法人　全国珠算学校連盟ホームページより
［図３］雲州堂・日野和輝社長より提供
［写真１］日本学士院提供

# 5　中世ヨーロッパの数学(注1)

## フィボナッチの『算盤の書』

フィボナッチ(注2)は、12〜13世紀における中心的な商業都市であり、斜塔で有名なイタリアのピサ市に生まれ、本名をピサのレオナルドと言います。

彼はエジプトからシリア、ギリシア、シシリーなどを旅行し、アラビア数学を学ぶ機会を得たのですが、そのアラビア数学が当時の中世ラテン世界でのそれよりもはるかに優れていることを知り、その内容を伝えるために『算盤の書』(注3)（1202年）を著したと言われています。この著作はヨーロッパにインド・アラビア数字を輸入するとともに、新しい算術や多くの数学的知識を伝えたことで知られています。

フィボナッチ

この著作の著者名として「Leonardo filio Bonacij Pisano」(注4)と書かれていますが、ここに見られる「filio Bonacij」から、後に彼のことを「フィボナッチ」と呼ぶようになったようです。この『算盤の書』は全部で15章から成っていて、第1章は「インド・アラビア数字の読み方と書き方」で、続いて整数の加減乗除、分数計算、応用問題、平方根・立方根などが扱われています。

第12章は「いろいろな問題」となっていて、全体の$\frac{1}{3}$を占めており、1次不定方程式に関する問題のほか、等差数列・等比数列・平方数列などが扱われています。そして、その中の1つに、「一対の子兎がいる。子兎は1ヶ月たつと親兎になり、その1ヶ月後に一対の子兎を生むようになる。どの対の兎も死なないものとすれば、1年後には何対の兎がいることになるか」という「兎の問題」があります。この問題では、兎の対の数は、

1、1、2、3、5、8、13、21、34、55、89、……

という数列を作るのですが、この数列は「フィボナッチ数列」と呼ばれ、数列を作っているそれぞれの数が「フィボナッチ数」と呼ばれているのです。この数列は隣り合う2数の和が次の数になるというおもしろい性質を持っています。

今、$n$番目のフィボナッチ数を(注5)$f_n$と書くことにすれば、

$$f_1 = 1, f_2 = 1, f_n + f_{n+1} = f_{n+2}$$

という式が成り立つことになります。隣り合う2つのフィボナッチ数の比の値を計算してみますと、34、55では$\frac{55}{34} = 1.617\cdots$となり、55、89では$\frac{89}{55} = 1.618\cdots$となって、次第

に1.618…という値に近づいていくように思われます。

実際に計算してみますと、$\frac{1+\sqrt{5}}{2}$ という値に近づいていく(注6)のですが、この値は「ピュタゴラス学派の徽章《きしょう》」の項で現れていた「黄金比」であることがわかります。このように華麗な名称が付けられているのは、この値が古代ギリシアに始まるヨーロッパの美の伝統の中に潜む数だからなのです。

端的な例として長方形を例にとってみましょう。［図1］のように、短辺の長さを1としたとき、長辺の長さが $\frac{1+\sqrt{5}}{2}$ であるよ

［図1］

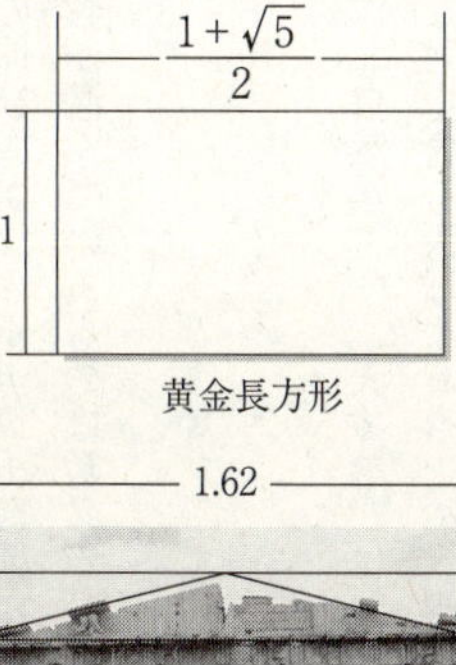


黄金長方形

パルテノン神殿

［図2］

ミロのヴィナス

うな長方形は「黄金長方形」と呼ばれていて、西洋における建築、彫刻、絵画などに多用されているのです。たとえば、古代ギリシアの代表的な建築物であるパルテノン神殿は、屋根が復元されたとして、正面の縦と横の長さの比が黄金比になっています。(注7)

また、エーゲ海のギリシア領ミロ島の土中から1820年に発見され、フランス政府が買いとったミロのヴィナスにも黄金比が見られます。ヴィナス像では、頭頂からへそのくぼみまでが1（80.6 cm）に対して、へそのくぼみから踵《かかと》までが1.62（130.6 cm）の長さになっているのです［図2］。

フィボナッチ数は自然界にも姿を現します。たとえば、マツボックリやひまわりには渦巻きが見られますが、左の巻数と右の巻数はフィボナッチ数となっていますし、キク科の多年草であるオオバナノコギリ草は、枝の伸び方がフィボナッチ数列にしたがっていると言われます。このように、フィボナッチ数が潜んでいるものは数多くあり、その不思議さには心を奪われます。

## アリストテレスの運動論

アリストテレスは、自然学に関する著作『自然学』や『天体論』において、(注8)世界を2つに大別しています。すなわち、太陽や月などを含む天球よりも上の世界と下の世界に分けているのです。前者を「天界」、後者を「月下界」と呼びます。そして、月下界における運動には、他から力を加えられない「自然的運動」と、そうでない「強制的運動」の2つがあると考えられています。

自然的運動とは、物質の本性にしたがって生じる運動のことで、「軽さ」による「上への運動」と、「重さ」による「下への運動」の2種類があるとされています。(注9) たとえば、石が落下するのは、石が持つ「重さ」という本性にしたがっていると解釈され、逆に、石が上へと運動するのは、何か強制的な力が働いてそうさせられているのだと考えられているのです。

アリストテレスの運動論では、運動が生じるには必ずその動因がなければならないとされ、自然的運動においては、それは運動体自身の重さ（あるいは軽さ）ですが、強制的運動においては物体に接触する外的な原動者の働きかけだと考えられています。つまり、運動は運動させるもの（原動者）が運動するもの（物体）に接触して、常に物体に直接的作用を及ぼすかぎりにおいて存在するという考えがアリストテレス運動論の根底にあると言えます。

以上のような運動論が『自然学』第7巻において展開されるのですが、この巻の第5章において、有名なアリストテレスの運動方程式についての記述が見られ、動かすもの（原動者の力）を$f$、動かされるもの（物体の重さ）を$m$、動かされ終えた距離を$s$、要した時間を$t$としますと、$f = m \cdot \frac{s}{t}$と表現されます。さらに、$\frac{s}{t}$を速さ$v$で置き換えますと、$f = mv$となりますが、これがアリストテレスの運動方程式と呼ばれているものです。[注10]

力学を完成させたニュートンによって確立された運動の第2法則、$f = m\alpha$と比較してみると、その違いがくっきりと浮かび上がってきます。つまり、アリストテレス運動論からニュートン力学への移行は、

物体の《速度》は、その物体に加えられた力に比例する。

⇩

物体の《加速度》は、その物体に加えられた力に比例する。

のように、わずかに「加」という1文字をつけ加えるだけのことに集約されてしまうのです。そして、これだけのことに、実に2000年という歳月を必要としたのです。

アリストテレス運動論には、当初から2つの問題点が含まれていました。アリストテレス以来、この2つの問題点を解決するためにさまざまな試みが続けられましたが、結論的に言えば、これらの問題点はニュートン力学の完成を待たなければ基本的に解決されない内容のものなのです。それは次のようなものでした。

第1は、アリストテレス運動論によれば、物体の運動は原動者の直接的な接触作用によって生じるとされているのですから、たとえば投げ出されたボールが原動者の手から離れると運動は消滅するはずなのに、手から離れた後もなおしばらくは運動が持続するのはなぜかという問題です。第2は、アリストテレス運動論では、物体の速さは物体の重さに比例するとされるのですが、自由落下では、ある落体についての重さは一定なので落下の速さも一定であるはずなのに、実際には、落下するに従って速さは増していくのはなぜかという問題です。これらの問題に対する古代の説明はいくつかありますが、そのうちの1つを紹介しましょう。

第1の問題に対しては、手から離れた後の運動を維持するものとして、媒体すなわち空気の作用が持ち出されます。つまり、原動者の力によって物体と空気が同時に動かされ、動かされた空気はまわりの空気に次々と伝達され、空気の推進力によって物体は運動を続けるというのです。また、第2の問題に対しては、物体が落下していくと、それに抵抗する下の空気の層がだんだん薄くなるから、それだけ抵抗が減り、そのために一層速くなるというのです。

これらは、いずれも空気の存在を前提にしているわけで、言い換えれば、「真空」の否定を意味しています。実際、アリストテレスは『自然学』第4巻第6～9章で「空虚はいかなる仕方においても存在しない」という論を展開しています。そして、真空の否定はアリストテレスの運動方程式とも関わっています。

先の運動方程式はより正確には次のように表現されます。つまり、物体の速さ（$V$）は原動者の力（$P$）が一定ならば抵抗（$R$）に反比例し、抵抗が一定ならば原動者の力に比例するのです。したがって、$V \propto \frac{P}{R}$（『自然学』第7巻第5章）と表現されます。もちろん、これは先のアリストテレスの運動方程式と同値です。そこで、比例定数を$k$とします と、$V = k\frac{P}{R}$となりますので、今後は、この式をアリストテレスの運動方程式と呼ぶことにします。

さて、真空がもし存在するとすれば、そこには一切の抵抗は存在しないことになるでしょうから、$R=0$と考えられます。すると、運動方程式の分母が0ですから、速さ$V$は無限大になります。つまり、真空においては、物体は無限大の速さを持つことになり、物体の場所移動は瞬時にして行われることになります。したがって、ある物体が地点Aに存在すると同時に、他の地点Bにも存在することになり、明らかに矛盾です。だから、真空は存在しないと考えられたわけです。

しかし、古代のこのような考え方に満足せず、運動論に関する新しい一歩を踏み出したのが6世紀前半のフィロポノス(注11)だったのです。

## フィロポノスの運動論

アリストテレス運動論においては、真空中の運動はありえないとされたのですが、フィロポノスは、その場合にはむしろ媒体の抵抗によって邪魔されない「純粋な運動」が実現されると考えるのです。フィロポノスの『アリストテレス自然学注釈』第4巻第9章における説明を見てみましょう。

運動体が真空中を1スタディオンの距離だけ進むためには必然的にある時間（仮に1時間とする）を要しますが、その1スタディオンの距離が水で満たされていたと仮定しますと、運動はもはや1時間ではなされずに、この媒体の抵抗（媒体の密度の大きさによって測定される）のために、ある「付加的時間」がつけ加えられるというのです。そして、水を薄くしていって空気に変えるとし、空気が水の半分の濃さであるとすれば、媒体をかき分けるのに要する時間はそれに比例して減少するとフィロポノスは説明するのです。

このように、真空中では「純粋な運動」が実現され、その運動に要する時間が「本来的時間」であると考え、媒体中での運動に要する時間はその抵抗に抗するため、「本来的時間」に「付加的時間」がつけ加えられねばならないと考えるのです。このフィロポノス運動論を定式化すると次のようになります。

今、$V_0$を真空中の速さ、$T$を本来的時間、$S$を距離としますと、$V_0 = \frac{S}{T}$となります。

また、$V_\alpha$ を媒体 $\alpha$ 中の速さ、$R$を媒体の抵抗、$t$を付加的時間としますと、$V_\alpha = \frac{S}{T+t}$ となります。ところで、付加的時間 $t$ は媒体の抵抗 $R$ が大きいほど大きくなりますから、$t \propto R$ と考えられ、$t = kR$（$k$は比例定数）としますと、$V_\alpha = \frac{S}{T+kR}$ となるわけです。ここで、$R$を自変数、$V_\alpha$ を従変数と見て、式変形すると、

$$V_\alpha = \frac{S}{T+kR} = \frac{S}{k\left(R+\frac{T}{k}\right)} = \frac{\frac{S}{k}}{R-\left(-\frac{T}{k}\right)}$$

となって、漸近線が $R = -\frac{T}{k}$ の双曲線を描く分数関数となります［図3］[注12]。

このように、フィロポノスが真空中の運動を認めたのは、アリストテレス運動論の1つの枠組みを打ち破った

［図3］

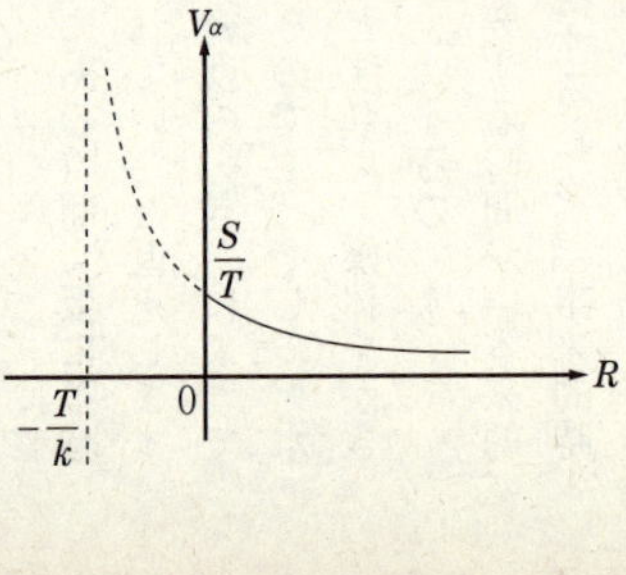

画期的なものと言えます。しかし、真空中の運動を認めてしまうと、もはや運動の推進者としての媒体を用いることができなくなってしまいます。たとえば、アリストテレス運動論において問題点とされた投射体の問題について、媒体の作用を持ち出すことができなくなってしまうのです。

そこで、フィロポノスは「非物体的運動力」という概念を導入するのです。つまり、投げるものから投げられるものの中へ非物体的運動力が刻み込まれ、原動者の手から離れた後も、この刻み込まれた運動力によってその運動が持続されるというのです。こうして、投射体の運動が直接的接触を介しないで説明され、このとき、空気は物体の運動の推進にまったく関与せず、ただ抵抗としてのみ作用するとされるのです。

さらにフィロポノスは、「あまり重さの違わない2つの物体――たとえば、その1つの重さが他の2倍であるぐらいの――を落とした場合は、落下時間の差異はまったくないか、あるとしても知覚できないぐらいの差しかない」という観察によって、「重いものほど速く落ち、軽いものほど遅く落ちる」というアリストテレスの考えを批判し、自由落下の問題においても、アリストテレス運動論からの脱却をはかったのです。

## インペトゥス理論

中世の「インペトゥス理論(注13)」は14世紀の西欧ラテン世界においてその成立を見るのです

が、14世紀の運動論には大きく2つの流れがあります。その1つはトマス・ブラドワーディン(注14)を中心とするオックスフォード学派と呼ばれますが、彼らはその拠点をオックスフォードのマートン・カレッジに置いていたので、マートン学派とも呼ばれます。オックスフォード学派の特徴は、運動の本質に関する理論的研究よりも、むしろアリストテレス運動論の定式化の持つ数学的難点の克服をめざし、運動論の数学的・計算的問題にもっぱらその精力を注いだことにあります。

これに対して、もう1つの流れはジャン・ビュリダン(注15)を中心とするパリ学派で、この学派の特徴はアリストテレス運動論の2つの問題点に象徴されるような運動論の自然学的難点に目を向けたことです。彼らは運動そのものの基礎原理に透徹した省察を試み、動力学の分野に「インペトゥス」という新たな概念を導入したのです。

ジャン・ビュリダンは『自然学8巻問題集』において、「投射体は投射者の手から離れた後は空気によって動かされるのか、あるいは何によって動かされるのか」と問題提起したうえで、空気は投射体によって分割されねばならないので、むしろ投射体に抵抗するように思われるという理由によって、空気によってではないと論じるのです。空気の作用説を批判した後、ビュリダンは、

「それゆえ私は、動者は動体を動かす際、それにある種のインペトゥス、あるいはある種の原動的な性能を込めるのであり、このインペトゥスによって、動体は上方にであれ、

下方にであれ、横方向にであれ、あるいは円状にであれ、動者がそれを動かした方向に動かされるのであると言わねばならないように思われる。

そして、動者がその動体をより速く動かせば動かすだけ、それだけ強いインペトゥスをそれに込めるのである。そして、石は投射者が動かすのを止めた後は、このインペトゥスによって動かされるのである」

と述べて、「インペトゥス」という概念を導入します。そして、空気の抵抗のために、またインペトゥスが動かそうとするのと反対の方向に向かわせる石の重さのために、そのインペトゥスはたえず弱められ、次第に減少するか、あるいは消滅してしまうと、石の重さがインペトゥスに打ち勝ち、石は自然的な場所へと動くことになるというのです。

しかし、もし空気の抵抗や反対の運動への傾向によって妨げられないなら、インペトゥスは無限に持続するとされます。このインペトゥスの恒久的性格こそ、後に近代の慣性原理(注16)の先駆とされたものにほかなりません。なぜなら、このインペトゥスが永久に保存されるなら、反対の運動や抵抗のない限り、等しい速さで無限に運動すると考えられるからです。しかし、近代力学における慣性原理とインペトゥス理論におけるそれとは、次の2点において本質的な相違があります。

第1に、近代の慣性原理では、《何ら力が働かない》ことによって、その一様運動（あるいは静止）が保たれるのに対して、《常にインペトゥスという力が働く》ことによって一様運動が保たれるのです。第2に、近代力学では、ひとたび運動させられたものは、他から力が加わらない限りその一様運動をそのまま保持するとされるのに対して、インペトゥス理論では、物体は他から力が加わらない限り、ただちに静止に戻ろうとすると考えられているのです。

このように、一様運動と静止とを同等に置き、両者を相対的なものと見る近代力学に対して、インペトゥス理論においては、静止こそ物体の究極的な本質であるとされるという点で、両者は根本的に異なる思考様式の上に成り立っているのです。

次に、自由落下における速度増加という問題はインペトゥス理論によってどのように説明されるのかを見てみましょう。この問題について、ビュリダンは『天体・地体論4巻問題集』において、

「重いものは、その主要な原動者つまり重さからその運動を得るだけでなく、永続的な自然的重さとともに、この重いものを動かす性能を持つあるインペトゥスをその運動とともに獲得すると想像しなければならない。そして、そのインペトゥスは一般に、運動にあたって獲得されるものであるから、運動が速ければ速いほど、それだけインペトゥスは大きくかつ強い」

と述べています。

つまり、ある物体は初めはその自然的重さによってのみ落下するので遅いのですが、そ

の後は、同じ重さと同時に獲得されたインペトゥスとによって落下するので、より速く落下することになるのです。そして、運動がより速くなされると、インペトゥスもより大きくかつ強くなるので、一層落下は速くなると考えられるのです。このようにして、自由落下における速度増加が生じると説明されるのです。

このインペトゥス理論による説明を見ると、自由落下における連続的加速に関するペリパトス学派[注17]の伝統的な説明——すなわち、落下によって、物体は自分の本来の場所により近づくから、故郷に近づいた旅人の足取りが一層速まるように加速が生じる——といった比喩的説明よりもずっと科学的思考を貫こうとしていると言えます。

## 質の量化とグラフ表示

ニコール・オレム

パリ学派のビュリダンのインペトゥス理論を受け入れながら、同時にオックスフォード学派の数学的理論をも継承した人にニコール・オレム[注18]がいます。彼はビュリダンのように「込められた力」としてのインペトゥスとは少し違って、運動体に内在せしめられた一種の「付加的性質」としてインペトゥスを考え、これに「駆動性」なる名称を与えています。

オレムの最大の業績は、「性質」はすべて数学的分量として表現されるものとし、「駆動性」のような質の強度変化をグラフによって表現する方法を案出したことです。これは、質と量はまったく別のカテゴリーに属するもので、両者の間の関係を認めないアリストテレス理論とは根本的に異なる考え方であることがわかります。

オレムによるグラフ表示の方法は、水平線によって「運動の通過した距離または時間の拡がり」を表し、垂直線によって「与えられた点におけるインペトゥスや速度などの強度」を表すというものです。たとえば、垂直線がある時点での速度の大きさを示すとすれば、その上端をつないでいくと、［図4］のようなグラフができるわけです。

オレムが『性質の図形化について』という著書[注19]の中で、このグラフ表示を利用しながら、マートン・ルールに対する幾何学的証明を行ったことは有名です。つまり、［図5］において、線BAが時間を、またBAの上に立てられた垂線が速度を表すものとされ、3角形CBAが4角形AFGBに等しいことが示

［図5］

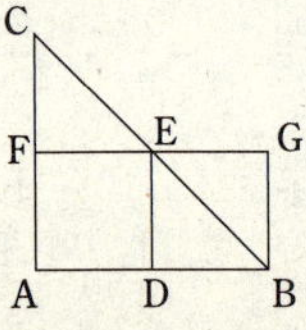


［図4］

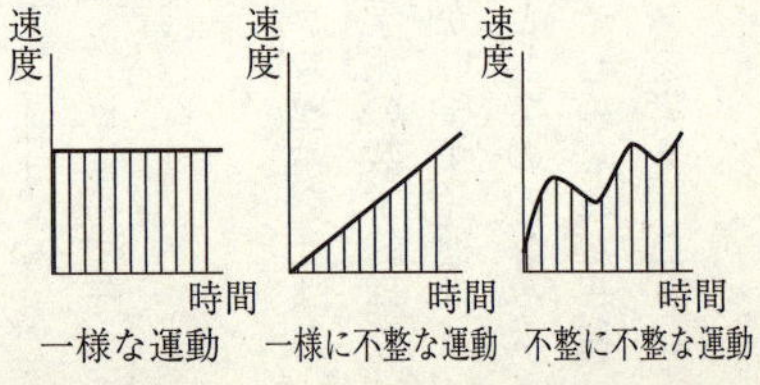

されるのです。このグラフを見ると、いわゆる「面積図」、つまり面積によって通過距離が表されるという図式が思い起こされます。

オレムにおけるいわゆる「質の量化」とそのグラフによる表現は、種々なる物理量の数学的処理を可能にし、ガリレオの『新科学対話』の方法的中核をなす力学的問題の幾何学的証明への道を拓《ひら》いたとも言えるでしょう。このようにして、14世紀の中世運動論はガリレオによる近代力学成立を種々の面から準備していったのです。

---

（注1）本章の中世運動論については、その多くを伊東俊太郎氏の『近代科学の源流』（中央公論社、１９７８年）に負っている。

（注2）Fibonacci（１１７０－１２５０）イタリアの数学者。初等教育をアルジェリアで受け、アラビア人たちの算術と代数に熟達した。著書に『平方の書』（１２２５）もある。

（注3）『算盤の書』はソロバンに関する書ではなく、インド・アラビア数字にもとづく筆算に関する書。

（注4）訳すと、「ピサに住むボナッチの息子であるレオナルド」となる。

（注5）この漸化式を解くと、$f_n = \frac{1}{\sqrt{5}}\left\{\left(\frac{1+\sqrt{5}}{2}\right)^n - \left(\frac{1-\sqrt{5}}{2}\right)^n\right\}$ となる。

（注6）$\lim_{n \to \infty} \frac{f_{n+1}}{f_n}$ を計算すればよい。

（注7）短辺を1としたとき、長辺が$\sqrt{2}$となる長方形を「$\sqrt{2}$長方形」と言い、日本の美の伝統に潜んでいると言われる。

（注8）他にも『生成消滅論』『気象学』などがある。

（注9）『天体論』第1巻第2章を参照。そこでは、場所的な運動として「上への運動」「下への運動」「中心をめぐる運動」の3つがあると主張されている。

（注10）$f$は「力」、$m$は「質量」、$\alpha$は「加速度」を表す。なお、第1法則は「慣性の法則」、第3法則は「作用・反作用の法則」。

（注11）John Philoponus（5世紀末〜6世紀後半）彼の著作は、哲学、修辞学、論理学、神学、数学、自然学と多方面にわたっている。最大の業績はアリストテレスの著作への注釈であり、とりわけ『自然学』への注釈は注目に値する。

（注12）$R=0$のときは、真空だから$\alpha=0$として、$V_0=\frac{S}{T}$となることは明らか。

（注13）インペトゥス（impetus）の起源は、フィロポノスの「非物体的運動力」にある。

（注14）Thomas Bradwardine（1290頃－1349）オックスフォードのマートン・カレッジで教え、後にカンタベリの大司教ともなったスコラ学者。『速度比例論』において、速度、動力、抵抗の関係について数学的定式化を試みた。

（注15）Jean Buridan（1300頃－1358）パリ大学の学長にもなったスコラ学者。彼の『天体・地体論4巻問題集』において、インペトゥス理論が初めて導入された。

（注16）近代の慣性原理は、デカルトを経てニュートンの第1法則として確立された。

（注17）ペリパトス学派とはアリストテレス学派のこと。アリストテレスが学園リュケイオンにあ

る屋根つきの回廊（建物を取りまく長い廊下、ペリパトス）を散歩（逍遥《しょうよう》）しながら弟子たちに哲学を講じたので、この名前が付けられた。また、逍遥学派ということもある。

（注18）Nicole Oresme（1320－1382）パリ大学のナヴァル学寮長にもなったパリ学派の重要人物で、ガリレオの先駆者の1人。『天体論問題集』や『天体・地体論』においてインペトゥス理論が扱われている。

（注19）マートン・ルール（マートン規則）とは、「等加速度運動における通過距離は、初速度と終速度の平均速度を持つ等速度運動が同じ時間に通過する距離に等しい」という内容で、オックスフォードのマートン学派によって定式化された。

［図1］［図2］ともに『数と図形の歴史70話』上垣渉・何森仁 共著　日本評論社より

# 第Ⅲ部　近代の数学

# 1　記号代数学の成立

## 3次、4次方程式の解法

16世紀における代数学上の偉業の1つは、何と言っても3次、4次方程式の代数的解法と言えるでしょう。それはイタリア人の手によって成し遂げられました。

16世紀の初め、ボローニャ大学の数学教授であったフェロ(注1)は、$x^3 + px = q$ および $x^3 = px + q$（$p$、$q$ は正の数）という形の3次方程式の解法を発見したと言われていますが、彼がどのようにして発見したのかはわかっていません。フェロはその解法を秘密にしていて、死ぬ前に、門下生であったフィオル(注2)に $x^3 + px = q$ の解法を教えていたようです。

フェロの解法は、いくつかの資料から、$x^3 = px + q$ については、［計算1］のようなものだったのではないかと推測されています。

当時は、互いに相手に一定数の問題を出し、それらを一定期間中に解き合うという数学試合が行われていて、その勝利者は栄誉、賞金を得るとともに、大学などに就職できる可能性もありました。これに反して、敗者はしばしばその地位を失いました。したがって、発見した解法は秘密にされることが多かったのです。

一方、3次方程式の解法が存在するという噂に刺激されて、ヴェローナで数学、力学を教授し、第一級の学者として有名であったタルタリア(注3)は3次方程式の研究に没頭し、その解法を会得したと言われています。

こうして、1535年2月、フィオルとタルタリアの3次方程式解法に関する数学試合が実施されます。試合は、双方から30題ずつ問題を出し合い、一定期間内により多く解いた者を勝ちとするというものでした。タルタリアはすべての問題を期間内に解いてしまいましたが、フィオルは期日になっても1題も解けず、タルタリアの完全勝利

[計算1]

もし未知数$x$が、平方根の和として、$x=\sqrt{a+\sqrt{b}}+\sqrt{a-\sqrt{b}}$の形で表されたとすると、両辺を平方することにより、この$x$は$x^2=(2\sqrt{a^2-b})+2a$という形の2次方程式の解ということになります。この考えを類比的に用いて、未知数$x$が$x=\sqrt[3]{a+\sqrt{b}}+\sqrt[3]{a-\sqrt{b}}$の形で表されたとします。両辺を3乗すれば、$x^3=(3\sqrt[3]{a^2-b})x+2a$となりますから、$x^3=px+q$という形の3次方程式となります。

ここで、$p=3\sqrt[3]{a^2-b}$、$q=2a$と置いて、$a$と$b$を求めれば、

$a=\dfrac{q}{2}$、$b=\left(\dfrac{q}{2}\right)^2-\left(\dfrac{p}{3}\right)^3$となりますから、

$$x=\sqrt[3]{\frac{q}{2}+\sqrt{\left(\frac{q}{2}\right)^2-\left(\frac{p}{3}\right)^3}}+\sqrt[3]{\frac{q}{2}-\sqrt{\left(\frac{q}{2}\right)^2-\left(\frac{p}{3}\right)^3}}$$

という「カルダノの公式」が得られます。

タルタリア

カルダノ

に終わりました。フィオルが解くことのできた問題は、前述したような $x^3 + px = q$ という形をした方程式だけでしたが、タルタリアは $x^3 + px^2 = q$, $x^3 = px + q$ などの形の方程式解法も会得していたようです。その後、タルタリアは3次方程式解法の研究に心血を注ぎ、1541年には、3次方程式の一般的解法を見出《みいだ》したと言われています。

タルタリアの勝利を聞いて、その解法を知りたくてたまらず、執拗《しつよう》に懇願した学者がいました。それがカルダノ(注4)です。タルタリアは最初のうちは拒否していましたが、決して他に洩《も》らさないという秘密厳守の約束のもとに、解法を伝授したのです。1539年頃のことと言われています。しかし、カルダノはその6年後の1545年に、『大なる術』(注5)という数学書を刊行し、3次方程式の解法を公表してしまいました。タルタリアはこれに激怒し、カルダノの背信行為を責めたということです。

3次方程式の解法が解決した後、次は4次方程式の解法が研究の的になりましたが、その解法に成功したのは、カルダノの弟子であったフェラリ(注6)でした。このフェラリの解法もカルダノの『大なる術』に収録されています。

ここでは、カルダノの「立方体と辺の6倍との和を20に等しくせよ」という問題を考えてみましょう。この問題は、一辺の長さを$x$としますと、立方体は$x^3$、辺の6倍は$6x$を意味しますから、$x^3+6x=20$という3次方程式を解く問題ということになります。その解法は［計算2］の通りで、この解法は一般的には、3次方程式$x^3+px=q$ $(p>0, q>0)$の解を、

$$x=\sqrt[3]{\sqrt{\left(\frac{p}{3}\right)^3+\left(\frac{q}{2}\right)^2}+\frac{q}{2}}-\sqrt[3]{\sqrt{\left(\frac{p}{3}\right)^3+\left(\frac{q}{2}\right)^2}-\frac{q}{2}}$$

と定式化したことに相当しています。

前記の方法はタルタリアからカルダノに伝えられたものですが、カルダノ自身はその後の研究によって、$x^3+px^2+qx+r=0$という一般形をした3次方程式の解法に成功しました。その解法とは、$x=y-\frac{p}{3}$なる変換によって$x^2$の項を消去して、$y^3+my+n=0$の形に直し、先のタルタリアの方法を用いるというものです。(注7)

アーベル

3次および4次の方程式の解法が得られた後に、5次方程式の解法が探し求められたことは当然の成り行きです。しか

ガロア

し、この問題はなかなか解決しませんでした。この問題の解決には、約300年が費やされたのです。ようやく19世紀になって、ノルウェーのアーベル[注8]によって、5次あるいはそれ以上の高次方程式は、一般に代数的には解けないことが証明されたのです。また、フランスのガロア[注9]は代数方程式をその根の置換からできる特殊な群（ガロア群）に結びつけて、その群の構造および可解性の研究を行いました。こうして、代数方程式の解法は群論などの研究へと発展していきました。

## 代数記号の発明

前節では、カルダノの3次方程式とその解法

[計算2]

まず、$uv=\frac{1}{3}\times 6=2$となるような$u$、$v$を用いて、$x=u-v$と置きます。このとき、与えられた3次方程式は、$(u-v)^3+6(u-v)=20$となり、整理すると、$u^3-v^3=20$となります。

次に、$uv=2$より$v=\frac{2}{u}$とし、これを$u^3-v^3=20$に代入すると、$u^6-20u^3-8=0$となるから、$u^3=\sqrt{108}+10$が得られます。同様に、$v^3=\sqrt{108}-10$が得られます。ここでは、負の解は考えられていません。以上のことから、

$x=\sqrt[3]{\sqrt{108}+10}-\sqrt[3]{\sqrt{108}-10}$となります。

を紹介しましたが、そこでは、3次方程式を「$x^3+6x=20$」と表記し、解は「$x=\sqrt[3]{\sqrt{108}+10}-\sqrt[3]{\sqrt{108}-10}$」と書きました。しかし、これらの記法は現代的なものであって、当時の代数記号はもっと込み入ったものでした。$x^3+6x=20$は「Cubus p 6 rebus aequalis 20」と書かれ、解は、

**R.** *v. cu.* **R.** 108 *p̄.* 10 | *m̄* **R.** *v. cu.* **R.** 108 *m̄* 10.

のように書かれました。

「cu」とか「Cubus」は立方の意味で「$x^3$」を表し、「p」とか「p̄」はプラスを、「m̄」はマイナスを意味しています。「rebus」は「物」という意味で、未知数を表していますし、「R」はルート「√」を意味しています。これらの代数記号を見ると、その難渋さと不便さが窺《うかが》われます。先のカルダノの記法では、未知数に「rebus」が使用されていましたが、より一般的には「物」を意味する「coss」あるいは「cosa」が使用されました。ここから、15～16世紀の代数は「コス代数」と呼ばれたりしています。

混沌《こんとん》とした状況下にあった代数記号は次第に改良されていきました。「+、−」の記号が初めて現れた印刷書はヴィッドマン(注10)の算術書（1489年）ですし、等号「=」はロバート・レコード(注11)の『知恵の砥石』（1557年）に登場します。また、根号記号はドイツのルドルフ(注12)の代数学書（1525年）に「√」のように見られますが、これが今日のような「√」になったのはデカルト以後です。乗法、除法の記号は少し遅れて、「×」はイ

オートレッド

ヴィエタ

ギリスのオートレッド[注13]の『数学の鍵』（1631年）に、「÷」はスイスのラーン[注14]の代数学書（1659年）に現れています。

こうして、代数記号は次第に整備されていきますが、さらに、数の代わりに文字を一般的に使用し、今日的な記号代数の端緒を開いたのはフランスのヴィエタでした。

### ヴィエタ[注15]の記号代数

ヴィエタの諸著作の中で、記号代数に関する特筆すべき書は『解析術入門』（1591年）であり、次のような8章から構成されています。

第1章　解析の定義と分類および zetetica への応用が有用な事柄について
第2章　方程式および比例を支配する規定について
第3章　同次元の法則および比較されるべき量の次数と種類について
第4章　記号の計算規則について
第5章　zetetica の法則について
第6章　poristic art による定理の研究について

第7章　rhetic art の作用について
第8章　方程式の記号表現と解析術へのエピローグ

ここでの「zetetica」については、第1章で説明されていて、それは「zetetic art」のことで、求めるべき量と所与量に関する定理に対して成り立つ方程式または比例を見出す方法を意味しています。また「poristic art」とは、見出された方程式または比例から初めに提示された定理が真であることを調べる方法であり、「rhetic art」とは、見出された方程式または比例に適合する値を求める方法であることが、同じく第1章で説明されています。初めの2つの方法はちょうどパッポスの「分析と総合」[注16]に対応していることがわかります。

第2章では「方程式と比例を支配するよく知られた規定を明白なこととして仮定する。これらは『原論』に見出される」として、「等しいものに等しいものを加えれば、その和は等しい」などの16個の規定が列挙されています。

第3章では、「同次元の量だけが互いに比較されるべきである」とする「同次元の法則」が述べられています。たとえば、$x^3 + 3ax = b$ においては、$x^3$ は3次元ですから、$a$ は2次元（平面）、$b$ は3次元（立体）と考えなければならないことになります。

第4章では、記号に関する計算規則（四則）が説明され、第5章で、zetetic art についての解説がなされます。この第5章において、未知量に対しては大文字母音の$A$、$E$、$I$、$O$、$U$、$Y$を使用し、既知量に対しては大文字子音の$B$、$G$、$D$などを使用することが記述されています。

　このような記号の使用によって、これまで未知数 $x$、$x^2$、$x^3$ などにそれぞれ異なった文字を用いていたのを、1つの文字 $A$（未知数）で統一して記述できるようになったのです。たとえば、今日なら「$x^3 + 3bx = 2c$」と書くべきところは、

　A cubus + B plano 3 in A, aequari Z solido 2

と記述されています。ここでの $B$、$Z$ は既知数を表しています。この書式では、3次元（立体）を意味する「cubus」や「solido」、2次元を意味する「plano」などが使用されていて、前述した「同次元の法則」に縛られていることがわかります。この呪縛《じゅばく》から解放されるのはデカルト以後になります。

　さらに、等号の代わりに「aequari」が使用されているのも古代的・中世的と言わなければなりません。[注17]このように、ヴィエタの代数は「記号的代数」と呼ばれますが、今日的な代数から見れば、まだまだ記号化のレベルは低く、むしろ「略号的代数」と呼んだ方がよいかもしれません。

　ヴィエタの記号代数をさらに発展させたのがデカルトで、彼は『方法序説』の付録である『幾何学』の中で、既知の線分には $a$、$b$、$c$、……、未知の線分には $x$、$y$、$z$、……を用いて、方程式 $z^2 = - az + b^2$ を「$z^2 \propto - az + bb$」などと書き表しています。このデカルトについては「4　解析幾何学の誕生」の章にゆずることにしましょう。

（注1）Scipione del Ferro（1465－1526）イタリアの代数学者。16世紀の最初の10年または20年の間に、3次方程式の解法を発見したと言われているが、著書もなく、手稿なども残存していない。

（注2）Antonio Maria Fior（15世紀後半～16世紀前半）イタリアの代数学者。平凡な数学者だったようで、$x^3 + px = q$という形以外の3次方程式を解くことはできなかった。

（注3）Niccolo Tartaglia（1499－1557）イタリアのブレッシアに生まれた。本名はニコロ・フォンタナ（Niccolo Fontana）。彼がまだ幼い頃、ブレッシアはフランスに攻め落とされたが、そのときフランス兵に傷つけられ、自由にしゃべることができなくなった。そのため、「どもり」という意味の「タルタリア」と呼ばれるようになった。彼は独学で読み書きを身につけ、ラテン語、ギリシア語、数学を習得した。

（注4）Gerolamo Cardano（1501－1576）イタリア・ルネサンスの代表的医師、占星術師で、代数学者。1539年には『実用算術』を出版した。また、数学においては確率論の先駆者でもあった。

（注5）『大なる術、または代数の諸法則について』は、Ars Magna（アルス・マグナ）と呼ばれる。

（注6）Ludovico Ferrari（1522－1565）イタリアのボローニャに生まれた。14歳のとき、カルダノの家に奉公に行き、数学を学んだ。フェラリが発見した4次方程式の解法はカルダノの著書『大なる術』の第39章で説明されている。

（注7）タルタリア、カルダノの公式では、根号の内に負数が現れることがあるから、ここに「虚数」の最初の形式的承認がなされたことになる。

（注8）Niels Henrik Abel（1802－1829）ノルウェーのオスロ近郊の寒村フィンドーの貧しい牧師の家に生まれた。クリスチャニア大学を卒業後、ベルリン、パリに留学し、クレレなどと親交を結んだ。一般の5次あるいはそれ以上の方程式が代数的に解けないことの厳密な証明は1826年になされた。

（注9）Evariste Galois（1811－1832）パリ近郊に生まれ、15歳頃から異常な数学的才能を示したと言われる。中学校では教師に反抗し、エコール・ポリテクニクを受験するが、2回とも不合格となり、やむなくエコール・ノルマルに入学する。しかし、政治活動をしたため放校処分となり、2回にわたって逮捕投獄される。1832年に釈放されるや、女性問題で決闘を申し込まれ、一命を落とした。

（注10）Johann Widmann（1460－1498）ドイツの数学者。ライプツィヒ大学を卒業後、同大学で代数学の講義を担当した。著書に『あらゆる商取引の敏捷で上手な計算法』（1489）がある。

（注11）Robert Recorde（1510－1558）イギリスの医者で、数学者。オックスフォードおよびケンブリッジの各大学で学ぶ。エドワード6世、女王メリーの侍医ともなった。

（注12）Christoff Rudolf（1500頃－1545）ドイツの数学者。1525年にストラスブールで代数学の教科書『Coss』を出版した。この書は1553年にミハエル・シュティフェル（Michael Stifel、1487－1567）によって再版された。

（注13）William Oughtred（1575－1660）イギリスの数学者。ケンブリッジ大学を卒業後、同大学で教える。計算尺の発明者とも言われている。

（注14）Johann Heinrich Rahn（17世紀）スイスの数学者。不等号の記号「＞」「＜」もラーンの

代数学書に見られる。

（注15）François Viète（1540－1603）フランスの数学者で、「代数学の父」とも呼ばれる。はじめは弁護士をしていたが、絶対王政の専制君主アンリ4世の顧問官にまで登りつめた政治家であった。また、円周率に関する次の無限乗積（ヴィエタの公式）を見出した最初の人でもある。

$$\frac{2}{\pi}=\sqrt{\frac{1}{2}}\cdot\sqrt{\frac{1}{2}+\frac{1}{2}\sqrt{\frac{1}{2}}}\cdot\sqrt{\frac{1}{2}+\frac{1}{2}\sqrt{\frac{1}{2}+\frac{1}{2}\sqrt{\frac{1}{2}}}}\cdots$$

（注16）本書第I部第8章の「分析と総合」を参照。

（注17）本書第I部第5章の「ディオファントスの『数論』」を参照。

## 2　近代力学の形成(注1)

### 初期のガリレオ運動論(注2)

ガリレオ・ガリレイは落下法則の発見などによって、近代力学の基礎を確立した科学者としてよく知られています。彼の研究活動の時期は［表1］のように大きく4つに分けることができます。

ガリレオ

ピサ時代の代表的著作『運動について(注3)』で注目すべきことは、ガリレオの近代力学形成において重要な役割を演じるアルキメデスの方法や概念を採用し、これをもってアリストテレス運動論克服の突

[表1]

| | 時期 | 年代 | 仕事の内容 | 主要著作 |
|---|---|---|---|---|
| 第1期 | ピサ時代 | 1589－1592 | 準備期 | 『運動について』 |
| 第2期 | パドヴァ時代 | 1592－1610 | 力学形成期 | 『レ・メカニケ』<br>「サルピ宛書簡」 |
| 第3期 | フィレンツェ時代 | 1610－1633 | 天文学期 | 『星界の報告』<br>『偽金鑑識官』<br>『天文対話』 |
| 第4期 | アルチェトリ時代 | 1633－1642 | 力学完成期 | 『新科学対話』 |

破口としたことにあります。

ガリレオは『運動について』第8章において、物体の速度は物体の密度から媒体の密度を差し引いたものに比例すると述べています。この運動論を定式化してみると、$V$を速度、$P$を物体の密度、$M$を媒体の密度、$k$を比例定数として、$V=k(P-M)$と表されます。アリストテレスの運動方程式が$V=k\frac{P}{R}$のように比の形で表現されたのに対して、ガリレオの運動方程式は差の形で表現されるのです。

アリストテレスの運動方程式では、$R=0$すなわち真空中では速度は無限大になり、時間を要する運動は

生じないとされましたが、ガリレオの運動方程式ではそのようにならず、真空中の運動も容認されているのです。しかし、ガリレオは『運動について』第10章において、「真空に重さはないので、真空の重さに対する可動体の重さの超過分とは可動体自身の重さ全体となる。したがって、可動体はその全体の重さに応じた速さで運動するはずである」と述べているように、真空中での運動についてはまだ正しい認識には至っていませんでした。

さらに、落下速度が $V = k(P - M)$ で示されるなら、落下運動は常に等速であるはずなのに、実際には加速されるのはなぜかという問題についても、ピサ時代のガリレオは正しく解決できず、中世のインペトゥスとほぼ同じ概念「込められた力」をもって説明しているにすぎません。

この事情は投射体の問題でも同様です。ガリレオ研究者として有名なスティルマン・ドレイク(注4)も、『運動について』を読むと、14世紀中葉のパリのジャン・ビュリダンの講義を聞いているような気がすると述べています。

以上のようなわけで、ピサ時代のガリレオはアリストテレス運動論以来の問題点については、ほぼ中世のインペトゥス理論のレベルにとどまっていたと言えるでしょう。

## アルキメデスに学ぶ

ガリレオがその運動方程式を定式化した背景にアルキメデスの「浮体論(注5)」があったこと

は、『運動について』第5章において「水より軽いものは完全には沈みえないこと」の証明が示されていることや、第8章の記述から見て明らかです。つまり、物体と媒体との関わりを、水中での物体をいわばモデルとして考え、この考えを空気中の物体などにも応用させたと思われるのです。

ガリレオは「重さ」や「軽さ」をアリストテレスのように物体の絶対的属性としてではなく(注6)、媒体との相対的な関係によって定まるものとし、しかもこれを両者の密度の差として、実験的に検証可能な定量的尺度の下に置き、アルキメデスの流体静力学を、速さと重さの比例関係を介して動力学化したと言えるでしょう。

ガリレオがその力学をアルキメデスの静力学における概念を動力学化して形成していった端的な例として、いわゆる斜面上の運動を挙げることができます。ガリレオは『運動について』第14章において、傾きの異なる斜面上での運動の速さの比について論じています。そこでは、天秤《てんびん》につるされた錘《おも》りという静力学的な場合を動力学化しながら、斜面の傾斜が大きいほど物体の速さも大きいということを証明しているのです。その証明の概要は以下の通りです。

ガリレオは［図1］のように、天秤CDを考え、天秤の

［図1］

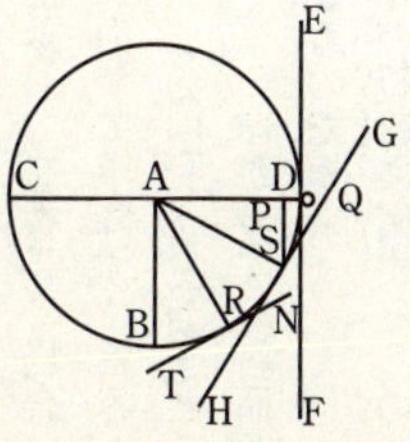

腕ADが点Dを出発して点Bの方向に動く場合を考えます。天秤AD、天秤AS、天秤ARの3つの場合を考えますと、最初の場合は物体はEFに沿って下降し、2番目の場合は物体は斜面GHに沿って下降し、3番目の場合は物体は斜面NTに沿って下降するとみなせます。そして、この3つの場合の物体の速さをそれぞれV(EF)、V(GH)、V(NT)と表しますと、V(EF)＞V(GH)＞V(NT)となることが導き出されます。したがって、斜面の傾斜が大きいほど、物体の速さも大きいことが証明されたことになるのです。

このように、ガリレオは天秤とそれにつるされた錘りという静力学の範疇《はんちゅう》に属するものを用いているのですが、その錘りの下降という新しい方向性を打ち出していることがわかります。[図1]は天秤の静力学が斜面の動力学に転換されていくというガリレオの最も創造的な局面を視覚的に示す象徴的なダイアグラムであると言えるでしょう。

さらに、ガリレオは『運動について』第14章において、「異なる傾斜を持つ斜面に沿って下降する物体の速さの比は、斜面の高さが等しいなら、その斜面の長さの逆比である」ということを証明します。つまり、[図2]において、斜面ACおよびADを下降する物体の速さをV(AC)、V(AD)としますと、V(AC)：V(AD)＝AD：ACが成り立つ、というのです。

[図2]

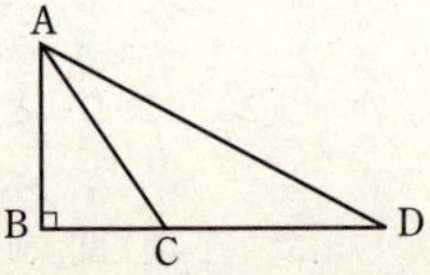

この定理は「De Motu 定理」と呼ばれていますが、実はこの定理は誤っています。ガリレオは後にこの誤りに気がついて、『新科学対話』で訂正しています。(注7)

**下降のモメント**

ガリレオの著作『レ・メカニケ』(注8)はパドヴァ時代の最も早い時期に書かれた重要なもので、運動論の観点から見て注目されるのは、斜面上の運動とそこで用いられている「下降のモメント」という概念です。ガリレオは［図3］において、「可動体が水平面に垂直な方向に持っている全体的かつ絶対的なモメントの大きさの、斜面HFに沿って持つモメントの大きさに対する比は、線分HFの線分FKに対する比と同じである」ことを「下降のモメント」なる概念を用いて証明しているのです。

［図4］のように、天秤の両端AとCに等しいモメントを持つ錘りがつるされているとし、端点Cに置かれた錘りが円周CFLJに沿って下降するとき、その錘りは連続的にそのモメントを減少させていきます。そして、鉛直面DEに沿うモメン

［図3］

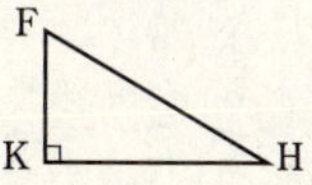


［図4］

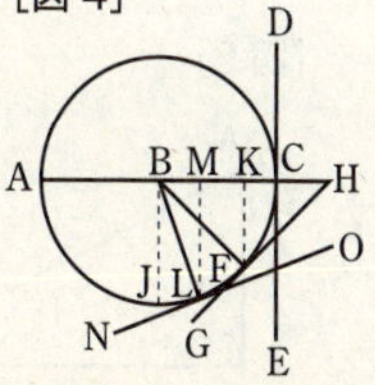

トは斜面上のそれのように減少せしめられず、全体的かつ絶対的な全モメントを示しています。この全モメントを $M$(DE)、斜面上のモメントを $M$(HG) と表しますと、これらの大きさの比は、$M$(DE) : $M$(HG) = HF : FK となることが証明されるのです。このことを［図5］の斜面について言えば、斜面ACに沿う物体の下降のモメントと鉛直面ABに沿って落下する全モメントとの比は、線分ABと線分ACの比になるということです。

以上の論証のプロセスを見ると、『運動について』でなされたものとほぼ同じであることがわかりますが、「下降のモメント」という概念を明確に打ち出した『レ・メカニケ』の方がより詳細で明晰《めいせき》になっており、《平衡の静力学から斜面の動力学へ》という転換がみごとになされていることがわかります。

モメントはもともと静力学の領域で束縛された系の平衡の問題を扱うために導入された概念なのですが、この用語は当時の日常のイタリア語には含まれていなかったようです。この用語はラテン語の「モメントゥム」に由来しますが、さらにその起源はギリシア語の「ロピイ」であると言われています。このギリシア語は、天秤が平衡状態から傾くことを意味するようです。(注9)

［図5］

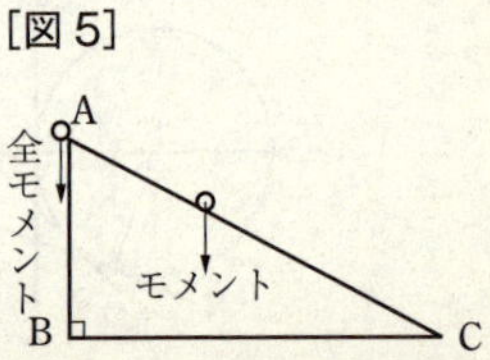

ガリレオは庶民の言葉を愛し、新しい科学は庶民の日常語で語られねばならないと考え、それを講義や著作活動においても実行したのですが、(注10)しかし、少数の術語や命題はその内容が新しいものであるため、日常語では正しく理解されないことを恐れ、あえてラテン語を用いたようです。モメントはその数少ない例の1つです。

『レ・メカニケ』では最初にこの書の目的を述べた後、「定義」が述べられるのですが、そこでは、

「モメントとは、運動物体の重さのみによって引き起こされるものではないところの、下に向かって進む傾向を示す性質であって、重さを持った種々の物体相互の位置関係に依存する。……モメントとは、下方に向かう原動力（インペト）であり、それは重さ、位置、およびその傾向の原因となりうる何かもう1つのものから成り立っている」

のように、モメントが定義されています。

つまり、モメントは垂直にせよ、斜めにせよ、下に落ちようとする傾向性の強さであって、単に重さだけでなく、さまざまな位置関係に依存するのです。そして、天秤の静力学的釣り合いでは腕の長さが問題となり、斜面の動力学的運動では斜面の傾斜が問題となるわけですが、ガリレオにあっては、この両者のモメント概念が先に紹介した［図1］によって巧みに結びつけられているのです。

『レ・メカニケ』における「下降のモメント」に対応しているのは、『運動について』で

は「重さ」(ただし、ガリレオにあっては密度)でした。そして、アリストテレス以来、重さとは下向きの傾向性にほかならず、それゆえに、下向きの力が重さに比例するとされてきたのです。(注11) これは基本的には初期ガリレオにも引き継がれていましたし、そこには重量的側面と運動力的側面とが混在していたと考えることができます。

しかし、物体が次第に速く落下するのは「下向きの傾向性」がだんだん大きくなることであって、それはすなわち「重さ」がだんだん大きくなるということに通じるのですが、実際は「重さ」がだんだん大きくなることなどあり得ないわけで、このことに気がついたガリレオは、「重さ」とは違って、下向きの運動力の強さを表す「下降のモメント」なる概念を導入したのです。もちろん、これはアルキメデス静力学における概念を応用、発展させたものです。

ここに初めて、重さと運動力の伝統的な同一化が破られ、運動力そのものが重さから離れて、独自の物理量として考察の対象になったわけです。

**第2落下法則——時間2乗法則の発見**

ここでいう落下法則とは、ガリレオによって発見された自由落下する物体の運動に関する法則であって、第1法則と第2法則があります。それらは、

第1法則　真空中では、自由落下するすべての物体は同じ速度で落下する。

第2法則　自由落下は等加速度運動であり、落下速度は落下時間に比例し、落下距離は落下時間の2乗に比例する。

という内容です。第2法則には内容的にみて2つの命題が含まれていますから、今後は「落下速度は落下時間に比例する」を、《速度・時間比例法則》と呼び、「落下距離は落下時間の2乗に比例する」を、《時間2乗法則》と呼ぶことにします。

さて、ガリレオのパドヴァ時代は１５９２年から１６１０年までの18年間なのですが、第2法則はこの時代に発見されています。しかし、第1法則の正しい認識はこのパドヴァ時代にはなされていないことがわかります。というのは、１６１２年の著書『浮体論議』[注12]において、「4オンチャの銅の弾は20リッブラの木の球より速く落ちる。[注13]なぜなら、銅は木よりも比重が大きいから」と述べていて、「すべての物体は質、量、形のいかんを問わず、同じ速度で落下する」という第1法則の認識に至っていないからです。したがって、落下法則発見の順序は、「第2法則→第1法則」となります。

パオロ・サルピ

では、第2法則の中に見られた2つの法則はどちらが先に発見されたのでしょうか。[注14]これについては、１６０４年10月16日付のパオロ・サルピ宛の書簡から明らかになります。書簡には、「……自然運動によって通過される距離相互の比は時間相互の2倍比となることや、その結果、等しい時間のうちに通過される距離の比は単位から始まる奇数相互の比、すなわち１、３、５、７、…相互の比に等しいことなどを証明しました。そして、その原理とは、自然運動する可動体はその運動の出発点から移動した距離の比にしたがって速さを増し続けるというものです」と書かれているのです。

このことから、１６０４年10月の段階では、時間２乗法則は発見されていましたが、速度・時間比例法則は正しく認識されていないことがわかります。したがって、「時間２乗法則→速度・時間比例法則」という順序で第２法則の発見がなされたことになります。

落下法則発見の順序にしたがって、最初に、時間２乗法則の発見を見てみましょう。

１６０２年の初め頃、ガリレオは振り子の研究(注15)を始めたようですが、これに関連して、円弧に沿う物体の降下を考察しています。この考察から、「鉛直円の任意の弦に沿ってその最下点に達する降下時間は弦の長さや勾配《こうばい》に関係なく同じである」という内容の「ガリレオの定理」が証明されるのです。すなわち、［図６］において、ＡＢ、ＡＣを高さが同じで傾斜の異なる２つの斜面と見なしたとき、距離ＡＥを通過する時間と、距離ＡＦを通過する時間は同じであるというのです。

［図６］

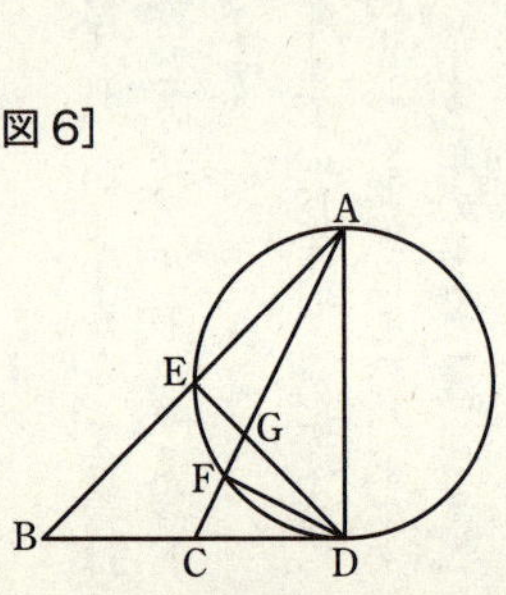

一方、ガリレオは「高さは同じであるが、傾斜を異にする2つの斜面に沿って落下する物体の落下時間はそれぞれの斜面の長さに比例する」という《斜面の時間・距離比例定理》を、すでにピサ時代に導き出していた De Motu 定理と「速度と時間の逆比例性」とから証明するのです。つまり、De Motu 定理は正しくありませんし、速度と時間が逆比例の関係にあると言っても、それは通過する距離が一定の場合に限ってのことですから、正しくない事柄を用いて証明しているのですが、しかし皮肉なことに、誤った2つの内容を用いて導き出された斜面の時間・距離比例定理それ自身の内容は正しいのです。

さて、前記のガリレオの定理と斜面の時間・距離比例定理を前提とすることによって、ガリレオは「比例中項定理」を導き出します。比例中項定理とは、「点Aから任意の2つの距離AD、AEをとるならば、それらの距離を落下する時間の比は、その1つの距離ADと両距離（ADとAE）の比例中項 $\sqrt{AD \cdot AE}$ の比に等しい」という内容です。(注16)

つまり、[図7]において、距離AD、AEを落下する時間をそれぞれ $T(AD)$、$T(AE)$ としますと、$T(AD) : T(AE) = AD : \sqrt{AD \cdot AE}$ が成り立つということです。1602年

[図7]

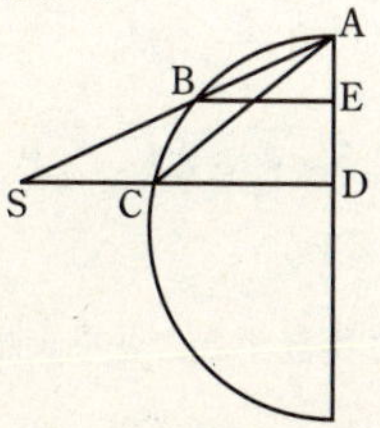

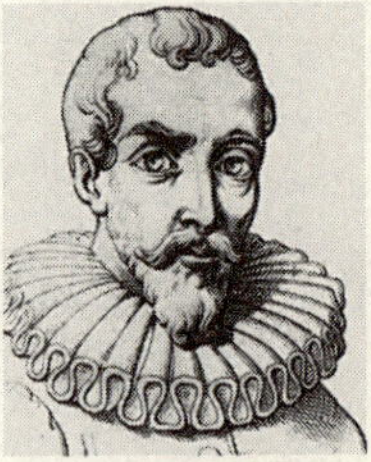
グィド・ウバルド・デル・モンテ

11月29日付のグィド・ウバルド・デル・モンテ（注17）宛の書簡には、この比例中項定理を使わなければ導き出されないと思われる内容が含まれていますので、ガリレオは遅くとも1602年までにはこの比例中項定理を発見していたと考えられます。

ところが、［計算1］からわかるように、この比例中項定理は明らかに時間2乗法則と同値なのです。したがって、ガリレオによる時間2乗法則の発見は1602年から1604年10月の間ということになるのですが、実は1603年のガリレオのノートによれば、2本の連結弦に沿って下降する物体の時間についての関係を導く試みがなされているのです。

これについてドレイクは、ガリレオが時間2乗法則を知った後にこの問題に取り組んだとすれば、それは心理的な

[計算1]

$T(\mathrm{AD}) = t$、$T(\mathrm{AE}) = t'$、$\mathrm{AD} = s$、$\mathrm{AE} = s'$

としますと、比例中項定理は、

$$t : t' = s : \sqrt{s \cdot s'} = \sqrt{s^2} : \sqrt{s} \cdot \sqrt{s'} = \sqrt{s} : \sqrt{s'}$$

のように変形されます。したがって、

$$t^2 : t'^2 = s : s'$$

となり、これは落下距離は時間の2乗に比例することを意味します。

謎であろうと述べて、1603年の末頃から1604年の初め頃には、ガリレオはまだ時間2乗法則を知らなかったと考えてよいとしています。したがって、ガリレオによる時間2乗法則の発見は1604年と推定されているのです。

**第2落下法則——速度・時間比例法則の発見**

1604年に自由落下における時間2乗法則を確信したガリレオは、さらに進んで、この時間2乗法則が根本的にどのような原理から導き出されるのかを探究しました。その結果到達した原理とは、1604年10月16日付のパオロ・サルピ宛の書簡に、「その原理とは、自然運動する可動体はその運動の出発点から移動した距離の比にしたがって速さを増し続けるというものです」と書かれているように、落下速度と距離の比例関係だったのです。

ガリレオは、速度と距離の比例関係を前提として時間2乗法則を論証したのですが、その論証は言うまでもなく、誤った前提から正しい結論を引き出したものです。したがって、どこかに誤りがあるはずです。誤りは2つありました。1つは、物体が点Aから点Bまで落下するとき、点Bにおいて得る速度は距離ABのすべての点でそれが得た速度の度合いによって合成されるという考え方をしていることです。もう1つは、速度と時間が逆比をなすということを一般的に使用していることです(注18)。

つまり、ガリレオの論証にあっては、《速度》というものについて静止からの距離を通じての「全体にわたる速度」と「1点における速度」の2つの概念が混在していたのです。速度・時間比例法則の正しい認識に至るには、この2つの概念の違いに留意することが不可欠になってきます。そこで、「1点における速度」を「ヴェロチタ」(velocita)、他の1つを「全体にわたる速度」(speed)と呼ぶことにしましょう。(注19)

さて、1604年10月にサルピ宛に手紙を書いた頃のガリレオのノートには、[図8]のように、速度の3角形ACGと、その中の半分のパラボラ(放物線)AEFおよびB、Dからの平行線が想定されていますから、この頃すでに、この2つの概念について思索をこらしていたように思われます。そして、次のような思考過程をたどったようです。

[図8]

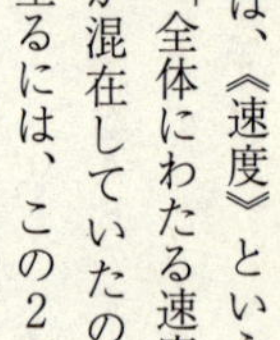


落下線上における各点でのヴェロチタは、パラボラの底辺に平行な線によって表されるのか、それとも直角3角形の斜辺まで引かれた同じような平行線によって表されるのかが問われます。後の場合だと、任意の2点において物体が得る個々のヴェロチタは静止(点A)からそれら2点までの距離に比例し、もう1つの場合だと、ヴェロチタはそれらの距離の平方根に比例すると考えられます。

しかし、2倍の高さから落ちると2倍激しく杭《くい》を打ち込むという杭打ち機の経験を引き合いに出しながら、ヴェロチタは距離に比例しなければならないと考え、距離の平方根に比例するという考えを否定するのです。

そして、「全体にわたる速度」は個々のヴェロチタの和、すなわち3角形の面積であって、したがって距離の2乗に比例すると考えられたのです。

しかし、ガリレオにあっては、この2つの概念はしばしば葛藤《かっとう》状態に置かれたようです。約1年後の1605年頃、ガリレオは［図9］において、ACを単位距離、CKを単位速度と考えたのですが、そうすると、ACを超えて落下し、点Hや点Dにおいて得る速度は先の2乗の規則によって、HIやDLよりもっと大きくなるはずだと考えられ、また逆に、点Fにおける速度は同じ2乗の規則によって、FGよりもっと小さくなると考えられるのです。ここに至って、約1年前に放棄したパラボラ表示が再び登場してきます。

こうして、ガリレオは1607年の末になって、高所から落下する物体の速度は通過した距離の平方根に比例するとい

［図9］

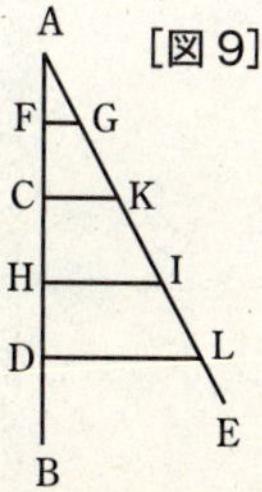


［図10］

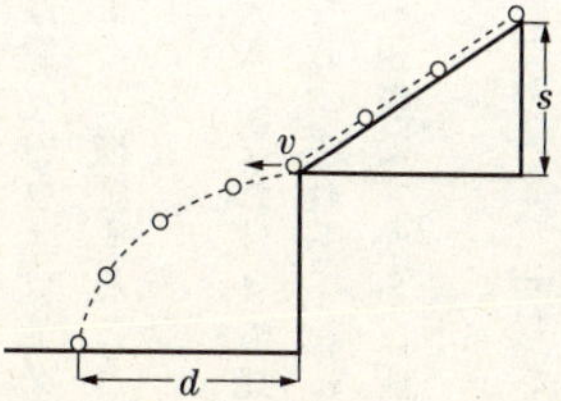

う考えを持つに至ります。そして、これが正しいかどうかを実験にかけてみるのです。

ガリレオの実験は［図10］のように、高さ$s$の斜面上に球をころがし、斜面の末端で水平に速度$v$で放出させて距離$d$を測定するというものです。ガリレオは個々のヴェロチタを測定する手段を持っていませんでしたから、直接$v \propto \sqrt{s}$を実験によって検証することはできませんでした。そこで次のようにしたのです。

まず、$v \propto \sqrt{s}$から$v^2 \propto s$となります。一方、この実験では、$v$が大きくなれば$d$も比例して大きくなりますから、$d \propto v$と考えられますので、$d^2 \propto v^2$となり、これと$v^2 \propto s$から、$d^2 \propto s$が成り立つと考えるのです。ここで、$d$と$s$はいずれも距離ですから、測定可能となり、上記のような実験が試みられるわけです。

この実験結果は計算値とよく合致することになり、ガリレオは$d^2 \propto s$を、そして$v \propto \sqrt{s}$を確信するのです。こうして、$v^2 \propto s$とすでに発見していた時間2乗法則($s \propto t^2$)とから、$v^2 \propto t^2$を導き出し、$v \propto t$という速度・時間比例法則の発見に至るのです。これは1608年のことでした。

**第1落下法則の発見**

では、「真空中では、すべての物体は同じ速度で落下する」という自由落下運動の第1法則はどのようにして発見されたのでしょうか。これについては、第2法則の発見の場合と比べて史料がずっと少ないのですが、振り子の等時性と深い関わりがあるように思われます。

振り子においては、振れの周期は球の重さとは無関係で、長さだけが影響を及ぼします。このような振り子の等時性に関する実験が第1法則の正しさを認識するときの背景になったのでしょう。しかし、直接的には、水中での物体の浮沈をめぐる論争が大きな契機になったと思われます。

ガリレオは、水中での物体の浮沈をめぐる論争を何人かの学者と行ったようですが、そのような中で、物体と媒体の抵抗の関わりを考察するようになるのです。つまり、一定媒体中で、比重の大きな物体と小さな物体が落ちるのを比較すると、前者が速く落ちるのはそれだけ媒体の抵抗に打ち勝つことが大きいからであり、後者は抵抗に速く打ち勝つことができないと考えられるのです。このことは、媒体の濃さが大きくなればなるほど著しくなり、両者の速さの差は大きくなります。

この媒体の濃さを水、空気というように薄めていくと、速さの差は逆に縮まっていくと考えられます。したがって、その極限としての真空中では、すべての物体は同じ速さで落下するという認識に至ったのではないかと思われるのです。このような認識が先にみた振り子の運動の観察によって、第1法則の発見に至ったのではないでしょうか。この第1法則への明白な最初の言及は1631年頃書かれたと思われる書簡に見出されますので、遅くともこの頃までには第1法則が発見されていたと考えられるのです。

第1法則の発見に至る経緯が以上のようなものであったであろうことは、『新科学対話』において、ガリレオの考えをサルヴィアチが次のように代弁していることからも明らかと言えます。

「私たちはすでに、より抵抗の大きな媒体中では、重さの異なる可動体の持つ速さの差が非常に大きくなることを見てきましたが、他にどのようなことがあるでしょう。水銀中では金は鉛より速く底に到達するだけでなく、金だけが水銀中に沈むのであり、他の金属や石はすべて上へ向かって運動し、水銀面上に浮かぶのです。他方、空気中では金、鉛、銅、斑岩《はんがん》や他の重い物質でできた球の間での運動の違いはほとんどまったく感じられません。というのは、金の球は、100ブラッチョ落下し終わったときに、銅の球を4ディートも引き離していないことは確かですから。(注20) このことを知って、私は媒体の抵抗が完全になくなれば、すべての物質は等しい速さで落下するという見解に到達したと申し上げましょう」

いわゆる『新科学対話』と訳されているガリレオの主著の正式題名は『機械学と位置運動に関する2つの新科学についての論議と数学的証明』というもので、サルヴィアチ、サグレド、シンプリチオの3人による4日間の対話から成り(注21)、最初の2日間は主として物質の強度の理論――一種の材料力学――を扱っており、後の2日間では場所的運動つまり動力学が扱われています。「2つの科学」とはこの2つを指しているわけです。

ガリレオは、1635年1月には『新科学対話』のまとめに入り、早くもこの年の6月には「第1日」と「第2日」の原稿を完成しています。そして、1635年の末には、「第3日」の原稿執筆に従事していました。さらに、1637年1月10日付のアレッサンドロ・マルシリ宛の手紙の中で(注22)「私は運動に関する考察の第3部、つまり投射体の考察に従事しています」と述べているのです。ここで言われている第3部とは、実際の『新科学対話』では「第4日」とされたものです。

こうして、1637年6月にはすべてが仕上げられたのですが、このとき、かって患っていた眼病が悪化し、7月には緑内障によって右眼を失明してしまいます。さらに、12月には残った左眼も視力を失い、1638年1月には両眼完全失明となってしまったのです。したがって、1638年に出版された『新科学対話』をその年の8月7日に受け取ったとき、ガリレオはそれを我が眼で見ることはできなかったのです。

---

(注1) この章の多くは、伊東俊太郎氏の『ガリレオ』(人類の知的遺産31、講談社、1985年)に負っている。

(注2) Galileo Galilei (1564－1642) イタリア・ピサ生まれの物理学者で、近代自然科学

の創始者の1人。父親ヴィンチェンツォ・ガリレイは多方面の趣味を持った教養人で、リュート奏者でもあった。数学者オスティリオ・リッチ（Ostilio Ricci、1540－1603）から、とくにユークリッドとアルキメデスを学び、後に、ピサ大学やパドヴァ大学で数学などを講義した。ピサ時代のガリレオの逸話として有名な「斜塔の実験」があるが、これは弟子のヴィヴィアーニ（Vincenzo Viviani、1622－1703）が師の業績を理想化して描いた『ガリレオ伝記』によるもので、実際に、斜塔において実験した痕跡《こんせき》はないようだ。

（注3）『運動について』（De Motu）は23章から成る著作で、ピサにおけるガリレオの最後の年、1591年～1592年に完成されたと思われる。

（注4）Stillman Drake（1910－1993）、トロント大学の科学史の名誉教授。ガリレオに関する第一級の世界的権威の1人。

（注5）ガリレオは恩師のリッチから、アルキメデスの「浮体論」を、1543年にタルタリアによって出版されたラテン語訳で教え知らされた。

（注6）アリストテレスは「重さ」と「軽さ」について、絶対的な場合と相対的な場合があると言い、先人は相対的な場合だけについて述べているが、「絶対的な重さ」「絶対的な軽さ」があると主張する。すなわち、上方に向かって動くものは絶対的な軽さを、下方に向かって動くものは絶対的な重さを持っていると主張する。『天体論』第4巻第1章を参照。

（注7）AC、ADを下降する時間を$T(AC)$、$T(AD)$とすると、正しくは、$V(AC):V(AD)=T(AC)\cdot AD:T(AD)\cdot AC$となるため、$T(AC)=T(AD)$とする誤りがDe Motu定理には含まれていることになる。この点、『新科学対話』では、「同一の物体が傾きの異なる斜面上で獲得する速さの度合いは、それらの斜面の高さが等しいときは互いに等しい」のように訂正

されている。ただし、「斜面上で獲得する速さ」すなわち、V(AC)、V(AD)とは、終点C、Dにおける速さを意味している。

(注8)『レ・メカニケ』(『機械学』)は、個人教授用に書かれた著作で、１５９３－１５９４年に一応の形を整えたと思われる。さらに手を加えたものが、１６４３年にメルセンヌによって仏訳され、ヨーロッパで大きな評価を受けた。

(注9)ロピイは天秤の釣り合いが破れるときに現れる力だが、モメントゥムは、もっと広く、一般に「動かす力」を意味し、天秤の釣り合い、梃子《てこ》、斜面の下降などにも現れる力として捉《とら》えられている。

(注10)ガリレオの2大著作である『天文対話』および『新科学対話』は、当時の学者の言葉、ラテン語ではなく、庶民の言葉、イタリア語で書かれている。

(注11)アリストテレスにあっては、火、空気、水、土の4元素はみずからの「本来の場所」を持っており、そこに向かう「自然の傾向性」を有していると考えられている。土の元素から成る石は「本来の場所」である下に向かうが、これが「下向きの傾向性」であると説明される。

(注12)『浮体論議』のより正確な書名は『水上にとどまるもの、または水中を動くものについての論議』で、なぜ物体が水中で浮かぶのかが論じられている。

(注13)1オンチャ(oncia)は約30グラム。1リッブラ(libbra)は約３４０グラム。

(注14)Paolo Sarpi(１５５２－１６２３)パドヴァ大学を卒業後、ヴェネツィアに住み、膨大な文通によって諸科学の情報を集めた。１５９２年末に、ピネリ(Giovanni Vincenzio Pinelli、１５３５－１６０１)の邸宅でガリレオに会い、それ以後、ガリレオの科学研究に協力した。１６０９年の望遠鏡をめぐるヴェネツィア政府とガリレオとの関係において、重要な役割を

演じた。

（注15）ガリレオは、1602年11月のグィド・ウバルド・デル・モンテ宛の書簡で、振り子の等時性について言及している。『新科学対話』の第1日の終わり部分では、振り子の等時性が音響学的問題との関わりで議論されているから、父親との音程に関する弦の実験にヒントを得たのかもしれない。

（注16）$a$と$b$の比例中項とは、$a:x=x:b$を満たす$x$のことで、$\sqrt{ab}$を指す。

（注17）Guido Ubaldo del Monte（1545－1607）イタリア・トスカナ大公国の築城監督官、数学者で、「トスカナのアルキメデス」と呼ばれた。パドヴァで数学を修め、その後、コマンディーノに学んだ。『機械学』（1577）を出版し、1588年には、アルキメデスの重心に関する著作についての注釈書を出版した。ガリレオのよき理解者で、ピサ大学、パドヴァ大学への就職を斡旋《あっせん》した。

（注18）速度と時間が逆比をなすには、距離が一定という条件が必要。

（注19）「ヴェロチタ」（瞬間の速度）と「スピード」（全体にわたる速度）という言葉は、スティルマン・ドレイクによるもの。

（注20）1ブラッチョ（braccio）は約60㎝。1ディート（dito）は約6㎝。

（注21）サルヴィアチ、サグレド、シンプリチオの3人はそれぞれ、近代の科学者、庶民、スコラ学者が想定されている。初めの2人は実在する人物名だが、シンプリチオは架空の人物で、6世紀のアリストテレス注釈家シンプリキオスの名を借りている。

（注22）Alessandro Marsili（1601－1670）シエナに生まれ、法学と哲学を修め、シエナ大学の論理学、哲学の教授となった。

## 3　確率論の始まり

### カルダノとガリレオ

ヨーロッパ人によって書かれた確率に関する最初の記録は、「ザラ（注1）の遊戯が終わっても負けた人は後に残り、……」という書き出しで始まるダンテ（注2）の『神曲』浄罪篇第6歌だと言われています。『神曲』のヴェネツィア版注釈書（1477年）では、3個のサイコロを用いた賭《か》けに関して、種々の計算がなされていて、これが賭けに関する数学的な記録としては最古のものと考えられています。

しかし、賭けの問題を扱った最初の数学書は、おそらくパチオリ（注3）の主著『数学大全』（注4）（1494年）でしょう。たとえば、この書では、「分配の問題」あるいは「得点の問題」と呼ばれる問題がいくつか出されていて、そのうちの1つは、

「2人の競技者が、1回勝てば10点もらえるゲームをして、はじめに60点を獲得した者が勝ちという約束のもとに勝負

パチオリ

を始めたが、甲が50点、乙が30点を得たところで勝負を中止した。このとき、賭け金をいかなる割合に分けるべきか」という問題が扱われています。このような問題は当時盛んに話題になったようです。パチオリは、賭け金を5対3に分配すればよいと言っているのですが、これでは、すでに起こった事実のみを考えていて、未来の可能性がまったく考慮されていません。つまり、単なる比例配分がなされているだけで、将来の予測という視点がまったく欠如しているわけです。

賭けには偶然がつきまとい、将来の可能性が関心事となりますが、この偶然性や将来の予測を数量的に扱うことができるのかが問題になります。そして、このような問題に初めて取り組んだのが16世紀イタリアのカルダノ(注5)とガリレオ(注6)だったのです。

カルダノは『実用算術書』（1539年）において、パチオリの分配方法は不合理だとして、競技者がこれから勝たねばならないゲーム数を考慮しなければならないと述べています。この指摘は重要ですが、カルダノが得た結論は6対1に分配するというものであって、正しくありませんでした。この問題は、最終的にパスカルとフェルマーによって解決されるのですが、それは後回しにして、次にガリレオが扱った問題を見てみましょう。

落下法則の発見で有名なガリレオ・ガリレイの著作中に、「サイコロの考察について」と題した短編があります。(注7)これはフィレンツェの宮廷における賭博《とばく》狂の貴族のために書かれたもので、1600年より少し後の作品であろうと言われています。

この短編では、3個のサイコロを投げたとき、出た目の和が9になる場合と10になる場合は、それぞれ次のように6通りずつあって、同じであるにもかかわらず、経験によれば10の目の方が出やすいという問題が取り上げられています。

[9になる場合]

(1、2、6)、(1、3、5)、(1、4、4)、

(2、2、5)、(2、3、4)、(3、3、3)

[10になる場合]

(1、3、6)、(1、4、5)、(2、2、6)、

(2、3、5)、(2、4、4)、(3、3、4)

ガリレオは、2個のサイコロの場合は、面が6つあるから、サイコロの目の組み合わせは6の6倍つまり36通りあり、3個のサイコロの場合は6の36倍つまり216通りなければならないと考えました。

すると、たとえば、すべて3の目が出る場合は(3、3、3)

[表1]

| 10 | | 9 | | 8 | | 7 | | 6 | | 5 | | 4 | | 3 | |
|---|---|---|---|---|---|---|---|---|---|---|---|---|---|---|---|
| 6.3.1. | 6 | 6.2.1. | 6 | 6.1.1. | 3 | 5.1.1. | 3 | 4.1.1. | 3 | 3.1.1. | 3 | 2.1.1. | 3 | 1.1.1. | 1 |
| 6.2.2. | 3 | 5.3.1. | 6 | 5.2.1. | 6 | 4.2.1. | 6 | 3.2.1. | 6 | 2.2.1. | 3 | | | | |
| 5.4.1. | 6 | 5.2.2. | 3 | 4.3.1. | 6 | 3.3.1. | 3 | 2.2.2. | 1 | | | | | | |
| 5.3.2. | 6 | 4.4.1. | 3 | 4.2.2. | 3 | 3.2.2. | 3 | | | | | | | | |
| 4.4.2. | 3 | 4.3.2. | 6 | 3.3.2. | 3 | | | | | | | | | | |
| 4.3.3. | 3 | 3.3.3. | 1 | | | | | | | | | | | | |
| | 27 | | 25 | | 21 | | 15 | | 10 | | 6 | | | | |

1
3
6
10
15
21
25
27
108

の1通りしかありませんが、1と2と6の目が出る場合は、

(1、2、6)、(1、6、2)、(2、1、6)、

(2、6、1)、(6、1、2)、(6、2、1)

のように6通りとしなければならないと考えたのです。また、2と4と4のような場合では、(2、4、4)、(4、2、4)、(4、4、2)の3通りあることになります。


こうして、ガリレオは目の和が3になる場合から10になる場合までを計算し、[表1]を作成したのです。これにより、目の和が9になる場合は25通り、10になる場合は27通りであることがわかり、「10の目の方が出やすい」という経験が数学的に裏付けられたのです。

## ド・メレの疑問

17世紀フランスの社交界に出入りをしていた賭け事好きなシュヴァリエ・ド・メレ(注8)は「2個のサイコロを24回投げるとき、少なくとも1回、2個とも同時に6の目が出る」という賭けが得でない(注9)のはどうしてかと疑問に思っていました。というのは、当時フランスの賭博師たちの間では「1個のサイコロを4回投げるとき、少なくとも1回、6の目が出る」という賭けは得であると知られていましたから、2個のサイコロの場合は、1個の場合の

パスカル

6倍だけ目の出方が多いという理由で、4×6＝24回投げることの方が得であると考えていたのです。(注10)しかし、経験的には、どうもそうならないようなのです。ド・メレは、この疑問をパスカル(注11)に相談しました。

パスカルは「すでに相当の期間研究している数学の論文(注12)が完成したとき、自分のなしたことすべてを秩序立てて述べよう」と言っているのですが、つまりは次のような計算によって説明されます。1個のサイコロを4回投げる場合、4回とも6の目が出ない場合は$5^4$通りありますから、少なくとも1回6の目が出る割合は、

$$1-\left(\frac{5}{6}\right)^4=1-\frac{625}{1296}=\frac{671}{1296}\fallingdotseq 0.5177>0.5$$

となって、「少なくとも1回6の目が出る」に賭けた方が得ということになります。これに対して、2個のサイコロを24回投げる場合、少なくとも1回、2個とも同時に6の目が出る割合は、

$$1-\left(\frac{35}{36}\right)^{24}\fallingdotseq 0.4914<0.5$$

となって、「少なくとも1回、2個とも同時に6の目が出る」に賭けると損ということになるのです。何回投げることにすれば得になるかといえば、$1-\left(\frac{35}{36}\right)^n>0.5$を解けばよ

いわけですから、$n>24.60\cdots$となって、25回またはそれ以上投げることにすれば得ということになります。

**2人の賭博者の分配問題（その1）**

ド・メレはパスカルにもう1つ問題を出しています。それは分配の問題で、「A、B2人がそれぞれ32ピストル(注13)ずつ賭け金を出して、先に3回勝った方を勝ちとする勝負をするとします。このとき、Aが2回勝ち、Bが1回勝ったところで勝負を中止したとすれば、A、Bそれぞれの取り分をいくらにすればよいか(注14)」という問題です。パスカルはこの問題および類似した問題の解法についてフェルマーと手紙のやりとりをしているのですが、現存している手紙は、

フェルマー

（1）フェルマーからパスカルへ　1654年（月日不明）
（2）パスカルからフェルマーへ　1654年7月29日
（3）パスカルからフェルマーへ　1654年8月24日
（4）フェルマーからパスカルへ　1654年8月29日
（5）フェルマーからパスカルへ　1654年9月25日
（6）パスカルからフェルマーへ　1654年10月27日

の6通です。これらの手紙をもとにして、パスカルとフェル

マーが分配の問題をどのように解決したかを見てみましょう。

賭け金の分配に関する問題は7月29日の第2書簡から始まります。この書簡で、パスカルは先の分配問題の解法を次のように述べています。

Aが2回勝ち、Bが1回勝ったところで勝負を中止したのだが、もし次の勝負でAが勝てば賭け金全部64ピストルもらえることになるし、Aが負ければ2対2で決着がつかない。したがって、Aは勝っても負けても、32ピストルは確実に手に入れることができる。そして、残りの32ピストルについては、AとBが手に入れる可能性は半々であるから、それぞれ16ピストルずつ分配すればよいことになる。したがって、最終的に、Aは48ピストル、Bは16ピストルというように分配すればよいというのです。この解法を図解すれば［図1］のようになります。

**2人の賭博者の分配問題（その2）**

パスカルは続けて「勝ち数が、Aが2回、Bが0回で勝負を中止した場合」の解法について述べているのですが、それを先の問題と同じように図解してみますと、［図2］のようになります。したがって、

［図1］

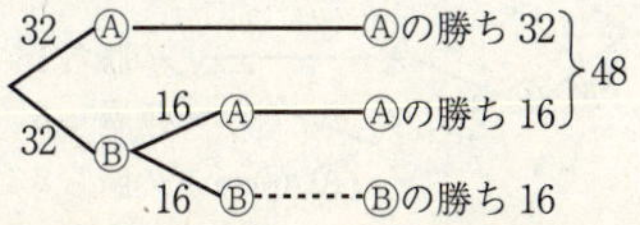

Aは56ピストル、Bは8ピストルというように分配すればよいということになります。

この第2の場合の問題は、Aはあと1回、Bはあと3回勝てば勝負は終了ということですから、本章の冒頭で紹介したパチオリの「分配の問題」と同じ構造をしています。この問題についてのカルダノの解は6対1に分配するというものでしたが、パスカルが計算したように、56対8すなわち7対1に分配するというのが正しい結論となります。

### 2人の賭博者の分配問題（その3）

パスカルはさらに第3の場合、「勝ち数が、Aが1回、Bが0回で勝負を中止した場合」の解法を述べていますが、この場合を図解すれば［図3］のようになり、結論的には、Aは44ピストル、Bは20ピストルという分配になります。

### フェルマーの解法

以上のようなパスカルの解法に対して、フェルマーはどのような

［図2］

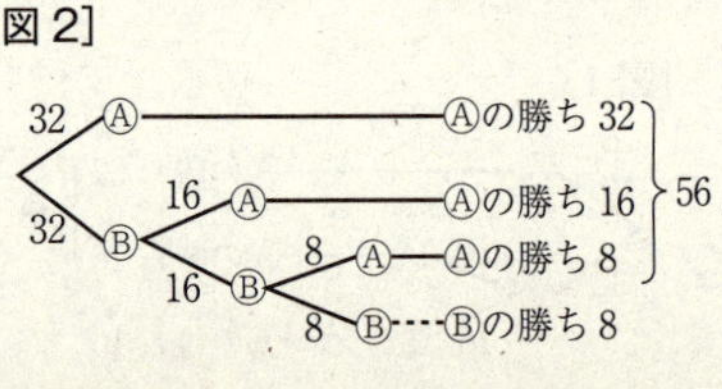

解決を与えたのでしょうか。残念ながら、フェルマーの書簡は残されていないのですが、8月24日のパスカルの第3書簡に手がかりが残されています。

この第3書簡の冒頭で、パスカルはフェルマーの解法をあたかも復習するかのような形で記述しているのです。それによれば、フェルマーは「組み合わせの方法」を使用していたことがわかります。すなわち、先の「勝ち数が、Aが1回、Bが0回の場合」について、フェルマーは「あと何回の勝負で賭けが終了するか調べなければならない」と述べ、この場合は4回で勝負がつくと考えて、[表2]のような表を作成した

[表2]

| | | | | |
|---|---|---|---|---|
| *a* | *a* | *a* | *a* | 1 |
| *a* | *a* | *a* | *b* | 1 |
| *a* | *a* | *b* | *a* | 1 |
| *a* | *a* | *b* | *b* | 1 |
| *a* | *b* | *a* | *a* | 1 |
| *a* | *b* | *a* | *b* | 1 |
| *a* | *b* | *b* | *a* | 1 |
| *a* | *b* | *b* | *b* | 2 |
| *b* | *a* | *a* | *a* | 1 |
| *b* | *a* | *a* | *b* | 1 |
| *b* | *a* | *b* | *a* | 1 |
| *b* | *a* | *b* | *b* | 2 |
| *b* | *b* | *a* | *a* | 1 |
| *b* | *b* | *a* | *b* | 2 |
| *b* | *b* | *b* | *a* | 2 |
| *b* | *b* | *b* | *b* | 2 |

[図3]

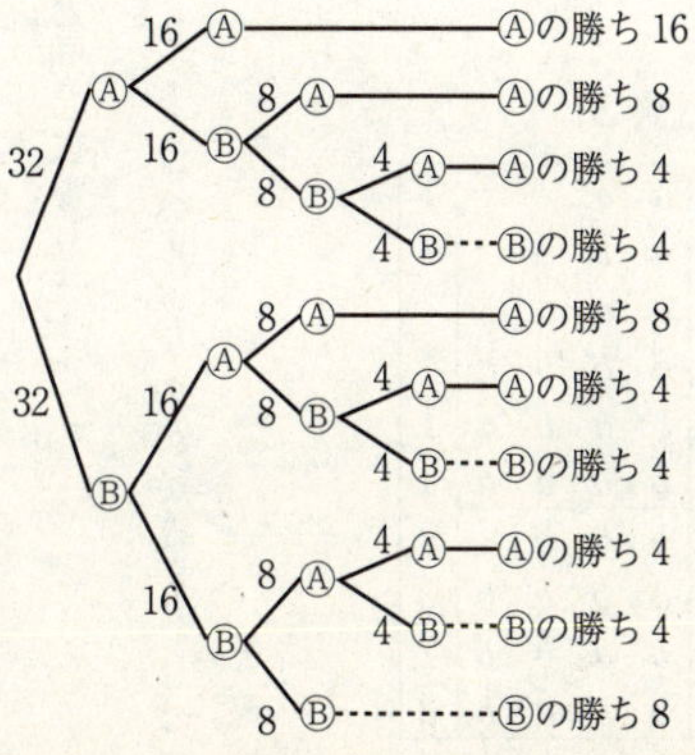

のです。この表では、「$a$」がAの勝ちを、「$b$」がBの勝ちを意味しています。たとえば、第1行目は$a$が4個並んでいますから、Aが4回続けて勝った場合を表していることになります。また、右端の数字については、Aが賭け金をもらえる場合を「1」、Bが賭け金をもらえる場合を「2」としています。

したがって、全部の組み合わせ16通りのうち、Aが勝つのは11通り、Bが勝つのは5通りですから、賭け金は11対5に分配すればよいことになり、Aは$64 \times \frac{11}{16} = 44$ピストル、Bは$64 \times \frac{5}{16} = 20$ピストルとなって、パスカルの解と同じになります。

ところが、このフェルマーの組み合わせの方法に対して、ロベルヴァル(注15)が疑義をさしはさんだのです。彼は、[表2]の第1行目の「$aaaa$」のように、4回続けてAが勝つような場合を挙げるのは無意味ではないかと言うのです。Aはあと2回勝てば勝負に勝つわけですから、このような状態の例をあげる必要はないというわけです。

ロベルヴァルの考え方にもとづいた表を作成すると[表3]のようになります。ロベルヴァルは、[表

[表3]

| | | | | |
|---|---|---|---|---|
| $a$ | $a$ | | | 1 |
| $a$ | $b$ | $a$ | | 1 |
| $b$ | $a$ | $a$ | | 1 |
| $a$ | $b$ | $b$ | $a$ | 1 |
| $b$ | $a$ | $b$ | $a$ | 1 |
| $b$ | $b$ | $a$ | $a$ | 1 |
| $b$ | $b$ | $b$ | | 2 |
| $a$ | $b$ | $b$ | $b$ | 2 |
| $b$ | $a$ | $b$ | $b$ | 2 |
| $b$ | $b$ | $a$ | $b$ | 2 |

1」における $aaaa$、$aaab$、$aaba$、$aabb$ の4通りは、$aa$ 1つだけでよいというのです。こうして、AとBが勝つ割合は6対4であるとロベルヴァルは主張するのです。

このロベルヴァルの考え方に対してパスカルは次のように反論しています。「$aa$」と続き、勝負が決まっても、その後のことを考えることは、勝敗の計算には関係しないので、たとえ勝負をしないとしても、考慮することは許されるというのです。つまり、Aが2回続けて勝って勝負が決まっても、後の2回の勝負を拒む理由はないのです。なぜなら、後の2回の勝負で勝っても負けても、Bに勝たれる気遣いはないからです。

一方、フェルマーはロベルヴァルの疑義に対して、パスカルより一層明快な説明をしています。[注16] ここでは、2人の賭博者がいて、あと2回の勝負で、Aが1回勝てば決着がつく場合を例にしましょう。この場合、

（$a$）Aが勝つ

（$b$）Bが勝ち、その後Aが勝つ

という2通りが考えられます。AもBも勝つ確率は $1/2$ ですから、（$a$）の場合は $1/2$、（$b$）の場合は $\frac{1}{2}\times\frac{1}{2}=\frac{1}{4}$ となり、この2通りを一緒にすると、$\frac{1}{2}+\frac{1}{4}=\frac{3}{4}$ となって、Aの取り分は全体の $3/4$ すなわち48ピストルと[注17]いうことになるわけです。このフェルマーの計算法を見ますと、確率論における加法定理と乗法定理[注18]がみごとに使用されている

ことがわかります。

## 3人の賭博者の分配問題

フェルマーが示した組み合わせの方法について、パスカルは当初、一般的に役立つものではないと批判していますが、それはパスカルがフェルマーの組み合わせの方法に対して誤解したことから生じたものと言えます。このことを、3人の賭博者の分配問題を例にして紹介しましょう。

先に3回勝った方を勝ちとする勝負で、Aが2回勝ち、BとCが1回勝ったところで勝負を中止したとすると、賭け金をどのように分配すればよいかという問題を考えます。2人の賭博者の分配問題で用いた組み合わせの表を作成してみますと、[表4]のようにな

[表4]

| | | | | | |
|---|---|---|---|---|---|
| a | a | a | 1 | | |
| a | a | b | 1 | | |
| a | a | c | 1 | | |
| a | b | a | 1 | | |
| a | b | b | 1 | 2 | |
| a | b | c | 1 | | |
| a | c | a | 1 | | |
| a | c | b | 1 | | |
| a | c | c | 1 | | 3 |
| b | a | a | 1 | | |
| b | a | b | 1 | 2 | |
| b | a | c | 1 | | |
| b | b | a | 1 | 2 | |
| b | b | b | | 2 | |
| b | b | c | | 2 | |
| b | c | a | 1 | | |
| b | c | b | | 2 | |
| b | c | c | | | 3 |
| c | a | a | 1 | | |
| c | a | b | 1 | | |
| c | a | c | 1 | | 3 |
| c | b | a | 1 | | |
| c | b | b | | 2 | |
| c | b | c | | | 3 |
| c | c | a | 1 | | 3 |
| c | c | b | | | 3 |
| c | c | c | | | 3 |

ります。表の中の$a$、$b$、$c$はそれぞれA、B、Cが勝ったことを意味し、数字の1、2、3はそれぞれA、B、Cが賭け金全部をもらえる場合を示しています。

この［表4］によれば、1が19個、2が7個、3が7個ありますから、賭け金の分配を19対7対7の割合で行うというのは誤りです。

パスカルは次のように考えました。たとえば「$abb$」の場合には、A、Bともに勝つことになるから、賭け金を半々に分けるべきだというのです。そのような場合は6通りありますが、これらを1/2ずつとして計算しますと、Aは16、Bは$5\frac{1}{2}$、Cは$5\frac{1}{2}$となりますから、この割合で分配するということになります。ところが、パスカルの方法では［図4］のようになって、Aが勝つ割合は、

$$\frac{1}{3}+\frac{1}{9}+\frac{1}{27}+\frac{1}{9}+\frac{1}{27}=\frac{17}{27}$$

であり、BおよびCが勝つ割合は、

$$\frac{1}{9}+\frac{1}{27}+\frac{1}{27}=\frac{5}{27}$$

となりますから、分配の割合は17対5対5となるのです。これでは、残りの3回の勝負をすべて行ってみる場合と、先に誰かが3回勝てば勝負は終了するとする場合とが一致しな

くなります。

このことから、パスカルは、フェルマーの組み合わせの方法は残りの何回かの勝負を全部行うという条件のときは使用できるが、先に誰かが勝ったら勝負を終了するという条件のときには通用しないと言い、これに対して、自分の方法はいずれの場合においても通用すると主張するのです。パスカルがフェルマーの方法を一般的ではないと批判したのはこのような意味だったのです。

しかし、この批判はパスカルの誤解にもとづくものと言えます。というのは、パスカルは組み合わせの総数を求める場合に、6つの面を持った3個のサイコロを「同時に投げる」とする例に置き換えて考えているのです。つまり、時間的に継起する勝負

[図4]

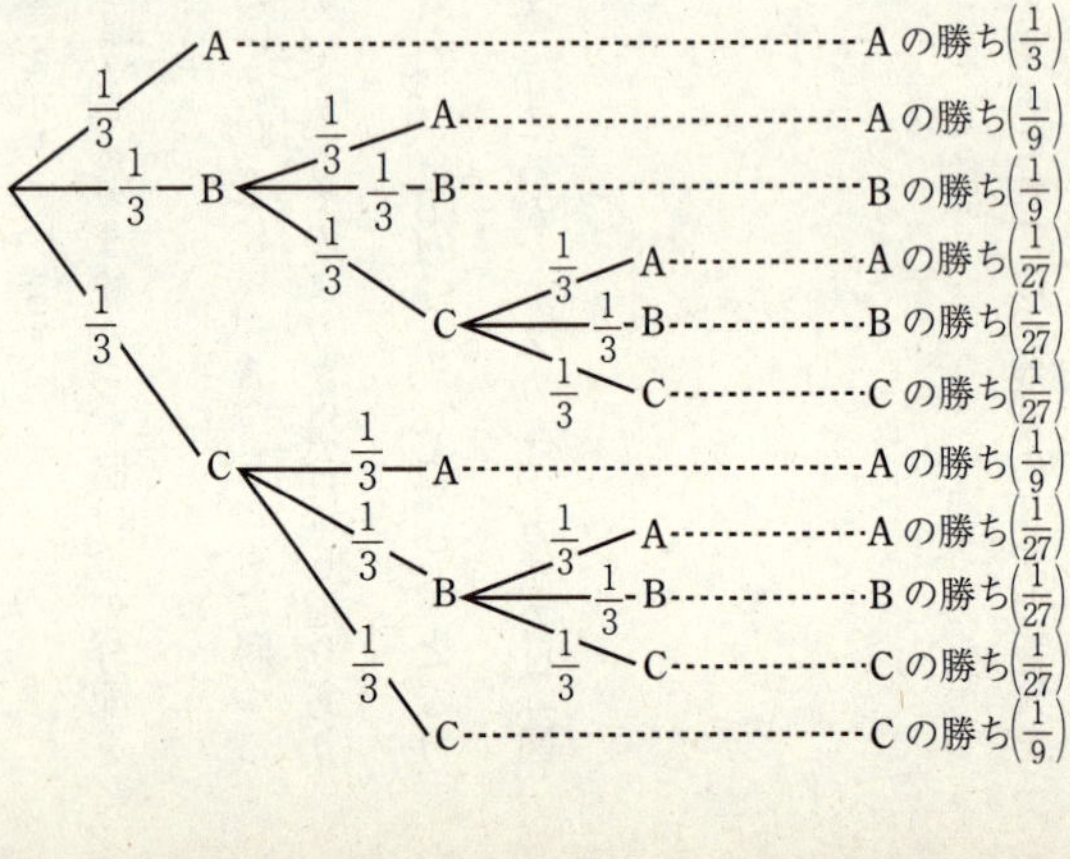

［表5］

| | | | | | |
|---|---|---|---|---|---|
| $a$ | $a$ | $a$ | 1 | | |
| $a$ | $a$ | $b$ | 1 | | |
| $a$ | $a$ | $c$ | 1 | | |
| $a$ | $b$ | $a$ | 1 | | |
| $a$ | $b$ | $b$ | 1 | | |
| $a$ | $b$ | $c$ | 1 | | |
| $a$ | $c$ | $a$ | 1 | | |
| $a$ | $c$ | $b$ | 1 | | |
| $a$ | $c$ | $c$ | 1 | | |
| $b$ | $a$ | $a$ | 1 | | |
| $b$ | $a$ | $b$ | 1 | | |
| $b$ | $a$ | $c$ | 1 | | |
| $b$ | $b$ | $a$ | | 2 | |
| $b$ | $b$ | $b$ | | 2 | |
| $b$ | $b$ | $c$ | | 2 | |
| $b$ | $c$ | $a$ | 1 | | |
| $b$ | $c$ | $b$ | | 2 | |
| $b$ | $c$ | $c$ | | | 3 |
| $c$ | $a$ | $a$ | 1 | | |
| $c$ | $a$ | $b$ | 1 | | |
| $c$ | $a$ | $c$ | 1 | | |
| $c$ | $b$ | $a$ | 1 | | |
| $c$ | $b$ | $b$ | | 2 | |
| $c$ | $b$ | $c$ | | | 3 |
| $c$ | $c$ | $a$ | | | 3 |
| $c$ | $c$ | $b$ | | | 3 |
| $c$ | $c$ | $c$ | | | 3 |

の問題を空間的な同時の勝負にすりかえ、そこで問題を考えたために、混乱が生じたのです。フェルマーは9月25日の書簡で、このパスカルの誤解を指摘しています。つまり、［表4］は［表5］のように訂正されなければならないのです。

パスカルは後の10月27日の書簡で、フェルマーに「……分け前を求めるあなたの方法が大変よくわかりましただけに、ますます讃嘆《さんたん》の情を禁じ得ません」と書き送り、フェルマーの業績のすばらしさを率直に認めています。

### パスカルによる数学的帰納法の発見

分配問題に対するパスカルとフェルマーの研究方法を比較すれば、フェルマーが原理的なこと（加法定理、乗法定理など）から出発し、確実な推論によって演繹的《えんえきてき》に考察を進めるという立場に立っているのに対して、パスカルは3回勝負、4回勝負、5回勝負、……というように、個々の事例の考察から始め、それを一般化しようと試みるという方法論に立っていることがわかります。

この相違は、分配問題に関してはフェルマーのエレガントな解法、パスカルの誤解と混乱という様相を示しましたが、パスカルはフェルマーにはできなかった数学的帰納法という新しい普遍的原理の確立という輝かしい業績を残すことができたのです。

数学的帰納法とは、無限個ある自然数$n$に関する命題について、

（Ⅰ）$n=1$について、命題が正しいことを示す。

（Ⅱ）$n=k$のとき、命題が正しいと仮定して、$n=k+1$のときも、命題が正しいことを示す。

という2つのことを示すことによって、すべての自然数について命題が正しいことを証明する方法のことです。

数学的帰納法を述べた論文は「数3角形論」(注19)ですが、パスカルがこの論文を書いたのは、9月25日のフェルマーからの書簡がパスカルへ送られたからだと思われます。パスカルは数3角形を利用して、分配問題をあざやかに解決してみせたのです。

数3角形とは、［図5］のように、最上段に「1」、第2段目に「1　1」と置き、第2段目の1と1の和2を第3段目の真ん中に配置します。両端は常に1とします。第4段目

の左から2番目、3番目はそれぞれ、第3段目の2数の和1+2, 2+1として得られたものです。第5段目の左から2、3、4番目は、第4段目の2数の和1+3, 3+3, 3+1として得られたものです。以下、同様にして第6段目以降が作られています。(注20)

パスカルは、この数3角形を次のように利用して分配問題を解いたのです。まず、2人の賭博者の分配問題（その1）については、Aはあと1勝、Bはあと2勝しなければならないので、1+2=3より、数3角形の第3段目を見ます。3数の合計4のうち、左2数の和3がAの取り分、残り1がBの取り分となります。また、分配問題（その2）では、Aはあと1勝、Bはあと3勝しなければならないので、1+3=4より、数3角形の第4段目を見ます。4数の合計8のうち、左3数の和7がAの取り分、残り1がBの取り分となります。さらに、分配問題（その3）では、Aはあと2勝、Bはあと3勝しなければならないので、2+3

[図5]

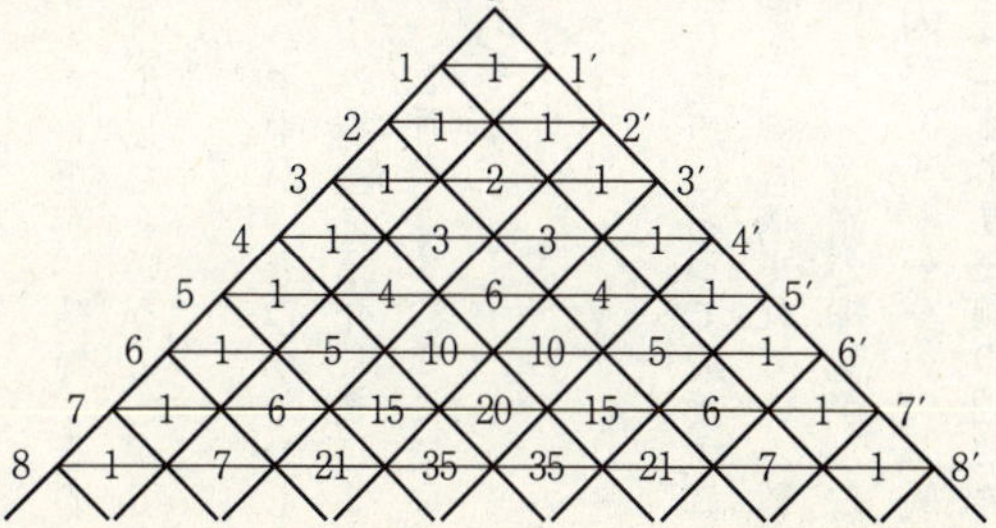

=5より、数3角形の第5段目を見ます。5数の合計16のうち、左3数の和11がAの取り分、残り5がBの取り分となります。

このように、フェルマーの組み合わせの方法を批判したパスカルでしたが、結局、その方法のよさを認めつつ、それを利用して、さらに簡潔な解決法を見出したということができます。

パスカルは「数3角形論」の中で数学的帰納法を3回使用していますが、そのうちの1つである「帰結第12」の導出において用いられている数学的帰納法の論法を紹介しましょう。まず、［図5］に示したような構成を持つ図形を「数3角形」と呼びます。ここでいくつかの定義がなされますが、以下の解説に必要なものは次の2つです。
①線分11′、22′、33′、…はそれぞれ「底辺」と呼ばれます。
②それぞれの小正方形は「細胞」と呼ばれます。
さて、「帰結第12」の内容は、「あらゆる数3角形において、同じ底辺にあって隣接する2つの細胞のうち、左側の細胞に書き込まれている数と右側の細胞に書き込まれている数の比は、左側の細胞から左端までの細胞の個数（両端の細胞を含む）と右側の細胞から右端までの細胞の個数（両端の細胞を含む）の比に等しい」という内容です。たとえば、「底辺」55′をとれば、左から第2、3番目の細胞内の数4と6の比は「4より左側の細胞の個数2」と「6より右側の細胞の個数3」の比に等しいというわけです。

試みにいくつかやってみると、確かにそのようになっています。この命題を証明するにあたって、パスカルは次のように言います。

「この命題には無限に多くの場合があるが、私は2つの補題を示すことによって、極めて短い証明を与えよう。

補題1　これは自明であるが、この比例は第2底辺において成り立っている。

補題2　もしこの比例が任意の一底辺において成り立つならば、それは必然的に次の底辺においても成り立つ。

ここから、この比例が必然的にすべての底辺において成り立つことがわかる。なぜならば、補題1によって、この比例は第2底辺において成り立つ。ゆえに、補題2によって、それは第3底辺において成り立つ。ゆえに、第4底辺においても成り立つ。以下限りなく同様である」

ここでパスカルが言っている2つの補題が前述した数学的帰納法の（Ⅰ）（Ⅱ）に対応していることは理解していただけると思います。

パスカルは（Ⅰ）に相当する内容は明らかだとした上で、「ゆえに、補題2のみを証明すればよい」と続けます。以下、パスカルによる補題2の証明を見てみましょう。

いま、この関係が第4底辺において成り立つと仮定します。すなわち、［図6］で、$A$と$B$の比が1と3の比に、$B$と$C$の比が2と2の比に、$C$と$D$の比が3と1の比にそれぞれ等しいとします。すると、同じ比例が次の第5底辺においても成り立ちます。たとえば、$F$と$G$の比は2と3の比に等しいのごとくです。なぜなら、仮定によって$A$と$B$の比は1と3の比に等しい。したがって、$A+B$と$B$の比は$1+3$と3の比に等しい。同様に、仮定によって$B$と$C$の比は2と2の比に等しいから、$B+C$と$B$の比は$2+2$と2の比に等しい。ところで、$B$と$F$の比は3と4の比に等しいのですから、交錯比(注21)によって、$G$と$F$の比は3と2の比に等しいことになります。

パスカルはこれで「証明終」としています。なぜなら、この証明は、この比例が直前の底辺において成り立つということと、各細胞は直前の細胞と直上の細胞との和に等しいということのみにもとづいているのですが、このことは至るところにおいて真なのですから、残るすべての場合についても、同様にして同じことが示されるはずだというわけです。

こうして、有限な思考を無限に繰り返すことによって無限を克服する新しい証明法としての数学的帰納法が発見されたのですが、それは人間の思考の有限性を自覚したパスカルであったからこそ可能であったとも言えるでしょう。

[図6]

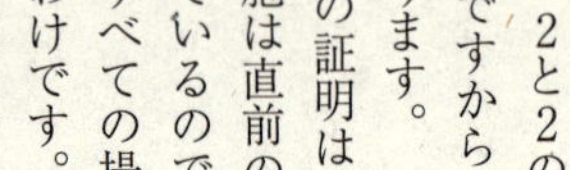

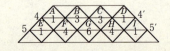

（注1）ザラ（Zara）とはイタリア語で、中世に流行したサイコロの賭けを意味する。勝負が決まらないとき、「ザラ！」と叫ぶので、この名称が付けられたと言われる。
（注2）Dante Alighieri（1265－1321）イタリア・フィレンツェ生まれの詩人で、ルネサンスの先駆者の1人。彼岸の国の旅を描いた叙事詩『神曲』は有名。
（注3）Luca Pacioli（1445頃－1517）トスカナの修道士で、ローマやヴェネチアなどで数学を教授した。『数学大全』のほか、1509年には『神聖な比例について』を公刊した。
（注4）『数学大全』の正式な名称は『算術、幾何、比および比例大全』で、「大全」を意味する「Summa」から、通常『スンマ』と略称される。フィボナッチの『算盤の書』（1202）以後に現れた最初の広汎《こうはん》な著述。
（注5）Gerolamo Cardano（1501－1576）イタリア・ミラノ近郊のパヴィアで、法律家の私生児として生まれ、パヴィアとパドヴァの大学に学び、後に医者ともなり、一時はパヴィア市長ともなった。『大なる術』（1545）を出版し、3次、4次方程式の解法を公表したことでも有名。
（注6）Galileo Galilei（1564－1642）イタリアの物理学者。落下法則の発見のほか、振り子の等時性の発見、木星の4つの衛星の発見、地動説の支持などで有名。
（注7）この短編は国定版『ガリレオ・ガリレイ全集』の第8巻に収録されている。
（注8）Chevalier de Méré（1610－1684）ポワトゥー出身の軍人でたびたびの戦闘に参加した後、粋人としての生活を送る。パスカルは宮廷貴族のロアンネス公の手びきでポワトゥーに赴いたが、その折メレと懇意になった。

（注9）「得でない」というのは、確率が2分の1より小さいという意味。

（注10）単純な比例計算による。

（注11）Blaise Pascal（1623－1662）フランスの物理学者、数学者、哲学者。幼い頃から幾何学の才能を発揮し、16歳のとき、円錐《えんすい》曲線に内接する6辺形の3組の対辺の延長線が交わってできる3点が一直線上にあるという「パスカルの定理」を発見した。また、計算機を初めて製作したのはパスカルで、それは父親の仕事を助けるためであったという。

（注12）この論文は「数3角形論」のこと。

（注13）ピストルはフランスの古金貨のこと。

（注14）Pierre de Fermat（1601－1665）フランスの法律家で、数学者。トゥールーズ大学で法律を学び、一生を弁護士や地方議員として過ごしたが、余暇に数学を研究した。微分・積分の考え方、解析幾何学の考え方などの近代数学の基礎を築いた。また、数論の研究では、フェルマーの大定理が有名。

（注15）Gilles Personne de Roberval（1602－1675）フランスの数学者で、ロワイアル・コレージュの数学教授。接線法を研究するとともに、カヴァリエリと同じ頃、彼もまた不可分量の考えに達し、1634年に『不可分量論』を出版した。

（注16）9月25日のフェルマーからパスカルへの書簡で説明されている。

（注17）加法定理とは、「事象A、Bが排反のとき、AまたはBが起こる確率は、Aの起こる確率とBの起こる確率の和に等しい」という内容。

（注18）乗法定理とは、「事象A、Bが独立のとき、AもBも起こる確率は、Aの起こる確率とBの起こる確率の積に等しい」という内容。

（注19）「数3角形論」は1654年に印刷されたが、パスカルの死の直後1665年にパリで出版された。
（注20）数3角形は、$(a+b)^n$の展開式の係数を配置したものでもある。
（注21）交錯比とはユークリッド『原論』第5巻定義18に由来するもので、3個の量の対 $(a, b, c)$ と $(A, B, C)$ において、$a:b=B:C$、$b:c=A:B$が成り立つならば、$a:c=A:C$が成り立つことを意味している。

## 4　解析幾何学の誕生

### デカルトの『規則論』

デカルト[注1]は解析幾何学の創始者の1人とされていますが、それは『方法序説』（1637年）の第2部に見られる「……幾何学的解析と代数学とのあらゆる長所を借り、一方の短所のすべてをもう一方によって正そうと考えました」という言葉に端的に表現されています。

『方法序説』の正確な書名は『みずからの理性を正しく導き、もろもろの学問において真理を探求するための方法についての序説、およびこの方法の試論なる屈折光学、気象学、幾何学』というもので、『屈折光学』『気象学』『幾何学』という3つの試論に対する序文という性格を持っています。

デカルト

『方法序説[注2]』は全6部から成っていますが、解析幾何学に関わる主要な内容は第2部で扱われています。第2部の後半で、デカルトは、すべての事物の認識に至るための真の方法を探求するため、論理学、幾何学的解析、代数学という3つの学問が役に立つと考えて、熱心に学んだと告白しています。そして、3つの学問の長所を含みながら、欠点を抜きにした、何か他の方法を探求しなければならないと述べた上で、論理学を構成しているおびただしい規則の代わりに、〈明証〉〈分析〉〈総合〉〈枚挙〉という4つの規則で十分であると主張しているのです。

　このように、『方法序説』の第2部は解析幾何学についてのデカルトの思索の跡が圧縮して記述されたものと考えられますが、その思索をより詳細に知るためには、『精神指導の規則』[注3]（以下、『規則論』とする）を見なければなりません。この『規則論』は1628年頃の著作と言われ、真理発見の方法のための21個の規則から成る未完のラテン語論文で、デカルト流解析幾何学誕生に至る重要な1段階として位置づけることができます。

　規則第1から規則第12までは、認識の形而上学《けいじじょうがく》が単純な命題の必然的結合から成ることが示されていますが、とりわけ規則第3〜7が重要です。規則第3では「提示された対象に関して探求されるべきは、……われわれが何を明晰に、かつ明証的に直観できるか、あるいは、何を確実に演繹できるか、ということである。なぜなら、それ以外の方法では学問は得られないからである」と述べられていて、「明証性の規則」と呼ばれています。

　デカルトは、規則第4において「事物の真理の探求には方法が必要である」と述べた上で、規則第5において、複雑なものを単純なものに還元し、しかる後、単純なものの直観から他のすべてのものを演繹する、という「分析の規則」と「総合の規則」の2つから成る「方法の規則」を示しています。さらに規則第6で、「方法の規則」においては、単純なものから複雑なものへと順序だった系列・配置において、配置された系列中の1つ1つのものが単純なものからどれだけ隔たっているかを見極めねばならないことが強調されているのです。

規則第7では「知識を完成させるためには、われわれの目的に関係ある事柄をすべて1つ1つ、連続的かつどこにおいても中断されていない思惟《しい》の運動によって通覧し、かつそれらを十分な順序正しい枚挙によって総括すべきである」と述べられていて、今日では「枚挙の規則」と呼ばれています。

これら「明証性の規則」「分析の規則」「総合の規則」「枚挙の規則」という4つの規則が『方法序説』第2部で簡潔に述べられているのです。これら4つの規則は、すでに知られている学問の中で、誤謬《ごびゅう》や不確実の弊を免れている数学（数論と幾何学）の考察から、デカルトが抽出したものなのです。

## 「同次元の法則」からの脱却

『規則論』の規則第13以後は、数学の問題の解決方法が論じられています。規則第13では、問題の既知の要素と未知の要素とを正確に見極めねばならないことが主張され、規則第14

においては「問題を物体の実在的延長に移し、あらわな図形によって、すべてを想像に呈示すべきである」と述べられています。そうすることによって、問題は悟性によってはるかに判明に把握されるのだ、とデカルトは言うのです。

デカルトは、規則第14で「延長」に関する議論を展開した後、「連続量の諸次元の中、明らかに、長さと幅より以上に判明に想い浮かべられるものは存在しない」と述べ、「直線および直角で囲まれた面、または直線以外のいかなる図形も保有されるべきではない」と結論づけるのです。このように、『規則論』の執筆当時には、デカルトは「線」と「面」を延長的な基体と考えていたのですが、次第に「線」のみを延長的基体と見なすようになります。

実際、デカルト流の解析幾何学の特徴が見られる『幾何学』(注4)の第1巻においては、「ところで注意すべきは、$a^2$あるいは$b^3$などによる表現は平方とか立方とかの代数学で用いられている用語で呼ばれるが、私にとっては、単純な直線を意味するにすぎない」と述べられているのです。

デカルト以前には、古代ギリシアの伝統にしたがって、$a^2$は$a$を一辺とする正方形の面積を、$b^3$は一辺が$b$の立方体の体積を表すものとされていました。そして、線分は線分同士、面積は面積同士、体積は体積同士の間でのみ加減することが可能とされていたのです。というのも、次元の異なる量、たとえば線分と面積の和や差などは実在的に無意味だったからです。これは「同次元の法則」と呼ばれています。今日的な記号代数の端緒を切り開いたヴィエタの『解析術入門』においても、この同次元の法則に縛られていましたし、デカルトも、『規則論』の規則第16において「実をいうと私自身も、かかる名称に長い間欺かれていた」と告白しています。

『幾何学』に至って、ようやく同次元の法則からの脱却がはかられたのです。これが実は、デカルトの『幾何学』第1巻のねらいであったとも言えます。

**代数的演算と幾何学的作図**

『幾何学』第1巻は「幾何学のあらゆる作図題は、いくつかの線分の長ささえ知れば作図しうるような諸項へと、容易に分解することができる」という文章で始まり、代数における加減乗除と開平が幾何学における作図に結びつけられています。

2つの線分 $a$、$b$ $(a>b)$ が与えられたとき、その和 $a+b$ と差 $a-b$ を表す線分を作図することは容易にできます。では、積 $ab$ や商 $b/a$、平方根 $\sqrt{a}$ を表す線分はどのように作図できるのでしょうか。これについては、単位線分が(注5)

［図1］

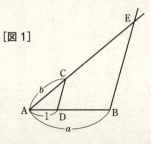

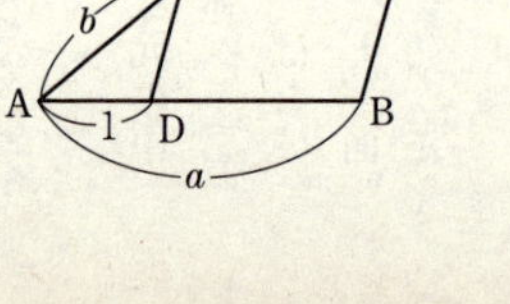

与えられれば次のようにして作図することができます。

[図1]のように、線分$a$(AB)、$b$(AC)を適当な角度をなすように描きます。そして、線分$a$上に単位線分ADをとります。点C、Dを結び、点Bから線分CDに平行にBEを描きます。すると、線分AEが積$ab$を表すことになるのです。なぜなら、$\triangle ADC \backsim \triangle ABE$ですから、$1:a=b:AE$となり、$AE=ab$となるからです。

また、商$b/a$については、[図2]のように、点B、Cを結び、点Dから線分BCに平行にDEを描きます。すると、線分AEが商$b/a$を表すことになるのです。なぜなら、$\triangle ADE \backsim \triangle ABC$ですから、$1:a=AE:b$となり、$AE=\frac{b}{a}$となるからです。

平方根$\sqrt{a}$については、[図3]のように、線分$a$(AB)と単位線分(BC)を一直線にして描きます。次に、ACの中点Oを中心とし、半径OAの半円を描きます。そして、点

[図2]

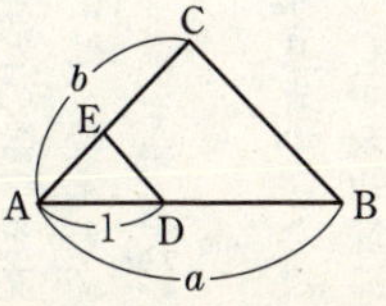


[図3]

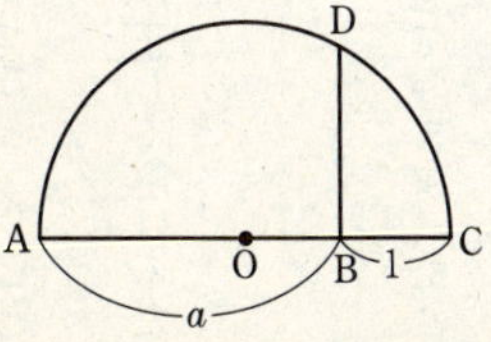

Bから垂線BDを立てますと、線分BDが平方根$\sqrt{a}$を表すのです。なぜなら、△ABD ∽△DBCですから、$a$：BD＝BD：1となり、$BD^2 = a$となるからです。

こうした準備の後、デカルトはギリシア以来の幾何学の問題をより秩序正しく解けるだけでなく、ギリシア幾何学の制約を超えることが可能であることを実証するのです。

## デカルトの記号法

記号代数はヴィエタに始まりますが、デカルトはそれをさらに発展させています。たとえば、『規則論』の規則第16においては、

「……困難の解決にあたって、ひとまとまりのことと見なすべき事柄はすべて、ただ1つの記号によって表示することにする。この記号は任意に作ってよい。けれども、分かり易いように、文字$a$、$b$、$c$などを既知量を表すのに用い、$A$、$B$、$C$などを未知量を表すのに用いよう。そして、それらの量の数を示すために1、2、3などの数字を文字の前に付け、またそれらの量が含むと考えるべき関係の数を示すためには、数字を文字の後へ付けよう。そこで、たとえば$2a^3$と書けば、これは$a$なる文字によって示され、かつ3つの関係を含むところの量の2倍、ということになる」

と述べられていて、私たちが現在用いている記号法と同じであることがわかります。ただ、『規則論』の段階では、小文字の$a$、$b$、$c$が既知量に、大文字の$A$、$B$、$C$が未知量に

対して使用されていますが、この記号法は『幾何学』では捨てられて、現在の代数学のように、未知量に対しては$x$、$y$、$z$、既知量に対しては$a$、$b$、$c$が使用されています。このように、『幾何学』に見られるデカルトの記号法は今日のものときわめて近い段階に達していることがわかります。今日の記号法と異なる点と言えば、等号の記号として「＝」が使用されず、「∞」が使用されていること、$y^2$と書くべきところが「$yy$」と書かれていることの2点にすぎません。(注6) また、今日の根号記号「√」を初めて使用したのもデカルトでした。

## デカルトの解析幾何学

デカルト流の解析幾何学の特徴は、『幾何学』の中に現れていますから、それを見てみましょう。『幾何学』の第2巻は「曲線の性質について」という表題が付けられ、双曲線の作図と代数方程式への還元が試みられていて、これがデカルト流解析幾何学の原理が見られる最初の事例となっています。

デカルトによる双曲線の作図は［図4］を示してなされます。定規GLは点Gで固定され、点Lが直線AK上を動

［図4］

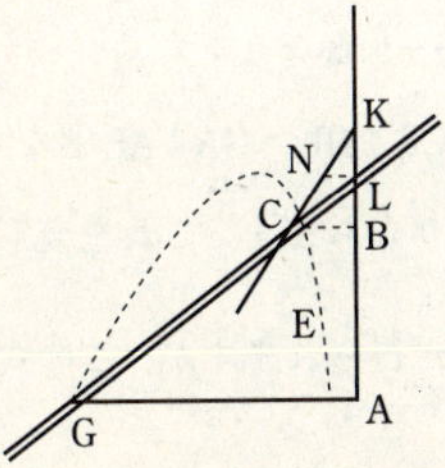

くようになっています。また、三角形KNLは一定に固定された3辺を保つという条件のもとに動かされます。そして、定規と三角形の一辺KNの延長との交点Cの軌跡として双曲線が作図されるのです。

この作図の後、比例計算を用いることによって、双曲線が代数方程式に還元されるのですが、このとき、点CからAKにおろした垂線の足を点Bとし、AB = $x$, CB = $y$として、これら相互の関係を見出そうとするのです。その過程は［計算1］に示した通りです。

この双曲線の作図からわかることは、双曲線が2つの直交している線分AB = $x$とCB = $y$の変動によって表現されていることです。ここに、解析幾何学の原理を見ることができますし、デカルトが解析幾何学の創始者の1人と考えられる理由の一端があるとも言

［計算1］

AG、KL、NLは一定ですから、AG = $a$、KL = $b$、NL = $c$と置きます。△KNL ∽ △KCBですから、NL：LK = CB：BKとなり、$\mathrm{BK} = \dfrac{b}{c}y$ となります。

また、$\mathrm{BL} = \dfrac{b}{c}y - b$、$\mathrm{AL} = x + \dfrac{b}{c}y - b$ となります。

一方、△LBC ∽ △LAGですから、CB：BL = GA：ALとなり、$y : \left(\dfrac{b}{c}y - b\right) = a : \left(x + \dfrac{b}{c}y - b\right)$が成り立ちます。これを変形すれば、$y^2 = cy - \dfrac{c}{b}xy + ay - ac$ (注7) が得られますが、この式は双曲線を表しています。

えます。

しかし、デカルトにおける $x$ と $y$ の使用法は、現在のものとは逆になっていますし、変数とそれに対する関数値という意識が明瞭《めいりょう》ではありません。それは、デカルトが作図の問題から図形の考察に向かうという道筋を歩んだからだと言えます。

これに対して、一直線をとり、その上の変数 $x$ の値に対する $y$ の値を垂直な線分としてとり、$x$ と $y$ の変動にもとづいて図形を描いたのがデカルトと同時代のフェルマーでした。この点において、今日的な解析幾何学の原理はフェルマーの方法の中に、より鮮明に現れていると言えます。

### フェルマーの解析幾何学

デカルトが『規則論』を書いた1628年頃とほぼ同じ1629年には、フェルマーは2つの重要な発見を行っています。1つは解析幾何学に関すること、もう1つは無限小解析に関することです。後者については次の第5章で扱うこととし、ここでは、前者の内容を見てみましょう。

フェルマーは「平面および立体の軌跡入門」(注8)において、$xy = a^2$ という形の双曲線を次のようにして描いています。[図5]において、NMとNRを直交させ、NM上に任意の点Zをとり、垂線ZIを立てます。点Iをどのように決めるかというと、あらかじめNM

とMOを2辺とする長方形を作っておいて、$z^2$に等しくなるようにしておき、NZとZIを2辺とする長方形が$z^2$に等しくなるように、点Iを決めるのです。

　このように、任意の点Zにおいて立てた垂線の端点Iが描く軌跡が双曲線だと、フェルマーは述べ、その方程式を「A in E aeq. Z pl.」と書いているのです。この方程式は、現在の記法では、$A = x, E = y$とし、$z^2$はあらかじめ規定されていますから、$z^2 = k$と置きますと、$xy = k$と表されます。記号「aeq.」は現在の等号の記号「=」を意味しています。

［図5］

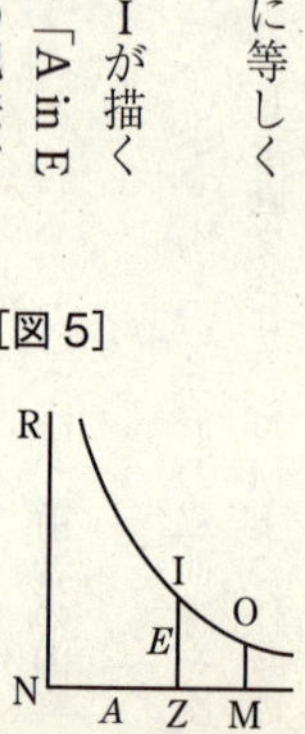


　つまり、Aが独立変数$x$の値の変化を表し、Eが従属変数$y$の値の変化を表していると考えれば、横軸に$x$軸をとり、それに垂直に縦軸（$y$軸）をとるという現代的な解析幾何学はデカルトよりもフェルマーによって意識的に捉えられていると言ってよいと思われます。これは作図の問題から出発したデカルトに対して、軌跡を考えたフェルマーの方法の当然の帰結と言えるかもしれません。フェルマーが軌跡の問題を考えるようになったのは、アポロニオスの『平面の軌跡』を復元する仕事を引き受けたことが契機になったものと思われます。

　前述したように、デカルトよりもフェルマーの方により現代的な解析幾何学の発想が見られるとは言うものの、フェルマーの記号法は実に古めかしいものでした。等号の記号「aeq.」は、等しいという意味のラテン語「aequatur」を省略して作られた記号であり、古代ギリシアのディオファントスの域を出ていません。また、未知量に大文字母音の$A$、$E$を、既知量に大文字子音のZを使用しているのは、ヴィエタを踏襲していることがわかります。

## デカルトとフェルマーの比較

以上、見てきましたように、解析幾何学はデカルトとフェルマーの2人によって発明されたと考えるのが妥当と言えます。つまり、現代の解析幾何学は、記号法においてはデカルト流であり、縦軸・横軸のとり方についてはフェルマー流なのです。しかし、なお今日において、デカルトが解析幾何学の創始者とされるのは、彼によって初めて「同次元の法則」からの離脱がはかられたからだと思われます。

フェルマーにおいては、たとえば一般的な1次方程式が、今日の記法で書けば$ax + by = c^2$と書かれていて、依然として同次元の法則に縛られていました。デカルトの方程式も、結局は2次の項で統一されているという点においては、フェルマーと大差ないとも言えますが、デカルトにおいては、2次の項も1次の項も代数記号の1つとして、「線分」として同質化されているのです。

これに対して、古代ギリシアの曲線の分類にしたがって、直線と円を平面的、放物線、楕円《だえん》、双曲線を立体的と呼び、論文名を「平面および立体の軌跡入門」としたのがフェルマーでした。つまり、フェルマーはギリシア的であり、デカルトは非ギリシア的と言ってもよいでしょう。このような2人の相違は何に由来するのでしょうか。

ここで思い出されるのは、アラビアの代数学です。アラビアの代数学では、根、平方、数（それぞれ$x$、$x^2$、定数）という3種類の数量から成る6種類の方程式が扱われていましたが、それらは「平方と根とが数に等しい場合」（$ax^2 + bx = c$）とか「平方と数とが根に等しい場合」（$ax^2 + c = bx$）などと述べられて分類されていました。これからわかるように、アラビアの代数学では、根と平方と数とが同質化されているのです。それは、2次の項も1次の項も線分として同質化するというデカルトの「線分の代数学」と共通しており、その意味で、デカルトはギリシア的でなくアラビア的だと言えます。

ギリシアの数学では計算よりも数論が重んじられましたが、アラビアの数学では代数計算が重視されました。この「数論」重視のギリシアと「計算」重視のアラビアの相違が、解析幾何学（注9）におけるフェルマーとデカルトの相違となって具現化しているのではないでしょうか（注10）。古代ギリシアの数論と幾何学を研究しつつ、アラビアの代数学的な方向を採り入れて、ギリシアからの離脱をはかることのできたデカルトであったからこそ、解析幾何学の創始者となりえたのでしょう（注11）。

（注1）René Descartes（1596－1650）フランスの哲学者、数学者。フランスのトゥーレーヌ州ラ・エで、貴族の家に生まれた。イエズス会系の名門校ラ・フレーシュ学院に入学し、人文学とスコラ学を中心に学んだ後、ポワティエ大学で医学と法学を学んだ。卒業後はオランダへ行き、志願士官として軍隊に入った。そこで偶然ベークマン（Isaac Beeckman、1588－1637）と知り合い、数学を自然研究に利用する方法を得るとともに、落下法則についての共同研究を行った。1619年の冬、ドイツ・ノイブルクの宿舎で、独り炉部屋に閉じ籠《こも》って思索を重ね、普遍的方法によって学問を統一する構想を得て、この仕事に一生を捧《ささ》げる決心をした。

（注2）『方法序説』はデカルトの主著の1つで、オランダのレイデンで出版された。3つの試論を含めて、全体で500頁を超える大著であり、その最初の78頁が『方法序説』となっている。

（注3）『規則論』はデカルトの死から50年の後に、『自然学と数学とに関する遺稿小論集』の中の一篇として、1701年にアムステルダムで出版された。「規則第12」の終わりの部分で、『規則論』は全3巻に分かれ、各巻はそれぞれ12の規則から成るとされているが、「規則第21」で終わっている。しかも、規則第19、20、21は掲げられているだけで、説明がないため、満足なのは「規則第18」までとなる。

（注4）『幾何学』は1636年11月から1637年3月の間に執筆されたと考えられている。

（注5）単位線分とは、長さ1の線分のこと。

（注6）等号の記号として「＝」を使用したのは、イギリスのロバート・レコード。

（注7）デカルトの記号法では、$yy \propto cy - \frac{cx}{b}y + ay - ac$ のように書かれている。つまり、$y^2$ は「$yy$」と書かれ、等号の記号としては「$\propto$」が使用されている。

（注8）「平面および立体の軌跡入門」はフェルマーの生存中には出版されなかったため、多くの人は解析幾何学をデカルトの発明と見なしていた。

（注9）フェルマーとギリシアの数論の関わりについては、本書第Ⅰ部第5章を参照。

（注10）デカルトが、たとえばアラビアのアル＝フワーリズミーの代数学書を直接読んだかどうかは不明。

（注11）「解析幾何学」という命名はニュートン（Isaac Newton、1642－1727）による。また、『解析幾何学』という書名の最初の本は、1801年にパリで出版されたベルギーの数学者ガルニエ（Jean Garnier、1766－1840）の教科書『初等解析幾何学』。

## 5　接線問題と求積問題

ある曲線上の点において引かれる接線は古代ギリシアの頃から考察されていました。たとえば、ユークリッド『原論』第3巻定義2では「円と会し延長されて円を切らない直線は円に接するといわれる」のように、円の接線が取り上げられていますし、アルキメデスの著作『螺線について』においては、螺線《らせん》の接線が扱われています。さらに、アポロニオスは円錐曲線の接線について論じています。

しかし、古代における接線は静的であって、点の運動と結びついた動的なものではありませんでしたし、主要な関心は曲線そのものにあり、接線は曲線の諸性質を明らかにするための補助的手段に過ぎませんでした。

接線に関する研究が深まるのは、運動する点の軌跡として曲線を捉えるとともに、運動する点の瞬間速度などに関心が向けられるようになる近代になってからのことです。そして、デカルトやフェルマーによって発明された解析幾何学的な手法が接線問題の研究を推進させたとも言えます。

一方、平面および立体図形に関わる長さ、面積、体積を求める求積問題も、近代になって急速に発展していきました。古代において扱われた図形は円や球、円錐曲線から作られる平面および立体図形などに限られていましたが、近代になって、もっと複雑な図形が扱われるようになり、求積問題に対する研究が深まっていったのです。

この接線問題と求積問題は、当初は別々の問題として研究されていましたが、後に、微積分法の発見によって、両者はきわめて密接な関係にあることが明らかになります。微積分法の発見は第8章にゆずるとして、本章では、微積分法発見前夜に位置づけられる「接線問題」と「求積問題」に関する歩みを見ることにしましょう。

## デカルトの接線法

近代数学の生成期において、多くの数学者の関心を集めていた接線決定法について、デカルトは『方法序説』（1637年）の附録として付けた『幾何学』の第2巻に自分自身の主張を展開しているのですが、そこでは、接線の決定を直接には論ぜず、接線と直交する法線の決定を考察の中心においています。それは、当時の彼の関心が屈折光学に向けられていたからだと思われます。(注1)

デカルトは法線の問題について、「曲線のすべての性質を見出すためには、そのすべての点が諸直線に対して持つ関係と、その曲線上のすべての点でこれを直角に切る他の線を引く方法を知れば十分である」と述べた後、彼自身が創案した解析幾何学の方法を用いながら、法線決定の問題を次のように論じていくのです。［図1］のように、CEを与えられた曲線とします。点Cを通り、曲線CEと直交する直線を描くのですが、いま問題が解けたとして、それをCPとします。そして、曲線CE上のすべての点をGA上の点に関係づけることにするのです。すなわち、GAを座標軸と見なしていることになります。

ここで、MA＝$y$、CM＝$x$、CP＝$s$、PA＝$v$と置くと、△CPMは直角3角形ですから、三平方の定理により、$s^2=x^2+(v-y)^2$が成り立ちます。よって、$x^2=s^2-v^2+2vy-y^2$となります。

さて、ここでデカルトは曲線CEを楕円と見なして考察を進めます。$r$を通径、$q$を横径としますと（注2）、アポロニオスの『円錐曲線論』第1巻命題13によって、$x^2=ry-\frac{r}{q}y^2$という楕円の方程式が得られます。ここの$x^2$に、先ほど得られた式を代入して整理すると、

$$y^2+\frac{qry-2qvy+qv^2-qs^2}{q-r}=0\cdots\ (1)$$

［図1］

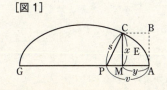

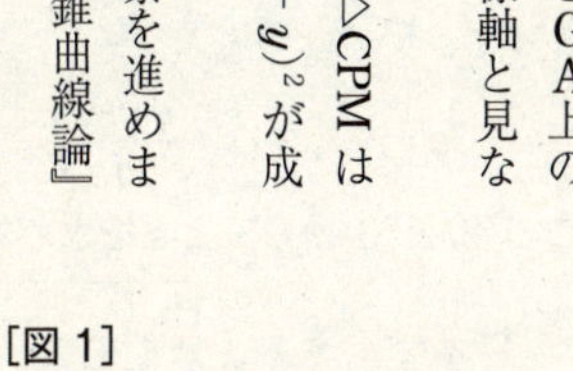

という方程式が得られます(注3)。

ところで、このような方程式は $x$ または $y$ を知るために使うのではありません。それらは、点Cが所与ですから、すでに与えられているのです。そうではなくて、求める点Pを定める $v$ または $s$ を見出すために用いるのです。そのためのデカルトの方法を要約しますと、［計算1］のようになります。

以上、見てきましたように、デカルトの法線決定法は方程式の2重根という考えに帰着されるような代数的性格のものです。しかも、当の法線の求められている曲線は彼が他に挙げている

**［計算1］**

［図2］において、点Pが求める通りのものであれば、点Pを中心とし、点Cを通る円はそこでCEを切ることなく、これに接することになります。したがって、方程式 (1) の2根は等しくなければなりません。この等しい根を $e$ としましょう。すると、$y$ を $e$ と等しいと置いて得られた式 $(y-e)^2=0$ は、式 (1) と同じ形であるはずです。そこで、両者の $y$ に関する係数を比較し、等置することによって、

$$\frac{qr-2qv}{q-r}=-2e\cdots\cdots(2)\qquad \frac{qv^2-qs^2}{q-r}=e^2\cdots\cdots(3)$$

が得られます。この(2)と(3)から $v$ と $s$ を求めると、

$$v=e-\frac{r}{q}e+\frac{1}{2}r\qquad s=\sqrt{\frac{r^2}{q^2}e^2-\frac{r}{q}e^2-\frac{r^2}{q}e+re+\frac{1}{4}r^2}$$

となります。ここで、$e=y$ とすると、

$$v=y-\frac{r}{q}y+\frac{1}{2}r\qquad s=\sqrt{\frac{r^2}{q^2}y^2-\frac{r}{q}y^2-\frac{r^2}{q}y+ry+\frac{1}{4}r^2}$$

となり、$v$ と $s$ が求められるわけです(注4)。

例を見てもわかりますが、いずれも代数曲線です。(注5)したがって、デカルトが『幾何学』で展開した法線決定法はすぐれて代数的であり、基本的には動的・極限的な態度は見られないと言ってもよいでしょう。

ただし、[図2]に即して言えば、「2点C、Eが互いに近づけば近づくほど、これらの2根の差は小となり、最後に2点が1点に帰するとき……」と述べられていて、わずかに動的側面が見受けられます。デカルトの接線法は、次に述べるフェルマーの接線法との論争の中で、新しい段階に移行し、近代的な接線論へと発展していくことになります。

[図2]

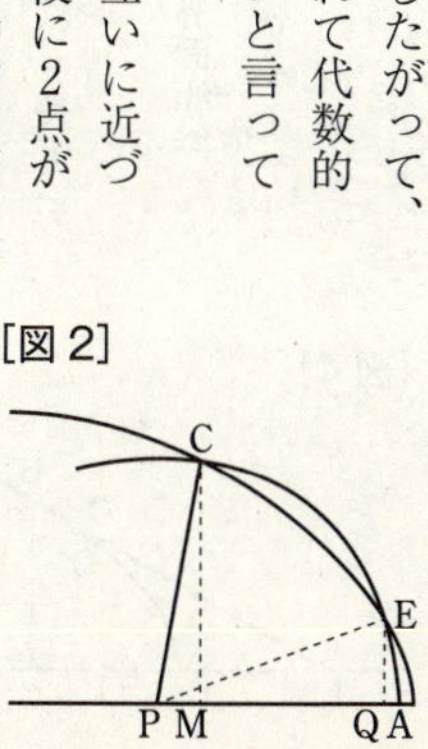


**フェルマーの接線法**

フェルマーの接線法は、彼の極大極小法の一応用問題として位置づけられています。現存するフェルマーの論文の最初のもの「第1論文」は1629年頃に書かれたものと言われ、「極大と極小を決定する方法および曲線への接線」と題されています。(注6)

この論文では、線分を2分してできる2つの部分線分の積を最大にする例が示されています。[図3]のように、線分ACがあり、これを点$E$で分割し、長方形AE・ECが最大になるようにするのです。

線分ACを$B$、$B$の一方の部分を$A$とすると、他の部分は$B-A$となります。このとき、$A(B-A)$が最大となるべきものとなります。次に、$B$の一方の部分を$A+E$と置くと、他の都分は$B-A-E$となり、この場合は$(A+E)(B-A-E)$となります。これら2つは近似的に等しいと置かれなければなりません。したがって、$A(B-A) \sim (A+E)(B-A-E)$となり、整理すると、$BE \sim 2AE+E^2$となります。ちなみに、フェルマーはこの式を「B in E adaequabitur A in E bis + Eq」と書いていますから、彼の記号法は古代的であることがわかります。さて次に、両辺を$E$で割れば、$B \sim 2A+E$となりますから、$E$を消去（$E$消去法）して$B=2A$が得られ、初めの線分を2等分すれば、長方形AE・ECが最大となることがわかります。

また、フェルマーは1643年頃の「極大極小法の解析的探究」と題する第3論文において、所与の線分ACを点Eで内分したとき、$AE^2 \cdot EC$を最大にする場合を扱っています。その方法は第1論文のそれと同様ですが、この場合は$E^2$、$E^3$などの項が現れ

[図3]

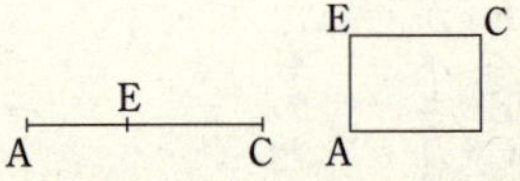


[図4]

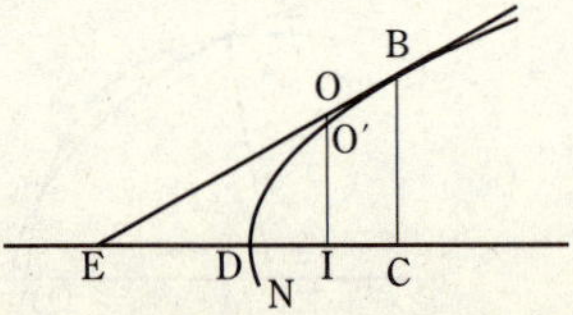

ます。フェルマーはこれらの項を無視し、Eの最低巾《べき》を含む項のみを取り出して、AC：AE＝3：2とするとき最大であるとの結論を引き出しているのです（注7）。

フェルマーの極大極小法では、最大値を与える点がユニークに存在することが前提とされています。だからこそ、先に見たように、線分割点Eが1つとられ、線分の長さを$A$、$B$として安心して表せるのです。この点において、フェルマーは前近代的と言わねばなりません。なぜなら、最大（小）

**[計算2]**

［図4］のように、放物線BDNがあり、点Dを頂点、DCを軸とします。曲線上の点Bにおいて接線BEが描かれ、軸との交点をEとします。接線BE上に任意の点Oをとり、縦線OIを引きます。また、点Bから縦線BCを引くと、CDのDIに対する比は$BC^2$の$OI^2$に対する比より大きくなります。なぜなら、点Oが放物線の外側にあるからです。

したがって、$\frac{CD}{DI} > \frac{BC^2}{OI^2}$が得られます。また、$\triangle EIO \backsim \triangle ECB$ですから、$\frac{BC^2}{OI^2} = \frac{CE^2}{IE^2}$となり、$\frac{CD}{DI} > \frac{CE^2}{IE^2}$が成り立ちます（注8）。

さて、点Bは与えられていますから、BCも与えられていますし、点CもCDも与えられています。それゆえ、CD＝$D$、CE＝$A$、CI＝$E$としますと、$\frac{D}{D-E} > \frac{A^2}{A^2+E^2-2AE}$となります。これを整理し、極大極小法にしたがって、近似的に等しく置き、$E$の最低巾のみの項を含む式とした後、$E$消去法によって、$A=2D$が得られます。したがって、CEの長さがCDの長さの2倍であるようにすれば接線を決定することができるのです（注9）。

メルセンヌ

値の存在や値は問題の条件に従いながら探出されるべきものであるからです。また、フェルマーの方法は近代的な極限計算の発想とは異なり、単に$E$の最低巾のみを含む項から成る方程式を作るためのものであることがわかります。

次に、フェルマーの接線法を見てみましょう。それは第1論文において、［計算2］のように展開されています。

フェルマーの接線法[注10]に見られる接線概念はギリシア風の固定的な接線観であり、接線と割線とははっきりと区別され、両者は何の移行もないものとして捉えられています。デカルトはこのフェルマーの接線法をメルセンヌ[注11]を介して知り、その方法をより合理的に修正しようとしたのですが、デカルトの接線法は実は単なる修正ではなく、本質的な意味での近代性を示しています。

接線を割線の極限として動的に捉える近代的な接線観[注12]は、デカルトがフェルマーとの接線論争の中で初めて到達し、1638年6月のアルジ宛の手紙の中で述べられることになるのです。次に、それを見てみましょう。

### デカルトの新しい接線法

デカルトのより近代的な接線法は次のように展開されています。［図5］において、曲線ABDは与えられたものとし、点Bもまた、その曲線上で与えられているとします。ACの延長上に点Eをとり、EとBを結ぶ直線が曲線をBとDで切るとします。ここで、$BC = b$, $AC = c$とし、縦線BCとDFとの比を$g : h$としておきます。

まず最初に点Eを定めなければなりません。そのために、$EC = a$, $CF = e$と置いて、$\triangle ECB \backsim \triangle EFD$より成り立つ$EC : BC = EF : DF$から、$DF = \frac{ba + be}{a}$が得られます。ところで、DFは与えられた曲線に描いた1つの縦線ですから、それをまた別の項で表すことができますが、その項は曲線の性質に応じて異なります。今その曲線を3次放物線としますと、[計算3]のようにして、点Eが定められます。

さて、EBが接線であるとしますと、[図6]のように、線分DFはBCとまさに一致することになります。したがって、比$g : h$において、$g = h$とすればよいことになり、$ha = ga + ge$は$a = a + e$となって、$e$は無に等しいことになります。このことから、$a$の値を求めるには、第1の方程式において、$e$の乗ぜられているすべての項を0とすれば

[図5]

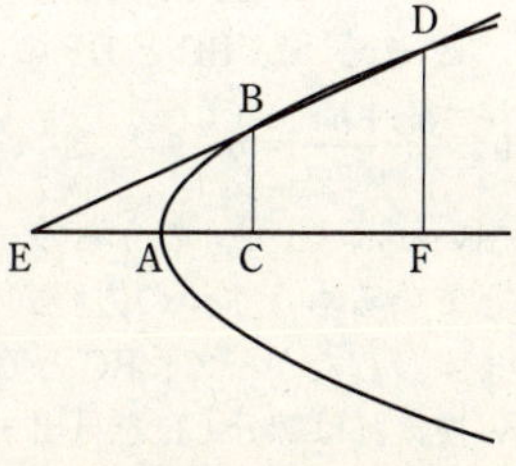

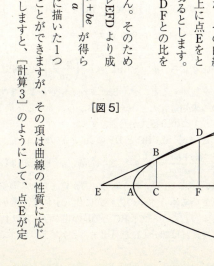

よいことになります。ゆえに、$a=3c$となり、線分ECが線分ACの3倍となるように点Eを定めることによって接線が決定されるのです。デカルトのこの新しい接線法が、彼自身の『幾何学』において展開した接線法よりはもちろんのこと、フェルマーの接線法よりも一段と進歩したものであり、まさに動的な近代的接線法に近づいていることがわかります。

デカルトの古い接線法は代数曲線にしか適用できないものでしたし、フェルマーはギリシア風に接線と割線との本質的相違にあくまで固執していました。これに対して、デカルトの新しい接線法は新しい

[計算3]

ACのAFに対する比は、BCの立方に対するDFの立方に対する比と同じになります。したがって、$c:(c+e)=b^3:\left(\frac{ba+be}{a}\right)^3$が成り立ち、$c:(c+e)=1:\left(\frac{a+e}{a}\right)^3$となります。そして、これを整理すると、$a^3=3ca^2+cae+ce^2$となります。ここには、2つの未知量$a$と$e$がありますから、それらを決定するためには、もう1つの方程式が必要です。

ところで、BCとDFの比を$g:h$としていましたから、$b:\frac{ba+be}{a}=g:h$となり、$ha=ga+ge$が得られます。これを用いれば、$a$と$e$のうちの一方が定まり、この値をすでに導き出しているもう1つの方程式に代入すれば、残りのものも定まります。したがって、BCとDFの比が与えられれば、点Eを、言い換えれば線分CEを見出すことができるわけです。

段階にあります。デカルトのアルジ宛の書簡に見られる2つの図（図5と図6）を並べてみるだけでも、割線の移動によって生じる極限的地位にあるものが接線であること、接線と割線が運動によって相互に関連を保っていることは明白です。

このように、デカルトは接線と割線とを切り離して特別扱いすることなく、いわば平等に処遇しています。そして、割線の運動を媒介として接線を捉えるという微分学への途《みち》を歩みつつあると言ってもよいでしょう。この方向はやがてニュートンへと続いていくことになります。

[図6]

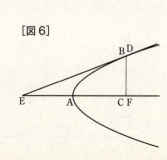

## ケプラーの求積法

ケプラー(注13)は天文学における3法則(注14)を発見した天文学者として有名ですが、実は、ケプラーこそアルキメデス求積法の継承者であり、近代求積法の端緒を開いた数学者と言うことができます。

ケプラーは1612年にプラハからオーストリア北部のリンツに移り、翌年に再婚します。

ケプラー

この年はぶどうの豊年にあたり、廉価な葡萄酒《ぶどうしゅ》が多くできたようです。ケプラーは新婚家庭の主人の務めである飲料の確保のために、葡萄酒樽《ぶどうしゅだる》を買い求めに行ったのですが、その折、葡萄酒売りの商人が細棒を使って、樽の上部（A）から底の端（C）までの長さを測定するだけで容量を見積もり、売り渡す光景を見て、その作業が簡単なのに驚いたということです［図7］。

ケプラーはこれに刺激されて、樽の容量を正確に計算する方法を考えはじめ、『葡萄酒樽の新立体幾何学』（Nova Stereometria Doliorum Vinariorum、1615年）(注15)を上梓《じょうし》しようとしたのですが、有名人ケプラーの名でも、数学に関するラテン語の本ではよく売れないだろうということで、いくつかの版元に断られ、結局、自費出版することになりました。

『葡萄酒樽の新立体幾何学』の第1部は「規則正しい曲線の立体幾何学」と題され、冒頭で、円の面積が扱われています。「直

［図7］

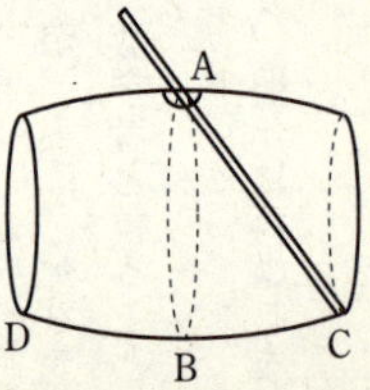


［図8］

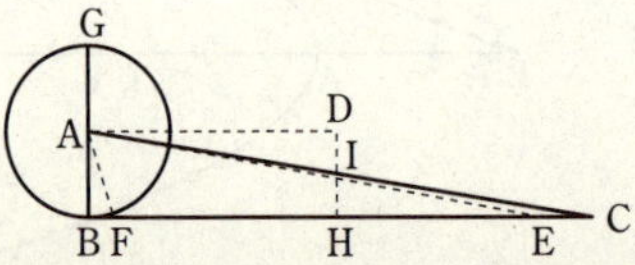

径に対する円周の比はおよそ22対7である」[注16]という定理1に続いて、円の面積に関する定理2が証明されています。

ケプラーは［図8］において、円周は点と同じくらいの、つまり無数の部分から成っていると考え、それらの部分をABが等辺の2等辺3角形の底辺と見なしています。したがって、頂点をAとする無数の2等辺3角形によって円が構成されていることになります。続いて、円周をまっすぐに伸ばして線分BCとし、線分BC上に並んだ無数の2等辺3角形を等積変形によって1つの直角3角形ABCにするのです。したがって、この直角3角形の面積を計算することによって円の面積が求められるわけです。

この方法は、アルキメデスの方法とまったく同じです。しかし、アルキメデスはこのような円の無限分割に潜む危険性に対して慎重な態度をとり、この方法を公表することはしませんでした。この点において、ケプラーは楽天的と言えるでしょう。

先の2等辺3角形で、ケプラーが〝底辺〟としたものが弧であれば、2等辺3角形にはなりませんし、点であれば、2等辺3角形は存在せず、ただの線分にすぎず、いくら寄せ集めても円にはなりません。したがって、理論的に正当な方法とは言えません。

次に、ケプラーによる葡萄酒樽の体積計算を見てみましょう。ケプラーは、葡萄酒売り商人の作業が簡単なのに驚いたのですが、樽の寸法を調べてみると、どの樽も底面の直径と高さの比がおよそ2対3になっていることが判明したのです。

ケプラーは樽の形を円柱形と見なして、その体積が最大になるのは、底面の直径と高さの比がいかなるときであるかを見出そうとしたのです。そのために、彼は与えられた球に体積最大の直円柱を内接させようとしました。すなわち、［図9］において、円内で $CG^2 \cdot AG$ を最大にする場合を考えたのです。これは、AG・CL を最大にすることと同じです。しかし、ケプラーにとって、AG・CL を最大にする場合を見出すことは容易ではありませんでした。彼はまず計算によって CL = 2AL であるときが最大であることを推測し、その後、その証明を行ったのです。(注17)

さて、CL = 2AL のとき、底面の直径と高さの比 CG : AG を求めますと、

$$CG : AG = GL : AL = \sqrt{2} : 1$$

となります。すなわち、球に内接する直円柱で、体積が最大となるのは、直径と高さの比が $\sqrt{2}$ : 1 のときであることがわかります。ただ、問題は［図10］のように、AC = $a$ が一定の場合の直円柱で、体積が最大のものを見出すこ

［図9］

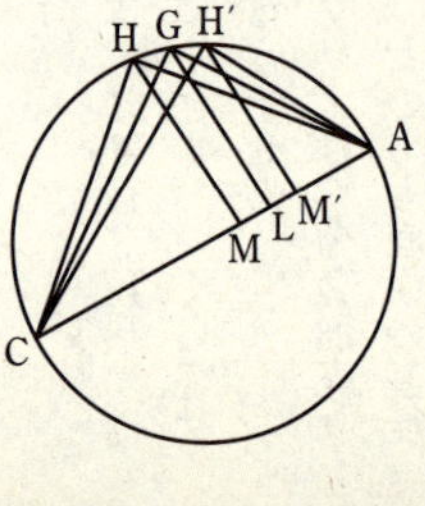


［図10］

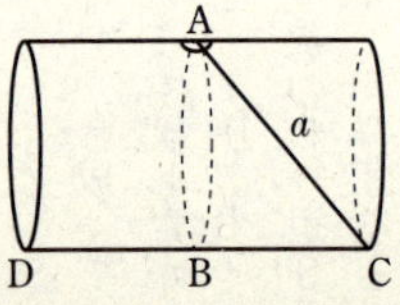

となのですが、そのようなものについては、直径と高さの比は1：$\sqrt{2}$となっていることがわかります。ケプラーは、最大値付近では、その形がわずかに変化しても容量はほとんど変わらないので、1：$\sqrt{2}$を2：3としても大差ないと考えたのです。(注18)

葡萄酒樽を底面の直径と高さの比が2：3の円柱形、すなわち$d:h:a=4:3:5$と見なし、ACの長さを$a$として、その体積$V$を計算しますと、

$$V=\pi\left(\frac{2}{5}a\right)^2\cdot\frac{6}{5}a=\frac{24}{125}\pi a^3\fallingdotseq 0.6a^3$$

となります。したがって、ACの長さを測り、それを3乗して0.6倍すれば、樽の容量が求まるのです。また、あらかじめ$0.6a^3$の物差しを作っておけば、その物差しの目盛りを読むだけで容量がわかることになります。

## カヴァリエリの不可分法

カヴァリエリ(注19)は近代力学の父とも呼ばれるガリレオ・ガリレイの弟子であり、ガリレオを介してケプラーの影響を受けたようです。したがって、求積法に関しては、カヴァリエリはケプラーの延長線上に位置しています。つまり、カヴァリエリも面積や体積を分割して、それらの要素とも言える「面素」「体素」とでも言うべきものにまで細分化し、その

カヴァリエリ

ような要素を「不可分量」と名づけ、これを基本概念として不可分法という一種の求積法を創り出したのです。

しかし、カヴァリエリの不可分量はケプラーの無限小図形と次の2点において異なっています。第1に、ケプラーが、与えられた図形をそれと同次元の無限小図形の総和と考えたのに対して、カヴァリエリは、所与の図形より1つ次元の低い無数の不可分量によって合成されたものと考えたのです。つまり、カヴァリエリの不可分量は、その図形を切断して得られる切断線や切断面そのものと考えられているのです。たとえば、布地を構成する平行な縦糸が例として挙げられています。

第2に、ケプラーは与えられた図形を無限小図形に分割し、所与の図形の面積・体積を求めるために、再びそれら無限小図形の総和をとるという方法を用いました。しかし、カヴァリエリは与えられた2つの図形の不可分量同士の間に1対1対応をつけることによって求積を進めていくのです。もし、その対応する不可分量同士がある定まった比を持つならば、所与の2つの図形の面積・体積も同じ比を持つと結論づけたのです。そして、前もって、一方の図形の面積・体積が知られていれば、他方の図形のそれも明らかになるわけです。

カヴァリエリの不可分量は、面積に対しては「線」、体積に対しては「面」がそれぞれです。

対応しますが、いわゆるユークリッドの意味での線や面をいくら集めても面積・体積を構成しませんから、不可分量としての線とは幅のないユークリッド的線ではなく、幅はないが、和を作ると幅が生じるような特殊な線としてイメージされなくてはなりません。

カヴァリエリは、ケプラーの無限小図形がもつ0であるような、ないような不定性を一掃して、概念を明晰にしようとして不可分量を考えたのでしょうが、それとても、前述したような曖昧《あいまい》なものに根拠を置くことになってしまいます。このような危険性を避けるために、彼は1対1に対応する線分の長さの比を考え、既知の図形の面積から未知の図形の面積を求めるというようにして、不可分量としての線を用いたのです。

このとき、その基礎となる原理が「カヴァリエリの原理」です。この原理は彼の主著の1つである『不可分量の幾何学』(注20)（1635年）の第7巻定理1、命題1として、「同じ平行線の間に作られた任意の平面図形は、もし、その平行線から等距離のところで引かれた平面図形内の任意の直線部分が等しいならば互いに等しい。そして、同じ平行平面の間に作られた任意の立体図形は、もし、その平行平面から等距離のところに描かれた立体図形内の任意の平面部分が等しいならば互いに等しい」のように述べられています［図11］。

さて、カヴァリエリは円の面積をどのように扱ったのでしょうか。彼は前述の著書の第6巻で円を扱っていて、その命題1で「円周の全体は円に等しい」と述べています。つまり、円の不可分量として円周という曲線が考えられているのです。さらに、「円はその半径が直角をはさむ側線とされ、円周が底辺としてなされた直角三角形に等しい」という命題2が続きます。この内容はアルキメデス、ケプラーと同様であることがわかります。カヴァリエリは命題2について「この命題はアルキメデスの書『円の測定について』の命題1ですでに証明されている」と述べているにすぎません。

カヴァリエリの命題1に関する陳述から推測すると、彼は［図12（ア）］のように、円周の総和によって円を把握し、上部の半径に切り込みを入れて［図12（イ）］のような3角形に変形することによって円の面積を求めたのではないかと思われます。

ところで、カヴァリエリの不可分法の最大の業績は、最も簡単で、しかも重要な定積分、

$$\int_0^a x^n dx = \frac{1}{n+1} a^{n+1}$$

［図11］

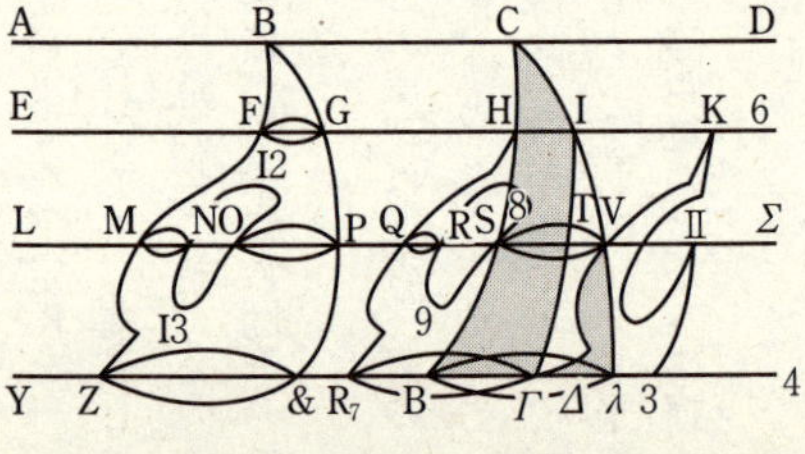

の発見であると思われます。

　彼は $n=1, 2$ の場合を『不可分量の幾何学』の第2巻で証明し、さらに、$n=3\sim9$ の場合を『幾何学演習6篇』（1647年）の第4篇で示した後、類推によって、自然数を巾指数とする一般放物線 $y=x^n$ の求積を与えています。ここでは、$n=2$ の場合の証明がなされている第2巻の命題24を見てみましょう。(注21) ただし、表記法は現代式に直します。

　まず、「平行4辺形が与えられ、その中に対角線が引かれたとする。このとき、平行4辺形のすべての平方は、その平行4辺形の側辺を共通の基準とした径の全体で作られる3角形のすべての平方の3倍に等しい」と述べられ、［図13］が示されています。ここで、「平行4辺形のすべての平方」とは、基準線ACに平行なすべてのRVなどの平方の和を意味しています。今、これを $\sum_{AC}^{QG} RV^2$ と書くことにしましょう。すると、「径の全体で作られる3角形のすべ

［図13］

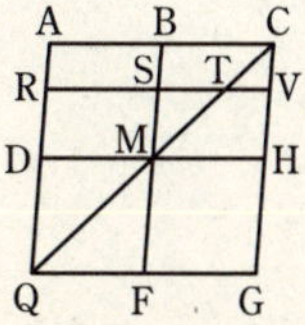


［図12］

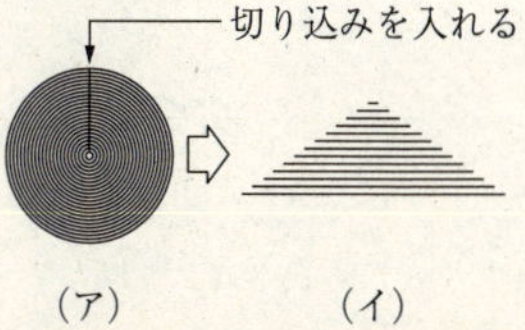

[計算4]

まず、$RT^2+TV^2=(RS+ST)^2+(RS-ST)^2=2RS^2+2ST^2$ ですから、

$$\sum_{AC}^{Q} RT^2+\sum_{C}^{QG} TV^2=2\sum_{AB}^{QF} RS^2+2\sum_{BC}^{QF} ST^2 \cdots \ (*)$$

が得られます。また、$\sum_{AC}^{Q} RT^2+\sum_{C}^{QG} TV^2$ であり、$\sum_{AB}^{QF} RS^2=\frac{1}{4}\sum_{AC}^{QG} RV^2$ となります。さらに、△AQC∽△BMC ですから、

$\sum_{BC}^{QF} ST^2=2\times\frac{1}{8}\sum_{AC}^{Q} RT^2=\frac{1}{4}\sum_{AC}^{Q} RT^2$ となります。

以上より、式（＊）は次のように変形されます。

$$2\sum_{AC}^{Q} RT^2=2\times\frac{1}{4}\sum_{AC}^{QG} RV^2+2\times\frac{1}{4}\sum_{AC}^{Q} RT^2=\frac{1}{2}\sum_{AC}^{QG} RV^2+\frac{1}{2}\sum_{AC}^{Q} RT^2$$

となり、両辺を2倍して、$4\sum_{AC}^{Q} RT^2=\sum_{AC}^{QG} RV^2+\sum_{AC}^{Q} RT^2$ が得られます。よって、$3\sum_{AC}^{Q} RT^2=\sum_{AC}^{QG} RV^2$ となります。

ここで、$AC=a$ とし、ACからQGまでの移動距離を $a$ とします。また、$RT=x$ としますと、前記の結論は $3\sum_{AC}^{Q} x^2=\sum_{AC}^{QG} a^2$ となり、$\sum_{AC}^{QG} a^2=a\times a^2=a^3$ ですから、$3\int_0^a x^2\,dx=a^3$ となって、$\int_0^a x^2\,dx=\frac{1}{3}a^3$ が示されたことになります。

ての平方」とは、基準線ACに平行なすべての径RTなどの平方の和を意味しますから、$\sum_{AC}^{Q} RT^2$ と表されます。したがって、命題24は、$\sum_{AC}^{QG} RV^2 = 3\sum_{AC}^{Q} RT^2$ を主張していることになります。これが正しいことは［計算4］のように示されます。

トリチェルリ

カヴァリエリの不可分法は、同じくガリレオの弟子であるトリチェルリ(注22)をはじめとして、パスカル、ウォリスなど多くの継承者を得て、後に積分法が確立されるまでの間、無限小幾何学の主要な方法としてその役割を果たしたのです。次に、不可分法をより理論的に明確な概念によって発展させたパスカルの求積法を見てみましょう。

**パスカルの求積法**

パスカルの無限小幾何学に関する業績は、1658年、デトンヴィルのペンネームで発表した「A・デトンヴィルからA・D・D・S(注23)氏への手紙」に始まる一連の論文によって知ることができます。

カヴァリエリは不可分量あるいは不可分量の全体ということについて何らの定義も与えないままに、所与の図形よりも1次元低い不可分量の全体として面積や体積を考えていました。これに対して、パスカルは、例えば面積を構成するのはそれと同次元の「無限小矩形《むげんしょうくけい》」であるとし、その総和が所与の図形の面積であると考えます。

実際、パスカルは「A・デトンヴィルからド・カルカヴィ氏への手紙」(注24)の中で、次のように述べて、不可分法を擁護しています。

「私は以下において、〝線の和〟あるいは〝面の和〟のような不可分量の用語を用いることに何らの支障も感じないであろう。たとえば（［図14］において）、点Zにおいて無際限の数の相等しい部分に分けられた半円の直径を考え、これらの点から縦線ZMを引くとき、私は〝縦線の和〟という表現を用いることに何らの支障も感じないであろう。この表現は不可分量の理論を解しない人々には幾何学的でないと思われる。このような人々は、無際限の数の線によって1つの平面を表すなどということは幾何学に反するように思っているのであるが、これは彼らの無知の結果に他ならない。というのも、上の言葉の意味するものは、各縦線と直径の相等しい小部分の各々とによって作られた無際限の数の矩形の和に他ならないからである。これらの矩形の和は確かに平面であり、半円の拡がりとは与えられたどのような量よりも小さい量だけしか異ならないのである」

無限小矩形の総和は所与の半円の面積と比べて、任意に与

[図14]

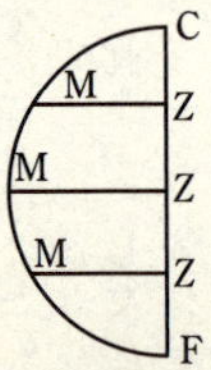

えられた量よりも小さい量しか異ならないという認識は、パスカルが今日の無限小概念を獲得していたことを示しています。パスカルの無限小幾何学によって、カヴァリエリの「不可分量の全体」という不明確な観念が「無限小矩形の総和」という明晰な数学的概念へと移行されていったと言えます。

このようなパスカルの無限小幾何学の方法が適用された特徴的な論文に「4分円の正弦論」（1658年）があります。この論文は微分法が創り出される際に、基本的な役割を果たしたパスカルの発明を含んでいて、きわめて重要な位置を占めています。

論文は冒頭、「4分円ABCがあり、その半径ABを軸、これに垂直な半径ACを底と考える。弧BC上に任意の点Dをとり、Dから半径ACに正弦DIを下ろす。また、接線DEを引いて、その上に任意の諸点Eをとり、そこから半径ACに垂線ERを下ろす。このとき、△DIA∽△EKEであることから、AD：DI＝EE：RRとなり、DI・EE＝AB・RRである」（[図15]）という補題が主張されます。この補題は以後の命題を証明する際の鍵《かぎ》命題となるものであるとともに、ここに現れた3角形EKEは歴史的な意義を持っています。つまりそれは、後にライプニッツによって「特性3角形」と名づけられ、彼の微分法発明に際して、最初の刺激を与えたものでもあります。

このパスカルの論文の命題1は「4分円の任意の弧の正弦の和は、両端の正弦の間に含まれた底の部分に半径を掛けたものに等しい」というもので、区分求積の考えによって、次のように証明されます。

［図16］のように、任意の弧BPがあり、それを点Dにおいて無際限の数の部分に分けて、これらの点から正弦PO、DIなどを下ろします。そして、すべての点Dにおいて接線DEを引き、その各々が隣接する接線と交わる点をEとして、垂線ERを下ろせば、補題によって、

DI・EE＝AB・RRがすべての点Dにおいて成り立ちます。

したがって、$\sum_{B}^{P} DI \cdot EE = \sum_{A}^{O} RR \cdot AB = AB \cdot \sum_{A}^{O} RR$

となりますが、ここで、RRの和はAOに等しく、各接線EEは弧DDに等しいことから命題が証明されたことになるのです。パスカルはこの証明の最後に次のような注意事項を添えています。

「すべての距離RRを合わせたものはAOに等しく、同様に、各接線EEは小弧DDの各々に等しいといっても、意外には思われなかったはずである。というの

［図16］

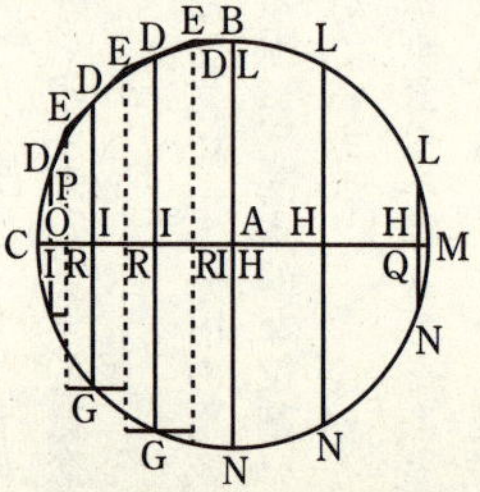


［図15］

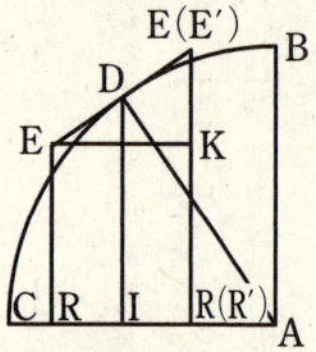

も、既に熟知されているように、正弦の個数が有限の場合には、これらが相等しいということは真でないにしても、個数が無際限の場合には、真であるからだ。なぜなら、この場合には、互いに等しいすべての接線EEの和と弧全体BP、すなわち相等しいすべての弧DDの和との差は、与えられたいかなる量よりも小さい量にすぎないからである。RRの和とAO全体との差についても同様である」

ここでも、無限小概念はパスカルによって明瞭に捉えられていることがわかります。この命題1を積分法の言葉で書けば、$AB = AC = 1, \angle CAD = \varphi$ として、

$$\int_0^{\frac{\pi}{2}} \sin\varphi\, d\varphi = AC \cdot AB = 1$$

となり、これは3角関数について与えられた初めての積分ということになります。

---

(注1) 曲面状のレンズに当たる光線の考察においては、接線とともに法線が問題となる。

(注2) 長軸を直径とした楕円の場合、長軸の端点に垂直に立てられた線分を「通径」、長軸の半分を「横径」と呼ぶ。

(注3) この方程式の解は、点Pを中心とし、半径PCの円と曲線CEとの交点となる。

(注4) 楕円上の点Cが与えられているので、$q$、$r$、$y$は既知となっている。

（注5）デカルトはそもそも、幾何学で扱う曲線を代数曲線に限定している。

（注6）デカルトの『幾何学』に先立つこと8年で、出版されたのは1636年だった。

（注7）*E*の最低巾の項のみを残して他の項を無視することや、*E*消去法の正当性については、あまり語られていない。

（注8）フェルマーは、点Eから曲線上の点への線分の長さの極限として接線を規定したのではない。接線が曲線とただ1点を共有し、接線上のすべての点が放物線の例では、接点を除けばその曲線の外部にあるという直観的な幾何学的事実に根拠をおいて不等式を導き出した。

（注9）この結果は、すでにアルキメデスの『放物線の求積』命題2において、証明なしで述べられている。その証明は失われたユークリッドの『円錐曲線原論』でなされていたと思われるが、今日ではアポロニオスの『円錐曲線論』第1巻命題35に見られる。

（注10）フェルマーの接線法は、後にバロー（Isaac Barrow、1630－1677）によって改良されることになる。

（注11）Marin Mersenne（1588－1648）フランスの数学者、哲学者、神学者。メーヌ地方のオワズに生まれ、ラ・フレーシュのイエズス会系の学校で教育を受けた。ここで、デカルトと親交を結んだ。その後、パリのソルボンヌ大学で神学を学び、カトリックの神父となった。また、イタリア、オランダへの旅で、カヴァリエリ、ホイヘンスなどと知り合った。メルセンヌはサロン的な研究会を主宰するとともに、文通を通して、当時の数学者、科学者たちの研究の仲介役を果たした。この会はパリ科学アカデミー設立の基礎となった。17世紀の有名な科学者のほとんどはメルセンヌとの文通を介して、情報を収集した。

（注12）Claude Hardy（1598頃－1678）フランスの数学者。メルセンヌを介して、フェル

マー、デカルトなどと親交を結んだ。

（注13）Johannes Kepler（1571－1630）ドイツの天文学者、数学者。最後の占星術師にして最初の真の天文学者と言われる。南ドイツのヴァイルに生まれ、チュービンゲン大学で哲学・神学を学んだ。皇帝ルドルフ2世の天文官ティコ・ブラーエの助手となり、ティコの死後、そのあとを継ぎ、火星の軌道に関する観測データから5年間の苦闘の末、3つの法則を発見した。

（注14）3法則とは、①惑星は太陽を1つの焦点とする楕円軌道を描いて運行する（楕円軌道の法則）、②惑星と太陽を結ぶ動径は一定時間に一定面積を描く（面積速度一定の法則）、③惑星の公転周期の2乗は、その惑星の太陽からの平均距離の3乗に比例する（調和法則）の3つ。

（注15）『葡萄酒樽の新立体幾何学』は、『ケプラー全集』第9巻に収められている。

（注16）この内容はすでに、アルキメデスの『円の測定』命題2で証明されている。

（注17）この証明を行うためには、AG・CL＞AH・CM および AG・CL＞AH′・CM′を示せばよい。

（注18）この「最大値付近では、その形がわずかに変化しても容量はほとんど変わらない」という発想を発展させたのがフェルマー（1601－1665）であって、その方法は「*E*消去法」と呼ばれている。

（注19）Bonaventura Cavalieri（1598－1647）イタリアの数学者。ミラノに生まれ、神学を修めるためにピサへ留学するが、そこでピサ大学の数学者カステリ（Benedetto Castelli、1578－1643）に出会い、親交を結んだ。カステリの紹介でガリレオの弟子となる。後に、ガリレオの推薦でボローニャ大学の数学教授となった。

（注20）この書の原題の冒頭に見られる「Geometria indivisibilibus continuorum...」の語義からして、

『indivisibles による連続幾何学』とする方が適切かもしれない。

（注21）この命題のより合理的な証明は、フェルマー、パスカルなどによってなされた。フェルマーは $\sum_{i=1}^{n} i^k$ の公式も導き出している。

（注22）Evangelista Torricelli（１６０８－１６４７）イタリアの数学者、物理学者。ファエンツァに生まれ、カステリの指導の下で数学を学んだ後、ガリレオの弟子（カヴァリエリの弟《おとうと》弟子）となる。ガリレオの後任として、トスカナ大公付きの数学官に任命された。求積に関するトリチェルリの功績の1つは、双曲回転体のような無限にのびた立体が有限の体積をもつという当時としては破天荒な発見をなしとげたこと。

（注23）A・D・D・S氏は、パスカルの友人で、当時ポール・ロワイアル修道院において活躍していたアルノー（Arnauld Docteur de Sorbonne）であろうと推測されている。

（注24）Pierre de Carcavi（１６０３－１６８４）パリ市会参事官。王立科学アカデミーの最初の会員ともなった。

## 6 無限の算術化

イギリスでは、ようやく17世紀の半ばになって、数学や自然科学の研究が社会的にも評価されるようになってきました。その1つの証《あか》しとして、1645年に王立学会の前身が設立され、多くの科学者たちが共同研究を開始したことが挙げられます。そして、その研究の先頭をきった科学者の1人がウォリス(注1)でした。

ウォリス

ウォリスは、ガリレオの弟子であり不可分法の考案者カヴァリエリの弟《おとうと》弟子でもあるトリチェルリの『幾何学論文集』を1650年に入手します。この書を通じて翌年の1651年にカヴァリエリの不可分法のことを知り、これを契機として円の求積問題の研究に進むことになったのです。ウォリスの研究の出発点はカヴァリエリにあったのですが、方法論的には、彼はカヴァリエリとは異なる途を歩んだのでした。

著書名が『不可分量の幾何学』と示されているように、カヴァリエリの方法が「幾何学的」であったのに対して、ウォリスの方法は、彼自身が「無限者の算術」と称しているように「算術・代数的」だったのです。

ウォリスは自身の算術・代数的方法によって、早くも１６５２年には、正の有理指数について、今日的表記法では $\int_0^1 x^p\,dx = \frac{1}{p+1}$ と表される結果を得ています。さらに、彼は円の求積問題に取り組み、１６５４年にはヴィエタの公式に続く史上２番目の $\pi$ の表示公式（ウォリスの公式）を見出したのでした。

そして、１６５６年には一連の研究成果を著作『無限算術』[注2]（Arithmetica Infinitorum）として公刊したのです。この書は１９４個の命題から成っていますが、これらは「巾数の求和法」を扱った前半部（命題１～１０７）と「円の求積問題」を扱った後半部（命題１０８～１９４）に大別することができますから、以下、それぞれの内容を見てみましょう。

[計算 1]

$$\frac{0+1}{1+1}=\frac{1}{2},\quad \frac{0+1+2=3}{2+2+2=6}=\frac{1}{2},\quad \frac{0+1+2+3=6}{3+3+3+3=12}=\frac{1}{2},$$

$$\frac{0+1+2+3+4=10}{4+4+4+4+4=20}=\frac{1}{2},\quad \frac{0+1+2+3+4+5=15}{5+5+5+5+5+5=30}=\frac{1}{2},$$

$$\frac{0+1+2+3+4+5+6=21}{6+6+6+6+6+6+6=42}=\frac{1}{2}$$

## 巾数の求和法

『無限算術』の前半部の主テーマである巾数の求和法に関して、ウォリスは、

$$\frac{0^n+1^n+\cdots+m^n}{m^n+m^n+\cdots+m^n}$$

の形の式を考察しています。たとえば、$n=1$の場合は命題1で扱われていて、［計算1］のような計算がなされています。

したがって、一般的には、

$$\frac{0+1+\cdots+m}{m+m+\cdots+m}=\frac{1}{m+1}\left(\frac{0}{m}+\frac{1}{m}+\cdots+\frac{m}{m}\right)=\frac{1}{2}$$

と表されることから、［図1］のように、区間［0、1］を$m$等分し、$k/m$の位置に立てられた高さ$k/m$に、同じ区間を$(m+1)$等分した幅$\frac{1}{m+1}$を掛けて、$m$個の小長方形を作り、その総和によって、△ABCの面積を近似していると考えることができます。(注3)

［図1］　$n=1$, $m=4$ の場合

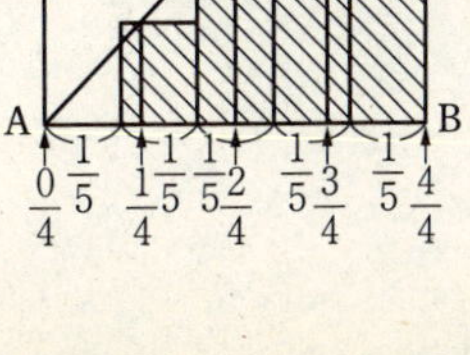


［図2］　$n=2$, $m=4$ の場合

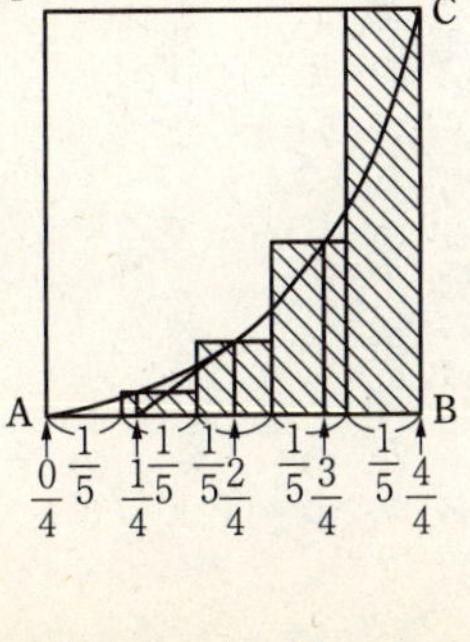

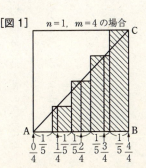

同様にして、$n=2$ の場合が命題19で扱われていて、この場合の一般的表現は、

$$\frac{1}{m+1}\left\{\left(\frac{0}{m}\right)^2+\left(\frac{1}{m}\right)^2+\cdots+\left(\frac{m}{m}\right)^2\right\}=\frac{1}{3}+\frac{1}{6m}$$

となりますから、［図2］に示したように、$m$ 個の小長方形の総和によって、放物線 $y=x^2$ の下の部分の面積を近似していると見なすことができます。

この後、ウォリスは「ここに現れてくる比は常に $\frac{1}{3}$ より大きい。しかし、その余剰分は、例えば $\frac{1}{6}$、$\frac{1}{12}$、$\frac{1}{18}$、$\frac{1}{24}$、$\frac{1}{30}$、……などのように、項数が増すに従って限りなく減っていく」と述べ、さらに命題21では「2乗比にある量の級数（あるいは、同じことであるが、［自然］数の平方の級数）がおかれ、点あるいは0から始まり、数に比例して、ひき続いて増大するとすれば、この級数は同じ個数の最大項の級数に対して1対3となるであろう」と結論づけています。

ここには、ウォリスにおける極限値の概念の芽生えを読みとることができます。それゆえに、これらの結果は、$N=8$ として、[注4]

$$\sum_{k=0}^{N}\frac{k}{N(N+1)}=\frac{1}{2},\quad \sum_{k=0}^{N}\frac{k^2}{N^2(N+1)}=\frac{1}{3}$$

と書くことができますし、今日的な表記法を用いれば、

$$\int_0^1 xdx = \frac{1}{2},\ \int_0^1 x^2 dx = \frac{1}{3}$$

となります。

ウォリスはさらに進んで、命題41では$n=3$の場合を、命題43では$n=4, 5, 6$の場合を述べています。そして、命題44において、一般の自然数$n$について、$\int_0^1 x^n dx = \frac{1}{n+1}$が成り立つことを導出しているのです。

ただ、ウォリスの導出の仕方は不完全帰納法による類推にすぎず、数学的証明と言えるようなものではないのですが、彼はカヴァリエリやトリチェルリなどが得ていた結果から、その正しさを確信したのだと思われます。ウォリスはさらに、$n$が正の有理数の場合の考察へと進みます。

すでに見ましたように、放物線$y=x^2$の下の部分の面積は$1/3$でした。したがって、［図3］からわかるように、斜線部の面積は、$1-\frac{1}{3}=\frac{2}{3}$となります。ここで、放物線を縦軸ADの側から見ると、$x=\sqrt{y}$と見なすことができ、先ほどと同じ論法を用いて、$N=8$のとき、

［図3］

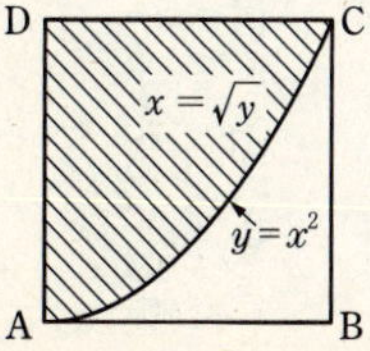

$\sum_{k=0}^{N} \frac{\sqrt{k}}{\sqrt{N}(N+1)} = \frac{2}{3}$

となるはずだと推測するのです（命題53）。そして、$\sqrt{N}$を$N^{\frac{1}{2}}$と見なして、先の$x^n$の極限値$\frac{1}{n+1}$の$n$に$1/2$を代入し、$\frac{1}{\frac{1}{2}+1} = \frac{2}{3}$を得て、その正しさを確信するのです。

ウォリスは命題59において、正の有理指数$p$に対して、$\int_0^1 x^p\,dx = \frac{1}{p+1}$が成り立つことを述べた後、命題64の最後で「もし無理指数、たとえば$\sqrt{3}$が仮定されたならば、その比は1対$(1+\sqrt{3})$になるであろう」とまで述べています。

以上、見てきましたように、ウォリスはそれ以前の幾何学的方法によってではなく、数値計算と代数的方法によって求積問題にアプローチする途を切り開いていったのです。それはまた、極限の概念を幾何学の世界から数の世界に移し、算術・代数的に処理することを可能にしたと言うことができ、後のニュートンやライプニッツによる微積分法の確立に大きな役割を果たすことになるのです。

**円の求積問題**

次に、『無限算術』の後半部の主テーマである円の求積問題へのウォリスの考察を見てみましょう。ウォリスは円の求積という幾何学的問題を、前半部で考察した巾数の求和に還元して解決しようとするのです。

彼は「円の面積と直径の平方との比」を求めるために、命題121において［図4］を示し、半径$R$の4分円の面積と$R^2$との比である、

$$\frac{\sum_{i=0}^{N}\sqrt{R^2-(ia)^2}}{\sum_{i=0}^{N}R}$$

を見出そうとするのです。ここで、N＝8であり、また$a$は半径$R$の無限分割によって得られる〝無限小部分〟であって、ウォリスは$\frac{R}{8}=a$と書いています。ところで、この比は現代の表記法では、

$$\frac{\int_0^r\left(r^2-x^2\right)^{\frac{1}{2}}dx}{\int_0^r r dx} \quad \cdots\cdots（＊）$$

となり、その値は$\frac{\pi}{4}$に相当し、これを求めることができれば、

［図4］

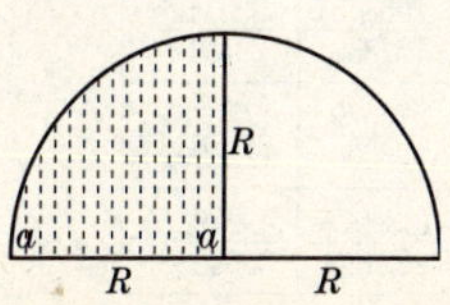

円の求積問題は解決されたことになるわけです。

ウォリスはそのために、まず、

$\dfrac{\sum\{R^s-(ia)^s\}^q}{\sum R^s}$（$s$、$q$は自然数）の値を、2項展開と命題59、64を使って求め、その逆数を［表1］のようにまとめたのです（命題127）。

次に、$s=\dfrac{1}{p}$（$p$は自然数）に対しても同様な表を作成し（命題131、［表2］(注5)）、その表中の数の逆数がいわゆるピュタゴラス学派の図形数になることを見出したのです。また、その逆数をまとめて、［表3］が作られています（命題132）。

さて、いま求めようとしている値（＊）は［表3］において、$p=q=\dfrac{1}{2}$の場合ですから、ウォリスは［表4］を作成して、記号□

［表1］

| s＼q | 1 | 2 | 3 | 4 | 5 | 6 |
|---|---|---|---|---|---|---|
| 1 | $\frac{2}{1}$ | $\frac{6}{2}$ | $\frac{24}{6}$ | $\frac{120}{24}$ | $\frac{720}{120}$ | $\frac{5040}{720}$ |
| 2 | $\frac{3}{2}$ | $\frac{15}{8}$ | $\frac{105}{48}$ | $\frac{945}{384}$ | $\frac{10395}{3840}$ | $\frac{135135}{40080}$ |
| 3 | $\frac{4}{3}$ | $\frac{28}{18}$ | $\frac{280}{162}$ | $\frac{3640}{1944}$ | $\frac{58240}{29160}$ | $\frac{1106560}{524880}$ |
| 4 | $\frac{5}{4}$ | $\frac{45}{32}$ | $\frac{585}{384}$ | $\frac{9945}{6144}$ | $\frac{208845}{122880}$ | $\frac{5221125}{2949120}$ |
| 5 | $\frac{6}{5}$ | $\frac{66}{50}$ | $\frac{1056}{750}$ | $\frac{22176}{15000}$ | $\frac{576579}{375000}$ | $\frac{17873856}{11250000}$ |
| 6 | $\frac{7}{6}$ | $\frac{91}{72}$ | $\frac{1729}{1296}$ | $\frac{43225}{31104}$ | $\frac{1339975}{933120}$ | $\frac{49579075}{33592320}$ |

[表2]

| $\frac{1}{p}$ \ $q$ | 1 | 2 | 3 | 4 | 5 | 6 |
|---|---|---|---|---|---|---|
| $\frac{1}{1}$ | $\frac{1}{1+1}=\frac{1}{2}$ | $\frac{1}{2+1}=\frac{1}{3}$ | $\frac{1}{3+1}=\frac{1}{4}$ | $\frac{1}{4+1}=\frac{1}{5}$ | $\frac{1}{5+1}=\frac{1}{6}$ | $\frac{1}{6+1}=\frac{1}{7}$ |
| $\frac{1}{2}$ | $\frac{1}{1+2}=\frac{1}{3}$ | $\frac{1}{3+3}=\frac{1}{6}$ | $\frac{1}{6+4}=\frac{1}{10}$ | $\frac{1}{10+5}=\frac{1}{15}$ | $\frac{1}{15+6}=\frac{1}{21}$ | $\frac{1}{21+7}=\frac{1}{28}$ |
| $\frac{1}{3}$ | $\frac{1}{1+3}=\frac{1}{4}$ | $\frac{1}{4+6}=\frac{1}{10}$ | $\frac{1}{10+10}=\frac{1}{20}$ | $\frac{1}{20+15}=\frac{1}{35}$ | $\frac{1}{35+21}=\frac{1}{56}$ | $\frac{1}{56+28}=\frac{1}{84}$ |
| $\frac{1}{4}$ | $\frac{1}{1+4}=\frac{1}{5}$ | $\frac{1}{5+10}=\frac{1}{15}$ | $\frac{1}{15+20}=\frac{1}{35}$ | $\frac{1}{35+35}=\frac{1}{70}$ | $\frac{1}{70+56}=\frac{1}{126}$ | $\frac{1}{126+84}=\frac{1}{210}$ |
| $\frac{1}{5}$ | $\frac{1}{1+5}=\frac{1}{6}$ | $\frac{1}{6+15}=\frac{1}{21}$ | $\frac{1}{21+35}=\frac{1}{56}$ | $\frac{1}{56+70}=\frac{1}{126}$ | $\frac{1}{126+126}=\frac{1}{252}$ | $\frac{1}{252+210}=\frac{1}{462}$ |
| $\frac{1}{6}$ | $\frac{1}{1+6}=\frac{1}{7}$ | $\frac{1}{7+21}=\frac{1}{28}$ | $\frac{1}{28+56}=\frac{1}{84}$ | $\frac{1}{84+126}=\frac{1}{210}$ | $\frac{1}{210+252}=\frac{1}{462}$ | $\frac{1}{462+462}=\frac{1}{924}$ |

$\left(=\frac{4}{\pi}\right)$を書き込み、この値を求めようとするのです（命題169）。

そして、この［表4］において、$p$あるいは$q$が整数のときの数列に対する考察から、次の［式1］のような一般項を帰納的に見出したのです。

そして、これらの式で、$l=1, 2, \ldots, 6$の場合に、それぞれの行の偶数番目の数が算出されるのです。

では、奇数番目にはどのような数が入るのでしょうか。ウォリスは、たとえば、8行目（$p=3$の行）について、

$$\frac{l}{1}\cdot\frac{l+1}{2}\cdot\frac{l+2}{3} \text{ を } \frac{2l}{2}\cdot\frac{2l+2}{4}\cdot\frac{2l+4}{6}$$

と変形し、奇数番目に入る数が、

［表3］

| p＼q | 0 | 1 | 2 | 3 | 4 | 5 | 6 | 7 | 8 | 9 | 10 |
|---|---|---|---|---|---|---|---|---|---|---|---|
| 0 | 1 | 1 | 1 | 1 | 1 | 1 | 1 | 1 | 1 | 1 | 1 |
| 1 | 1 | 2 | 3 | 4 | 5 | 6 | 7 | 8 | 9 | 10 | 11 |
| 2 | 1 | 3 | 6 | 10 | 15 | 21 | 28 | 36 | 45 | 55 | 66 |
| 3 | 1 | 4 | 10 | 20 | 35 | 56 | 84 | 120 | 165 | 220 | 286 |
| 4 | 1 | 5 | 15 | 35 | 70 | 126 | 210 | 330 | 495 | 715 | 1001 |
| 5 | 1 | 6 | 21 | 56 | 126 | 252 | 462 | 792 | 1287 | 2002 | 3003 |
| 6 | 1 | 7 | 28 | 84 | 210 | 462 | 924 | 1716 | 3003 | 5005 | 8008 |
| 7 | 1 | 8 | 36 | 120 | 330 | 792 | 1716 | 3432 | 6435 | 11440 | 19448 |
| 8 | 1 | 9 | 45 | 165 | 495 | 1287 | 3003 | 6435 | 12870 | 24310 | 43758 |
| 9 | 1 | 10 | 55 | 220 | 715 | 2002 | 5005 | 11440 | 24310 | 48620 | 92378 |
| 10 | 1 | 11 | 66 | 286 | 1001 | 3003 | 8008 | 19448 | 43758 | 92378 | 184756 |

[表4]

| $p$ \ $q$ | | 0 | $\frac{1}{2}$ | 1 | $\frac{3}{2}$ | 2 | $\frac{5}{2}$ | 3 | $\frac{7}{2}$ | 4 | $\frac{9}{2}$ | 5 |
|---|---|---|---|---|---|---|---|---|---|---|---|---|
| | | | | | | | | | | | | |
| 0 | | 1 | | 1 | | 1 | | 1 | | 1 | | 1 |
| $\frac{1}{2}$ | | | □ | | | | | | | | | |
| 1 | | 1 | | 2 | | 3 | | 4 | | 5 | | 6 |
| $\frac{3}{2}$ | | | | | | | | | | | | |
| 2 | | 1 | | 3 | | 6 | | 10 | | 15 | | 21 |
| $\frac{5}{2}$ | | | | | | | | | | | | |
| 3 | | 1 | | 4 | | 10 | | 20 | | 35 | | 56 |
| $\frac{7}{2}$ | | | | | | | | | | | | |
| 4 | | 1 | | 5 | | 15 | | 35 | | 70 | | 126 |
| $\frac{9}{2}$ | | | | | | | | | | | | |
| 5 | | 1 | | 6 | | 21 | | 56 | | 126 | | 252 |

[式1]

$p=1$のとき、$l$

$p=2$のとき、$\frac{l}{1}\cdot\frac{l+1}{2}$

$p=3$のとき、$\frac{l}{1}\cdot\frac{l+1}{2}\cdot\frac{l+2}{3}$

$p=4$のとき、$\frac{l}{1}\cdot\frac{l+1}{2}\cdot\frac{l+2}{3}\cdot\frac{l+3}{4}$

$p=5$のとき、$\frac{l}{1}\cdot\frac{l+1}{2}\cdot\frac{l+2}{3}\cdot\frac{l+3}{4}\cdot\frac{l+4}{5}$

$\frac{2l-1}{2}\cdot\frac{2l+1}{4}\cdot\frac{2l+3}{6}$

になると推測するのです。その結果、8行目の数は左から、

$\frac{15}{48}$、1、$\frac{105}{48}$、4、$\frac{315}{48}$、10、

$\frac{693}{48}$、20、…

と求められます。

ウォリスは他の行についても同様に計算し、［表5］を得ています（命題184）。

続いて残りの空欄を埋めるために、ウォリスはまたもや不完全帰納法による類推を駆使するのです。たとえば、$q$が$-\frac{1}{2}$、$\frac{1}{2}$、$\frac{3}{2}$の列の偶

［表5］

| $p$ ＼ $q$ | $-\frac{1}{2}$ | 0 | $\frac{1}{2}$ | 1 | $\frac{3}{2}$ | 2 | $\frac{5}{2}$ | 3 | $\frac{7}{2}$ | 4 |
|---|---|---|---|---|---|---|---|---|---|---|
| $-\frac{1}{2}$ | ∞ | 1 | | $\frac{1}{2}$ | | $\frac{3}{8}$ | | $\frac{15}{48}$ | | $\frac{105}{384}$ |
| 0 | 1 | 1 | 1 | 1 | 1 | 1 | 1 | 1 | 1 | 1 |
| $\frac{1}{2}$ | | 1 | □ | $1\frac{1}{2}$ | | $1\frac{7}{8}$ | | $2\frac{9}{48}$ | | $2\frac{177}{384}$ |
| 1 | $\frac{1}{2}$ | 1 | $1\frac{1}{2}$ | 2 | $2\frac{1}{2}$ | 3 | $3\frac{1}{2}$ | 4 | $4\frac{1}{2}$ | 5 |
| $\frac{3}{2}$ | | 1 | | $2\frac{1}{2}$ | | $4\frac{3}{8}$ | | $6\frac{27}{48}$ | | $9\frac{9}{384}$ |
| 2 | $\frac{3}{8}$ | 1 | $1\frac{7}{8}$ | 3 | $4\frac{3}{8}$ | 6 | $7\frac{7}{8}$ | 10 | $12\frac{3}{8}$ | 15 |
| $\frac{5}{2}$ | | 1 | | $3\frac{1}{2}$ | | $7\frac{7}{8}$ | | $14\frac{21}{48}$ | | $23\frac{177}{384}$ |
| 3 | $\frac{15}{48}$ | 1 | $2\frac{9}{48}$ | 4 | $6\frac{27}{48}$ | 10 | $14\frac{21}{48}$ | 20 | $26\frac{39}{48}$ | 35 |
| $\frac{7}{2}$ | | 1 | | $4\frac{1}{2}$ | | $12\frac{3}{8}$ | | $26\frac{39}{48}$ | | $50\frac{105}{384}$ |
| 4 | $\frac{105}{384}$ | 1 | $2\frac{177}{384}$ | 5 | $9\frac{9}{384}$ | 15 | $23\frac{177}{384}$ | 35 | $50\frac{105}{384}$ | 70 |

数行の値について考えてみると、[式2]のような規則にしたがっていることがわかります。

したがって、奇数行については $\frac{2}{1}$、$\frac{4}{1}$、$\frac{6}{1}$、$\frac{8}{1}$ 倍、および $\frac{4}{3}$、$\frac{6}{3}$、$\frac{8}{3}$、$\frac{10}{3}$ 倍することによって、第2項、第3項が得られると類推するのです。たとえば、$p=\frac{1}{2}$ の行では、初項を$A$としますと、$A\times\frac{2}{1}$ が第2項の□になるわけですから、$A=\frac{1}{2}$□となり、第2項□を

[式2]

$p=0$ の行では、$1 \xrightarrow{\times\frac{1}{1}} 1 \xrightarrow{\times\frac{3}{3}} 1$

$p=1$ の行では、$\frac{1}{2} \xrightarrow{\times\frac{3}{1}} \frac{3}{2} \xrightarrow{\times\frac{5}{3}} \frac{5}{2}$

$p=2$ の行では、$\frac{3}{8} \xrightarrow{\times\frac{5}{1}} \frac{15}{8} \xrightarrow{\times\frac{7}{3}} \frac{35}{8}$

$p=3$ の行では、$\frac{15}{48} \xrightarrow{\times\frac{7}{1}} \frac{105}{48} \xrightarrow{\times\frac{9}{3}} \frac{315}{48}$

$p=4$ の行では、$\frac{105}{384} \xrightarrow{\times\frac{9}{1}} \frac{945}{384} \xrightarrow{\times\frac{11}{3}} \frac{3465}{384}$

$\frac{4}{3}$倍して得られた$\frac{4}{3}$□が第3項となるのです。このような計算を行った結果を一覧表にしたものが命題189に示されています。それが［表6］です。

さて、問題となっている$p=\frac{1}{2}$の行を見てみましょう。ウォリスはこの行の奇数番目の数を$\alpha, \beta, \gamma, \ldots$、偶数番目の数を$a, b, c, \ldots$と置いて、数値計算によって、

$$\frac{\beta}{\alpha} > \frac{b}{a} > \frac{\gamma}{\beta} > \frac{c}{b} > \frac{\delta}{\gamma} > \frac{d}{c}$$

$$> \cdots$$

[表6]

| $p$ \ $q$ | $-\frac{1}{2}$ | 0 | $\frac{1}{2}$ | 1 | $\frac{3}{2}$ | 2 | $\frac{5}{2}$ | 3 | $\frac{7}{2}$ | 4 |
|---|---|---|---|---|---|---|---|---|---|---|
| $-\frac{1}{2}$ | ∞ | 1 | $\frac{1}{2}$□ | $\frac{1}{2}$ | $\frac{1}{3}$□ | $\frac{3}{8}$ | $\frac{4}{15}$□ | $\frac{15}{48}$ | $\frac{8}{35}$□ | $\frac{105}{384}$ |
| 0 | 1 | 1 | 1 | 1 | 1 | 1 | 1 | 1 | 1 | 1 |
| $\frac{1}{2}$ | $\frac{1}{2}$□ | 1 | □ | $\frac{3}{2}$ | $\frac{4}{3}$□ | $\frac{15}{8}$ | $\frac{8}{5}$□ | $\frac{105}{48}$ | $\frac{64}{35}$□ | $\frac{945}{384}$ |
| 1 | $\frac{1}{2}$ | 1 | $\frac{3}{2}$ | 2 | $\frac{5}{2}$ | 3 | $\frac{7}{2}$ | 4 | $\frac{9}{2}$ | 5 |
| $\frac{3}{2}$ | $\frac{1}{3}$□ | 1 | $\frac{4}{3}$□ | $\frac{5}{2}$ | $\frac{8}{3}$□ | $\frac{35}{8}$ | $\frac{64}{15}$□ | $\frac{315}{48}$ | $\frac{128}{21}$□ | $\frac{3465}{384}$ |
| 2 | $\frac{3}{8}$ | 1 | $\frac{15}{8}$ | 3 | $\frac{35}{8}$ | 6 | $\frac{63}{8}$ | 10 | $\frac{99}{8}$ | 15 |
| $\frac{5}{2}$ | $\frac{4}{15}$□ | 1 | $\frac{8}{5}$□ | $\frac{7}{2}$ | $\frac{64}{15}$□ | $\frac{63}{8}$ | $\frac{128}{15}$□ | $\frac{693}{48}$ | $\frac{512}{35}$□ | $\frac{9009}{384}$ |
| 3 | $\frac{15}{48}$ | 1 | $\frac{105}{48}$ | 4 | $\frac{351}{48}$ | 10 | $\frac{693}{48}$ | 20 | $\frac{1287}{48}$ | 35 |
| $\frac{7}{2}$ | $\frac{8}{35}$□ | 1 | $\frac{64}{35}$□ | $\frac{9}{2}$ | $\frac{128}{21}$□ | $\frac{99}{8}$ | $\frac{512}{35}$□ | $\frac{1287}{48}$ | $\frac{1024}{35}$□ | $\frac{19305}{384}$ |
| 4 | $\frac{105}{384}$ | 1 | $\frac{945}{384}$ | 5 | $\frac{3465}{384}$ | 15 | $\frac{9009}{384}$ | 35 | $\frac{19305}{384}$ | 70 |

が成り立つことを確かめ、ここから、

$$\frac{a}{\alpha}>\frac{\beta}{a}>\frac{b}{\beta}>\frac{\gamma}{b}>\frac{c}{\gamma}>\frac{\delta}{c}>\frac{d}{\delta}>\cdots$$

が成り立つと推測するのです。よって、最初の4項 $\alpha, a, \beta, b$ について、

$$\sqrt{\frac{b}{\alpha}}<\frac{\beta}{a}<\sqrt{\frac{\beta}{\alpha}}$$

が導き出されます。そして、このような関係は連続する4項について常に成り立つことがわかります。したがって、たとえば、連続する4項が、

$$\frac{4}{3}\square、\frac{15}{8}、\frac{8}{5}\square、\frac{105}{48}$$

の場合には、

$$\frac{3\cdot3\cdot5\cdot5}{2\cdot4\cdot4\cdot6}\sqrt{1\frac{1}{6}}<\square<\frac{3\cdot3\cdot5\cdot5}{2\cdot4\cdot4\cdot6}\sqrt{1\frac{1}{5}}$$

という結果が求められます。

同様の計算をさらに進めていったウォリスは、命題191において、次のように書いています。

$$\square\begin{cases} minor\ quam\ \dfrac{3\times3\times5\times5\times7\times7\times9\times9\times11\times11\times13\times13}{2\times4\times4\times6\times6\times8\times8\times10\times10\times12\times12\times14}\sqrt{1\frac{1}{13}} \\ major\ quam\ \dfrac{3\times3\times5\times5\times7\times7\times9\times9\times11\times11\times13\times13}{2\times4\times4\times6\times6\times8\times8\times10\times10\times12\times12\times14}\sqrt{1\frac{1}{14}} \end{cases}$$

ウォリスはこの手順の計算を無限に行っていけば、両辺の$\sqrt{\ }$の値はともに1に近づくことを知っていましたから、次のように書くことができたと思われます。

$$\square=\frac{3\cdot3\cdot5\cdot5\cdot7\cdot7\cdot9\cdot9\cdot11\cdot11\cdot13\cdot13\cdots}{2\cdot4\cdot4\cdot6\cdot6\cdot8\cdot8\cdot10\cdot10\cdot12\cdot12\cdot14\cdots}\left(=\frac{4}{\pi}\right)$$

これが現在「ウォリスの公式」として、

$$\frac{\pi}{2}=\lim_{n\to\infty}\frac{2\cdot2\cdot4\cdot4\cdots(2n)\cdot(2n)}{3\cdot3\cdot5\cdot5\cdots(2n+1)\cdot(2n+1)}$$

という形で知られているものです。

---

（注1）John Wallis（1616－1703）イギリスの数学者。ロンドン王立協会の創始者で、最初の会員。アシュフォード（ケント州）に生まれ、ケンブリッジ大学神学部を卒業。オートレッドに数学を学ぶ。1649年にオックスフォード大学の幾何学教授（サヴィル教授職）

に任命された。サヴィル教授職とは、1619年にサヴィル（Henry Savile、1549－1622）によって開設された教授職。著書に『円錐曲線論』もある。

（注2）『無限算術』の巻頭には、数学上の師であるオートレッド（William Oughtred、1574－1660）への献呈文があり、ウォリスはそこで、カヴァリエリとトリチェルリの名前を引き合いに出し、不可分法を算術化する意図を明示している。

（注3）実際は近似ではなく、3角形の面積を求めることになっている。

（注4）無限大の記号「∞」を初めて導入したのはウォリス。彼の使用法は「$N \to \infty$」ではなく、「$N = \infty$」と書かれるべきもの。

（注5）この表は、ウォリスの〝Opera Mathematica I〟（Olms、1972）より。

## 7　接線法と求積法の統一への途

微分法と積分法が互いに逆演算の関係にあることを示す「微積分学の基本定理」の確立を微積分学成立の1条件と見なすならば、微積分発見前夜の最後を飾る数学者はアイザック・バロー(注1)であると言ってよいでしょう。彼は『数学講義』（1664年－1666年）、『光学講義』（1669年）と並ぶ代表的著作『幾何学講義』（1670年）において、微積分学の基本定理にきわめて接近しているのです。

バロー

『幾何学講義』は全部で13の「講義」から成っていますが、これらは異なる起源を持つ3つの部分に分けられます。本論に相当するものは「講義6」から「講義12」ですが、初めはこの7章を『光学講義』の附録として付け加える予定だったようです。しかし、出版社の依頼に応《こた》えて、「講義1」から「講義5」までを新たに書き下ろし、合わせて『幾何学講義』として出版したのです。

## 基本定理への運動学的アプローチ

講義1～5はガリレオ以来の運動学的な考察(注2)にあてられ、運動の合成を説明した後、曲線の接線や接線影の運動学的な意味が論じられています。ここでは、講義4の命題16が重要です。

よく知られていますように、ガリレオは『新科学対話』の第3日から第4日における等加速度運動に関して有名な図（[図1]）を示すとともに、次のように解説しています(注3)。

「3角形ABCを考え、その底に平行に引いた線分が、時間に比例して増加する速度を表すものとしよう。もしこれらの直線が、線分AC上の点が無限であり、あるいは如何《いか》なる時間間隔に含まれる瞬間が無数であるのと同じように、無数に引かれるならば、それらは3角形の面積を作り上げる。さて加速運動によって得られた最大速度——線分BCで表される——が、今度は加速度もなしに一定の値で初めと同じ時間間隔だけ継続するものとしよう。これらの速度からは、同様にして、3角形ABCの2倍である平行4辺形ADBCが作り上げられるであろう。したがって、物体がこれらの速度を以《もっ》て任意の時間間隔内に通過する距離は、等しい時間間隔内に、この3角形によって表された速度を以

[図 1]

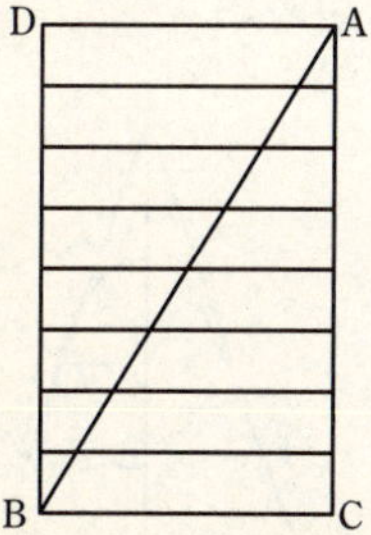

て経過するものの2倍である。しかし、水平面に沿っては、加速も減速も生じないので、運動は等速である。したがって、ACに等しい時間間隔内に通過すべき距離CDは、距離ACの2倍であることが結論される。何となれば、後者は静止から出立し、3角形内の平行直線に比例してその速度を増して行く運動によって経過されるのに対し、前者は数はやはり無限であるが、3角形の2倍の面積を生じる平行4辺形内の平行直線によって表される運動によって通過されるからである」

さらに、ガリレオは投射体の運動を扱った第4日の定理1において、［図2］を示して、サルヴィアチに、

「放物線を引き、その軸CAを上方の点Dまで延長し、放物線上の任意の点Bから、放物線の底に平行な線分BCを引きます。もし、この点DをDA＝ACとなるように定めると、点D、Bを結ぶ直線は放物線を切ることなく、その外部に、すなわち、ちょうど点Bで放物線に接するようになる、と主張します」

のように語らせています。(注4)

［図2］

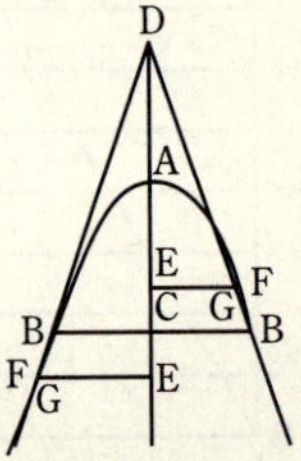


このように、ガリレオは放物線の接線を論じているのですが、その接線影（図2の

CD）が落下距離の2倍であるのは、［図1］における「（長方形ACBD）＝2△ACB」の帰結であること（微積分学の基本定理）には気づかなかったのです。

しかし、ガリレオ以後の接線法・求積法の目覚ましい発展を背景に、バローは前記のような接線と面積の一般的な関係を見出したのです。その内容を扱った講義4の命題16を見てみましょう。［図3］における曲線AMは、等間隔にとられたときの縦線BM、CMなどが、［図4］において同じく等間隔にとられたときの面積αβμ、αγμなどと比例するように作られたものです。また、直線TMは曲線AMの点Mにおける接線とします。

このとき、［図4］での［面積αδμα］と［面積αδφ］の比は、［図3］におけるAPとTPの比に等しいというのです。今日の言葉では、［図3］での曲線AMは「s－tグラフ」であり、［図4］での曲線αμμμは「v－tグラフ」と考えればよいわけです。(注5)

［図3］の曲線AMMMが2次放物線である場合（図4では、曲線が直線のとき）が、いわゆる等加速度運動の場合に相当し、前述したようにガリレオが考察したものです。この場合は、TP＝2APで

［図3］

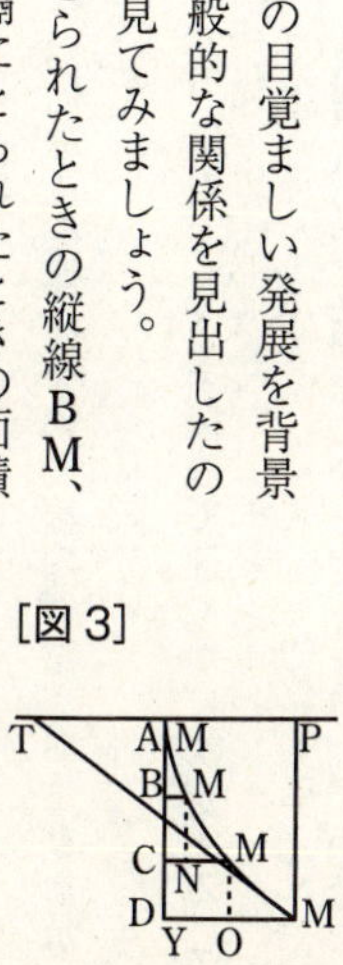


［図4］

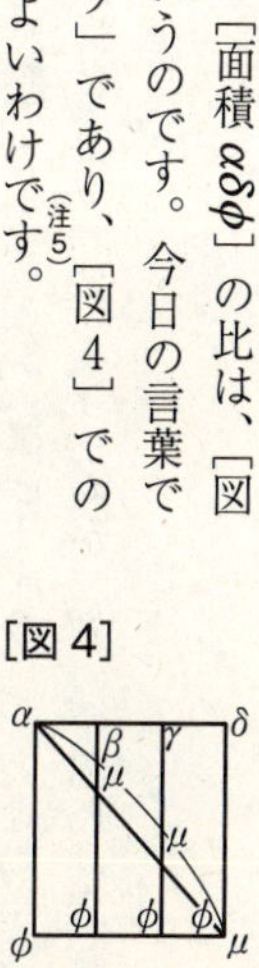

す。バローはさらに、曲線AMMMが3次放物線である場合は、TP＝3APであることにも言及しています。

この命題16は運動学的な色彩の濃いものであるとはいえ、微積分学の基本定理の先駆をなす内容と言ってよいでしょう。『幾何学講義』の第1部分（講義1～5）での運動学的考察は、次の第2部分（講義6～10）では姿を消すことになりますが、先の命題16は講義10において幾何学的に再考察されることになります。

## 基本定理への幾何学的アプローチ

『幾何学講義』の第2部分（講義6～10）と第3部分（講義11～12）の目的について、バローは講義6の冒頭において、それぞれ次のように述べています。

［第2部分］計算のわずらわしさ、あるいは嫌気を伴わない接線の考察、および計算の重荷を伴わない証明について。

［第3部分］指定された接線を用いて多くの量の大きさを極めて速やかに決定することについて。

バローのこの言明を見ると、彼が接線法と求積法の相互関係に深い関心を持っていたことが窺《うかが》われます。実際、彼は講義10、11において、微積分学の基本定理へと発展していく内容を証明しているのです。そして、これは講義4の命題16の再証明でもあります。

まず、講義10では、命題11で次の内容が主張されます。［図5］において、曲線ZGEは縦線が単調に増加する曲線とします。また、上側の曲線VIFは次のように決められます。すなわち、$R$をある与えられた線分とし、VDに任意に線分EDFを引いたとき、DF・$R$が面積VDEZVとなるようにDFをとるのです。

次に、

$$\mathrm{DE}:\mathrm{DF}=R:\mathrm{DT}$$

となるようにDTを決めます。このとき、直線TFは曲線VIFの点Fにおける接線であるというのが命題11の内容なのです。バローはこの命題を［証明1］のように証明しています。また、この証明を現代の表記法で書き直したものが［証明2］です。

この［証明1］および［証明2］からわかるように、命題11は、

$$y=\int_0^x z\,dx \text{ ならば、} \frac{dy}{dx}=z$$

であることを示しているのです。

さて次に、その逆の場合を扱っている講義11の命題19を見てみましょう。その内容は次

［図5］

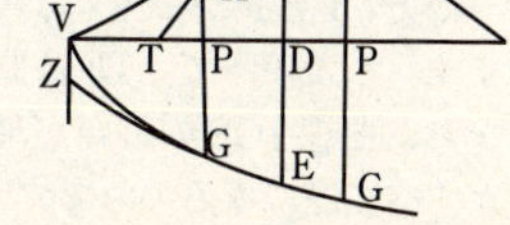

のようなものです。［図6］において、曲線AMBはある与えられた曲線とし、さらに、曲線KZLを次のように定めます。すなわち、曲線AMB上の任意の点Mに接線MTを引き、$R$をある与えられた線分として、

$$\mathrm{TF} : \mathrm{FM} = R : \mathrm{FZ}$$

を満足するFZの端点Zが曲線KZLを描くとします。そして、曲線AMB上の点BからFMに平行にBLを引くと、

$$R \cdot \mathrm{BD} = \text{面積 ADLK}$$

となるというのが命題19の内容です。

バローによるこの命題の証明は［証明3］のごとくであり、これを現代の表記法で書きますと、

$$z = \frac{dy}{dx} \text{ ならば、} \int_0^x z\,dx = y$$

（ただし、$\mathrm{AF} = x$、$\mathrm{FM} = y$、$\mathrm{FZ} = z$、$R = 1$）

となりますから、先に見た講義10・命題11の逆が

［証明1］

V、Fの間に任意の点Iをとり、IGをFEに平行に、IKLをVDに平行に引くと、

$$\mathrm{LF} : \mathrm{LK} = \mathrm{DF} : \mathrm{DT} = \mathrm{DE} : R$$

となります。したがって、$\mathrm{LF} \cdot R = \mathrm{LK} \cdot \mathrm{DE}$ が成り立ちます。

曲線について仮定した性質より、$\mathrm{LF} \cdot R =$ 面積 PDEG ですから、

$$\mathrm{LK} \cdot \mathrm{DE} = \text{面積 PDEG} < \mathrm{DP} \cdot \mathrm{DE}$$

となり、それゆえに、$\mathrm{LK} < \mathrm{DP}$、すなわち $\mathrm{LK} < \mathrm{LI}$ となります。

他方、IをFから先にとり、同様に論ずれば、$\mathrm{LK} > \mathrm{LI}$ となります。したがって、TFは曲線VFに接することになります（注6）。なお、曲線ZGEの縦線が単調に減少する場合は、不等号の向きがすべて逆になるのみですから、同様に証明されます。

証明されていることになります。

　この2つの命題10－11と11－19の証明を比較してみると、大きな違いがあることがわかります。10－11では接線の決定に無限小が使用されておらず、証明がギリシア風です。これに対して、11－19では微小3角形が△MNOとして明瞭に現れてきており、証明に大きな役割を果たしているのです。

[図6]

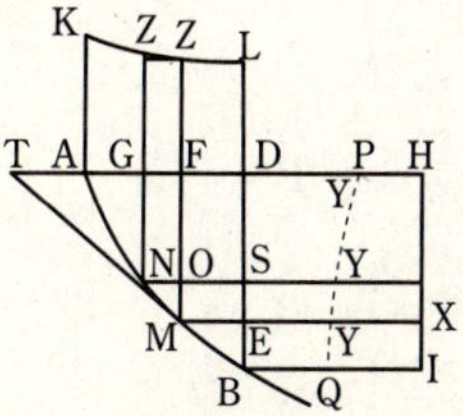


[証明2]

　VD = $x$、DF = $y$、DE = $z$、$R$ = 1、曲線ZGEの方程式を $Z = f(x)$ と置きますと、仮定によって、面積VDEZV = $\int_0^x zdx = y \cdot R = y$ となります。Iが Fのごく近くにあるとしますと、DP = LI ≒ LK = $dx$、LF = $dy$ です。また、LF・$R$ = 面積PDEGですから、$dy = zdx$ です。

　ところで、DE：DF = $R$：DTより、DT = $\frac{y}{z}$ であることから、

DT = $\frac{y}{\frac{dy}{dx}}$ となり、DTが接線影であることになります。

講義10と11のこのような相違は、微小3角形が講義10の附録の形で位置づけられていることに起因しています。すなわち、バローは、講義10の終わりのほうで、計算によって接線を求める方法を付け加える、としているのです。そこでは、

「上に述べてきたよく知られた巧みな方法の後に、この方法を追加することに利があるかどうか、私にはわからない。しかし、私は、これを1人の友人の勧めによって行うのである。この方法が上に述べたものよりもより適切、かつ一般的であるので、私は喜んでこの忠告に従うのである」

のように述べられています。ここに登場する「1人の友人」は若きニュートンであったと考えられています。(注7)

こうして、バローは今までにない新しい接線法を展開するのです。［図7］において、AP、AMは位置の定まった直線、曲線とします。そして、MTはMにおいて曲線に接し、直線APとTにおいて交わるとします。直線PTの

［証明3］

DH＝*R*として長方形BDHIを作り、次に、曲線ANB上に“限りなく小さな部分MN”をとり、BDに平行にNGを、ADに平行にMEXとNOSを引きます。すると、NO：MO＝TF：FM＝*R*：FZまたは、NO・FZ＝MO・*R*、すなわちFG・FZ＝ES・EXとなります。

それゆえに、すべての長方形FG・FZの総和は面積ADLKとわずかしか異ならず、これに対応する長方形ES・EXの全体は長方形DHIBを合成しますから、命題は十分に明らかです。

大きさを見出すために、曲線から無限小の弧MNをとり、MPに平行にNOを、APに平行にNRを引きます。

バローはここで、$MP=m, PT=t, MR=a, NR=e$と置いて、MR、NRを計算することによって得られる1つの方程式によって互いに比較するのです。このとき、次の規則にしたがうものとされています。

［図7］

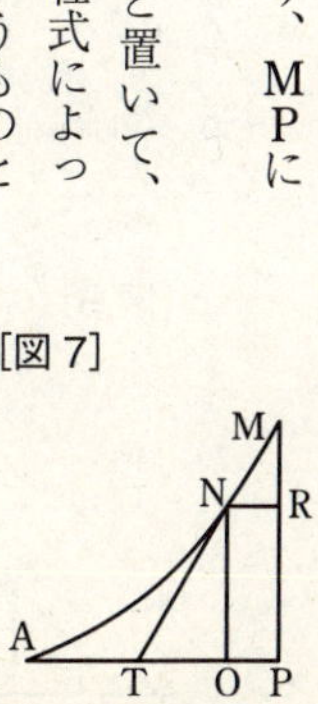


(1) 計算においては、$a$または$e$の巾を含む項およびこれらの積を含む項を省く。なぜなら、これらの項は値がないからである。

(2) 方程式が作られた後で、既知量あるいは確定できる量を表す文字からなる項、および$a$または$e$を含まぬ項を省く。なぜなら、これらの諸項はこれを方程式の一辺に持ってくれれば、常に0に等しくなるから。

(3) $a$に$m$（またはMP）を、$e$に$t$（またはPT）を代入する。これによって、最後に、PTの大きさが求められる。

このバローの接線法がフェルマーの接線法を改良したものであることは明らかであり、今日の表記法では、$e$を$\Delta x$、$a$を$\Delta y$とすることになります。

規則(1)は高位の無限小の扱いを述べており、規則(2)は両辺からの同じ項の消去を指していると考えられます。そして、規則(3)は微小3角形MNRを利用して、いわば「$\Delta x \to 0$」を行っていると見なせば、バローの接線法は今日のものと大差ないと言ってもよいでしょう。

バローはこの方法を用いて、講義10の最後に5個の例を紹介しています。たとえば、「例5」では、［図8］［図9］のように、正接曲線が扱われていて、前記の3つの計算規則によって、$(\tan\theta)' = \sec^2\theta$ という結果を得ています。このように、講義10の最後に〝微小3角形〟の概念を導入したバローは、これを講義11－19の証明に使用したのです。

かくして、講義10－11と講義11－19によって、微積分学の基本定理の原初形態は証明されたのであり、接線法と求積法が互いに逆の関係であること、およびこれらの統一への途が準備されたと言えます。

しかしながら、バローによる微積分学の基本定理の定立と証明は、依然として幾何学的な形態をとっているとともに、接線の定義すらも完全なものとは言えません。講義10－11の証明はギリシア風でさえありました。このような限界を超えて、近

［図8］

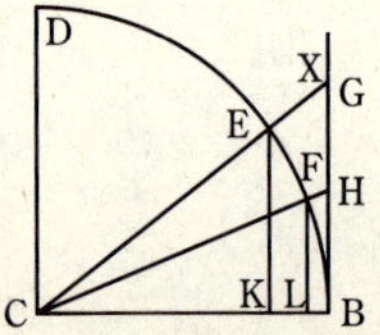


［図9］

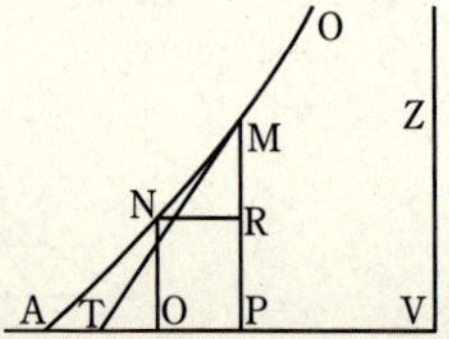

代的な微積分法を確立したのがニュートンとライプニッツなのです。次章でそれを見てみましょう。

（注1）Isaac Barrow（1630－1677）イギリスの数学者。ロンドンに生まれ、ケンブリッジ大学で学んだ。1663年にルーカス（Henry Lucas、?－1663）がケンブリッジ大学に数学講座設立のための資金を寄贈したことから、「ルーカス教授職」が置かれ、バローはその初代教授となった。後に、この職をニュートンに譲ることになる。

（注2）ガリレオの運動論については、本書第Ⅲ部第2章を参照。

（注3）第3日命題23。岩波文庫『新科学対話』（下）の99－100頁を参照。

（注4）岩波文庫『新科学対話』（下）の150頁を参照。

（注5）「$s-t$グラフ」とは時間に対する距離を表すグラフ、「$v-t$グラフ」とは時間に対する速度を表すグラフのこと。

（注6）この段階では、割線の極限として接線を捉えるという考えを見ることはできない。

（注7）バローはニュートンに数学上の影響を与えたと同時に友人でもあるが、ニュートンはバローよりもむしろ、デカルト、フェルマー、ウォリスなどの先人たちに多くを学んだ。流率法に関するニュートンの最初の論文であると同時に、微積分学の基本定理を述べた有名な論文である「1666年10月論文」は、バローの『幾何学講義』の出版された1670年の4年前のもの。

# 8 微積分法の発見

ライプニッツ

ニュートン

今日、微積分法はニュートン(注1)とライプニッツ(注2)の2人によって、それぞれ独立に発見されたとされています。しかし、それぞれのアプローチの仕方は異なっています。ニュートンが運動学的な考察を出発点として発見に至ったのに対して、ライプニッツは一般普遍学あるいは普遍的記号法の確立を目指しつつ、その発見に至ったのです。

この相違は、ニュートンが『プリンキピア』(自然哲学の数学的原理)を著して、近代力学の完成者となったのに対して、ライプニッツは現在使用されている微積分に関する諸記号の発明者として名を残したことに象徴されています。

本章では、この2人の微積分法発見に至るプロセスを見てみたいと思いますが、その前に、「微積分法の発見」とすべき2つの指標を整理しておきたいと思います。

その第1は、微積分学の基本定理を無限小解析の立場から定式化したことであり、第2は、無限級数展開を求積に応用する途を切り拓いたこと、と言ってよいでしょう。以下では、後者にも触れつつ、主として、前者に焦点を当てて見ていきます。

## ニュートンによる一般2項定理の発見

数学に関するニュートンの論考は、ホワイトサイドによって編集された『ニュートン数学論文集』(注3)(全8巻)に収録されていますが、その第1巻には、ニュートンの初期の数学研究ノートが整理して集められています。

それによると、ニュートンが数学の研究に着手したのは1664年春であり、ヴィエタ、オートレッド、デカルト、フェルマー、ウォリスなどの著作から数学を学んだことがわかります。とりわけ、デカルト『幾何学』のファン・スホーテンによるラテン語訳第2版と(注4)ウォリスの『無限算術』(注5)は青年期のニュートンに大きな影響を与えたようです。

ニュートンによる一般2項定理の発見は1664年から1665年冬にかけての時期になされましたが、その契機はウォリスの『無限算術』に見られた補間法にあったようです。すでに、第Ⅲ部第6章で見ましたように、ウォリスは区間［0、1］における円の4分円の求積に関連して、今日的表記法による $\int_0^1 (1-x^2)^r\,dx$ を考察していましたが、ニュートンはウォリスの方法を拡張し、求積の上限を変数とすることによって、$\int_0^x (1-x^2)^r\,dx$ を考察し、変数の累乗から成る級数を作ることに成功したのです。たとえば、$r=0$ の場合は $x$、$r=1$ の場合は $x-\frac{1}{3}x^3$、$r=2$ の場合は $x-\frac{2}{3}x^3+\frac{1}{5}x^5$、…の如くになります。

そこで、ニュートンは、「$+x$」、「$-\frac{1}{3}x^3$」、「$+\frac{1}{5}x^5$」、…の項ごとの係数を一覧表

[表1]

| $r$ | 0 | $\frac{1}{2}$ | 1 | $\frac{3}{2}$ | 2 | $\frac{5}{2}$ | 3 | $\frac{7}{2}$ | 4 | $\frac{9}{2}$ | 5 | $\frac{11}{2}$ | 6 |
|---|---|---|---|---|---|---|---|---|---|---|---|---|---|
| $+x$ | 1 | 1 | 1 | 1 | 1 | 1 | 1 | 1 | 1 | 1 | 1 | 1 | 1 |
| $-\frac{1}{3}x^3$ | 0 | $\frac{1}{2}$ | 1 | $\frac{3}{2}$ | 2 | $\frac{5}{2}$ | 3 | $\frac{7}{2}$ | 4 | $\frac{9}{2}$ | 5 | $\frac{11}{2}$ | 6 |
| $+\frac{1}{5}x^5$ | 0 | | 0 | | 1 | | 3 | | 6 | | 10 | | 15 |
| $-\frac{1}{7}x^7$ | 0 | | 0 | | 0 | | 1 | | 4 | | 10 | | 20 |
| $+\frac{1}{9}x^9$ | 0 | | 0 | | 0 | | 0 | | 1 | | 5 | | 15 |
| $-\frac{1}{11}x^{11}$ | 0 | | 0 | | 0 | | 0 | | 0 | | 1 | | 6 |
| $+\frac{1}{13}x^{13}$ | 0 | | 0 | | 0 | | 0 | | 0 | | 0 | | 1 |

[計算 1]

第 3 項：$$\frac{\frac{1}{2}-0}{1}\cdot\frac{\frac{1}{2}-1}{2}=\frac{1}{2}\cdot\left(-\frac{1}{4}\right)=-\frac{1}{8}$$

第 4 項：$$\frac{\frac{1}{2}-0}{1}\cdot\frac{\frac{1}{2}-1}{2}\cdot\frac{\frac{1}{2}-2}{3}=\left(-\frac{1}{8}\right)\cdot\left(-\frac{3}{6}\right)=+\frac{1}{16}$$

第 5 項：$$\frac{\frac{1}{2}-0}{1}\cdot\frac{\frac{1}{2}-1}{2}\cdot\frac{\frac{1}{2}-2}{3}\cdot\frac{\frac{1}{2}-3}{4}=\frac{1}{16}\cdot\left(-\frac{5}{8}\right)=-\frac{5}{128}$$

[表 2]

| | | | | | | | | | | | | | | |
|---|---|---|---|---|---|---|---|---|---|---|---|---|---|---|
| $+x$ | ×1. | 1. | 1. | 1. | 1. | 1. | 1. | 1. | 1. | 1. | 1. | 1. | 1. | |
| $-\frac{x^3}{3}$ | ×0. | $\frac{1}{2}$. | 1. | $\frac{3}{2}$. | 2. | $\frac{5}{2}$. | 3. | $\frac{7}{2}$. | 4. | $\frac{9}{2}$. | 5. | $\frac{11}{2}$. | 6. | |
| $+\frac{1}{5}x^5$ | ×0. | $-\frac{1}{8}$. | 0. | $\frac{3}{8}$. | 1. | $\frac{15}{8}$. | 3. | $\frac{35}{8}$. | 6. | $\frac{63}{8}$. | 10. | $\frac{99}{8}$. | 15. | |
| $-\frac{1}{7}x^7$ | ×0. | $+\frac{1}{16}$. | 0. | $\frac{1}{-16}$. | 0. | $\frac{5}{16}$. | 1. | $\frac{35}{16}$. | 4. | $\frac{105}{16}$. | 10. | $\frac{231}{16}$. | 20. | |
| $+\frac{1}{9}x^9$ | ×0. | $-\frac{3}{128}$. | 0. | $\frac{3}{128}$. | 0. | $\frac{-5}{128}$. | 0. | $\frac{35}{128}$. | 1. | $\frac{315}{128}$. | 5. | $\frac{1155}{128}$. | 15. | |
| $-\frac{1}{11}x^{11}$ | ×0. | $\frac{7}{256}$. | 0. | $\frac{-3}{256}$. | 0. | $\frac{3}{256}$. | 0. | $\frac{-7}{256}$. | 0. | $\frac{63}{256}$. | 1. | $\frac{693}{256}$. | 6. | |
| $\frac{1}{13}x^{13}$ | ×0. | $\frac{-21}{1024}$. | 0. | $\frac{7}{1024}$. | 0. | $\frac{-5}{1024}$. | 0. | $\frac{7}{1024}$. | 0. | $\frac{-21}{1024}$. | 0. | $\frac{231}{1024}$. | 1. | $\frac{3003}{1024}$. |

にして考察し、「$-\frac{1}{3}x^3$」の行については、$r=0, 1, 2, 3\cdots$のときの係数が初項0、公差1の等差数列になっていることから、$r=\frac{1}{2}, \frac{3}{2}, \frac{5}{2}, \cdots$の欄に入るべき係数は初項$1/2$、公差1の等差数列をなすと考えるのです。こうして［表1］が作成されます。

次に、$r=\frac{1}{2}, \frac{3}{2}, \frac{5}{2}, \cdots$それぞれの縦欄の数値を決定する規則として、第1項が1、第2項が$m$のとき、第3項以下は、

$$\frac{m-0}{1}\cdot\frac{m-1}{2}\cdot\frac{m-2}{3}\cdot\frac{m-3}{4}\cdot\frac{m-4}{5}\cdots$$

によって求められることをニュートンは見出します。たとえば、$r=\frac{1}{2}$の縦欄では、第1項が1、第2項が$1/2$ですから、第3項以下は［計算1］のようにして算出されます。

このようにして、すべての数値を決定したニュートンは、それらを［表2］としてまとめたのです。(注6)

したがって、$r=\frac{1}{2}$のときを例にとりますと、

$$\int_0^x (1-x^2)^{\frac{1}{2}}dx = x - \frac{1}{6}x^3 - \frac{1}{40}x^5 - \frac{1}{112}x^7 - \frac{5}{1152}x^9 - \frac{7}{2816}x^{11} - \frac{21}{13312}x^{13} - \cdots$$

という無限級数展開が得られます。そして、積分区間の上限を1としたとき（$x=1$）の値が、4分円の面積すなわち $\pi/4$ ですから、

$$\frac{\pi}{4} = 1 - \frac{1}{6} - \frac{1}{40} - \frac{1}{112} - \frac{5}{1152} - \frac{7}{2816} - \frac{21}{13312} \cdots$$

のように、円の求積公式が得られるわけです。また、この公式はヴィエタの公式、ウォリスの公式に続く史上3番目の $\pi$ の級数表示とも言えます。

ニュートンはさらに同様な考察を行い、より洗練された仕方で、2項式を無限級数展開する規則を発見したのです。すなわち、$(b+x)^{\frac{m}{n}}$ という形の2項式に対して、連続する項の係数は、

$$\frac{1 \times m \times (m-n) \times (m-2n) \times (m-3n) \times (m-4n) \times \cdots}{1 \times n \times 2n \times 3n \times 4n \times 5n \times \cdots}$$

という級数によって得られることを見出したのです。この一般2項定理の発見によって、ニュートンはさまざまなパターンの求積を成し遂げることができるようになったのです。(注7)

## ニュートンの接線法

「極大・極小問題に関する諸定理を見出す方法」と題する1665年5月20日付の論考が『数学論文集』第1巻（272頁〜）に収録されていますが、ニュートンはこの論考において、「無限小の増分」という考えと記号「$o$」（オミクロン）を使用して法線決定法を論じています。

［図1］において、曲線 $aef$（$ax + x^2 = y^2$）[注8] 上に、無限小の距離だけ隔たった2点 $e$、$f$ がとられ、$ab = x$ とし、無限小の増分 $o$ を用いて、$ac = x + o$ とします。そして、$eb = y$, $cf = z$ として、法線影 $bd = v$ が［計算2］のように見出されているのです。

ニュートンは、前述した法線決定法を土台として、さらに接線決定法へと進んでいくのですが、その過程で、接線を直接に決定する接線影を計算する方法を見出したのです。［図2］において、曲線 $aef$ 上に、無限小の距離だけ隔たった2点 $e$、$f$ がとられ、$ab = x$ とし、無限小の増分 $o$ を用いて、$ac = x + o$ とします。そして、$eb = y$, $cf = z$ として、$bg = t$ の値を求めることによって、接線が決定されることになるわけです。

ここで、ニュートンは $cf$ と $eb$ の差が無限に小さいと仮定したとき、2つの3角形 $gbe$ と $gcf$ とが相似であるとして、$t : y = (t + o) : \left(y + \frac{oy}{t}\right) = z$ が成り立つとし、これを用いて曲線 $p + qy + ry^2 + sy^3 = 0$ に関する接線影を決定したのです。[注9]

[図 2]

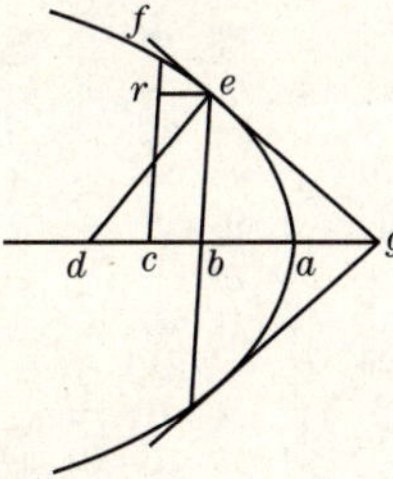


[図 1]

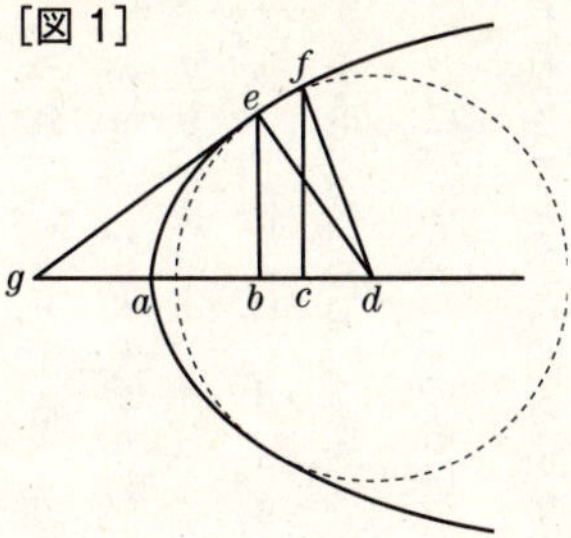


[計算 2]

△*ebd*、△*fcd* は直角 3 角形ですから、三平方の定理によって、$ed^2 = v^2 + y^2$ および $fd^2 = (v - o)^2 + z^2$ が成り立ちます。ここで、点 *e* と *f* が一致するときに法線が決定されますから、$ed^2 = fd^2$ とします。すると、$v^2 + y^2 = v^2 - 2ov + o^2 + z^2$ となり、
$y^2 = o^2 - 2ov + z^2$ となります。ところで、$z^2 = a(x + o) + (x + o)^2$ ですから、

$$y^2 = o^2 - 2ov + ax + ao + x^2 + 2ox + o^2$$

となります。$ax + x^2 = y^2$ ですから、$2o^2 - 2ov + ao + 2ox = 0$ となり、*o* で割って、

$$2o - 2v + a + 2x = 0$$

となります。*o* は無限小ですから、消去して、$v = x + \frac{a}{2}$ が得られますから、法線影 $bd = v$ が決定されたことになります。

## ニュートンにおける流率概念の登場

1665年晩夏の頃と思われるニュートンの手稿が『数学論文集』第1巻（343頁～）に収録されていて、「ニュートンは流率概念を初めて導入した」という注釈がホワイトサイドによって付けられています。その内容は以下の通りです。

［図3］が描かれ、次のような命題が述べられています。

「もし2つの物体$c$、$d$が同じ時間に直線$ac$、$bd$を描き（$ac = x, bd = y$、$p$は$c$の運動、$q$は$d$の運動とする）、そして、$ac = x$と$bd = y$の関係を表す方程式があり、それらの項全体はゼロに等しく置かれているとする。その方程式の各項に、その項での$x$の次数倍の$py$または$\underline{p|}\,x$を掛け、さらに、その項での$y$の次数倍の$qx$または$\underline{q|}\,y$を掛ける。それらの積の和が$c$と$d$の運動の関係を表す方程式である。例えば、$ax^3 + a^2yx - y^3x + y^4 = 0$では、$3apxx + a^2py - py^3 + aaqx - 3qyyx + 4qy^3 = 0$となる」

ここで示されている例で$\underline{q|}\,p$を計算しますと、$\frac{q}{p} = \frac{3ax^2+a^2y-y^3}{3xy^2-a^2x-4y^3}$となることから明らかなように、$\underline{q|}\,p$は今日の用語で言えば、$y$の$x$

［図3］

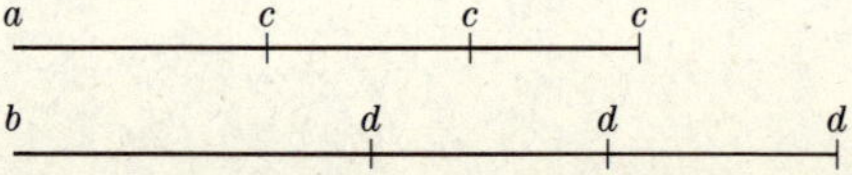

に関する導関数 $\frac{dy}{dx}$ ということになります。この段階では、ニュートンはある時刻における速さが $p$、$q$ であるような2つの物体が一定の関係を保ちつつ、それぞれ距離 $x$、$y$ だけ進む場合を考察したと考えられます。$x$、$y$ が「流量」、$p$、$q$ が「流率」と呼ばれるようになるのはもっと後のことです。(注10)

「諸物体の速さをそれらが描く線から見出すこと」と題した1665年11月13日付の論考が『数学論文集』第1巻(382頁〜)に見られますが、これは流率概念が初めて登場した前述の手稿をさらに発展させたものです。(注11)

この論考では「2つあるいはそれ以上の運動する物体A、B、C、&cによって同じ

[計算3]

$x$ と $y$ の代わりに $x+o$、$y+\frac{qo}{p}$ を代入すると、

$rx+ro+x^2+2ox+o^2-y^2-\frac{2qoy}{p}-\frac{q^2o^2}{p^2}=0$ が得られます。

$rx+x^2-y^2=0$ ですから、$ro+2ox+o^2-\frac{2qoy}{p}-\frac{q^2o^2}{p^2}=0$ となります。これを $o$ で割って、$r+2x+o-\frac{2qy}{p}-\frac{q^2o}{p^2}=0$ が得られます。ここで、「$o$ のある項は $o$ のない項に比べて無限に小さいから」、それらを消去して、$r+2x-\frac{2qy}{p}=0$、すなわち $pr+2px=2qy$ が得られるのです。これが求めるべき $p$ と $q$ の関係を表す方程式です。

時間に描かれる2本あるいはそれ以上の線 $x$、$y$、$z$、&$c$の関係を表す方程式が与えられたとき、それらの速さ $p$、$q$、$r$、&$c$の関係を見出すこと」という命題に対する解が示され、さらに「もし速さ $p$の物体がある瞬間に無限に小さい線 $o$（オミクロン）を描くとすると、その瞬間に、速さ $q$の物体は線 $\frac{oq}{p}$ を描くであろう」という補助定理を証明した後、$x$と$y$の関係が方程式 $rx+x^2-y^2=0$(注12)で表される場合を具体例として、［計算3］のように、$p$と$q$の関係を表す方程式を求めています。

## ニュートンの1666年10月論文

ニュートンは1664年から1665年冬にかけて、一般2項定理を発見するとともに、法線および接線の決定法を見出し、さらに流率概念を導入して、運動する諸物体の距離の関係式からそれらの速さの関係式を導出する方法などを考察してきました。これらの成果の上に立って、ニュートンの初期流率論の最初の論文である「1666年10月論文」が誕生することになるのです。(注13)

ニュートンは自身の微積分法を「流率法」と呼んでいましたが、その要《かなめ》は今日「微積分学の基本定理」と呼ばれる「曲線図形の面積に関する求積法が、曲線に接線を引く接線法の逆操作である」という内容であり、彼は運動学的考察による基本定理の確立に成功したのです。

ホワイトサイド編集の『ニュートン数学論文集』の目次によれば、この論文は3つの部分に大別されています。[注14] すなわち、

[1]〝運動〟によって問題を解くための8個の〝命題〟

[2]〝問題を解くための前述諸定理の適用〟

[3]〝重力について〟

のように題名が付けられています。そして、この[2]の中に「基本定理」(逆微分としての積分)[The fundamental theorem (integration as inverse differentiation)]という項目が見られ、本文では「問題5」として扱われています。

「問題5」には、「その面積が任意の与えられた方程式によって表されている曲線の性質を見出すこと」という文言が付され、解が示されていますので、その解を訳出してみましょう。

(解)

[図4]において、$ab = x$, ⌓$abc = y$ が与えられ、$ab = x$ と $bc = q$ の関係が求められている(ここで、$bc$ は縦座標として、$ab$ に垂直に立てられている)。ここで、$de \parallel ab \perp ad \parallel be = 1$ のように描くと、$\square abed = x$ となる。

さて、線 $cbe$ が $ad$ から出発して平行に動き、2つの面積 $ae = x$, $abc = y$ を描くと仮定す

る。このとき、それらが増えていく速さは $be$、$bc$ である。すなわち、$be = p = 1$ である運動によって $x$ が増加し、$bc = q$ である運動によって $y$ が増加する。それゆえに、命題7(注15)によって、次の式が見出される。

$$\frac{-\text{Ɔ·C}\,y}{\text{Ɔ·C}\,x} = q = bc \quad （終）$$

ここでの記号「Ɔ·C」は与えられた曲線 $f(x, y) = 0$ を表すものであり、「Ɔ·C」は同じ項が $x$ の次数にしたがって並べられ、任意の等差数列が掛けられたものを表し、さらに「Ɔ·C」は同じ項が $y$ の次数にしたがって並べられ、同じく任意の等差数列が掛けられたものを意味しています。すなわち、

$$\text{Ɔ·C} = f(x, y) = 0 \text{ のとき、} \text{Ɔ·C} = xf_x\text{、}\text{Ɔ·C} = yf_y$$

となります。(注16)

この問題5の解は、現代の表記法では $\frac{dy}{dx} = f(x)$ を

［図4］

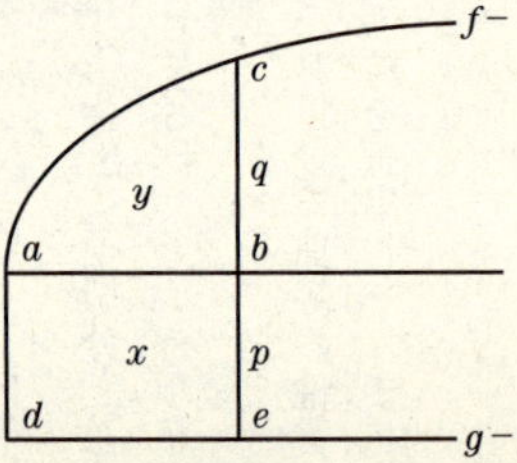

意味しており、もともと $y=\int_0^x f(t)dt$ でしたから、

$$\frac{d}{dx}\int_0^x f(t)dt = f(x)$$

という微積分学の基本定理を表現していると考えられるわけです。ニュートンは問題5の解を与えた後、

$$\frac{2x}{3}\sqrt{rx}=y,\ x^3-ay+xy=0,\ \frac{na}{n+m}x^{\frac{n+m}{n}}-y=0$$

という3つの曲線の例を紹介していますので、3番目の曲線の場合について、$q=-\frac{\mathfrak{X}y}{\mathfrak{X}x}$ を計算してみますと、［計算4］のようになります。

## ライプニッツの変換定理

ライプニッツは、4分円の面積問題に関連して無限級数展開に取り組みました。彼は、1672年にフランスのルイ14世に対する選帝侯の外交使命を帯びてパリに赴き、1676年10月

[計算4]

$$\mathfrak{X} = x\cdot\left(ax^{\frac{m}{n}}\right) = axx^{\frac{m}{n}}、\quad \mathfrak{X} = y\cdot(-1) = -y$$

ですから、

$$q = -\frac{\mathfrak{X}y}{\mathfrak{X}x} = -\frac{axx^{\frac{m}{n}}y}{-yx} = ax^{\frac{m}{n}}$$

となります。

ホイヘンス

までパリに滞在したのですが、この時期に、ライプニッツは微積分を含む全数学の要点をほとんど完成してしまったと言われています。その発端は、やはりルイ14世に招かれてパリで研究していたホイヘンス(注17)に師事したことでした。ライプニッツは、無限小幾何学を背景としたホイヘンスの主著『振子時計』(1673年)を読むとともに、彼の指導を受けて、パスカルを研究しました。そして、パスカルの論文「4分円の正弦論」に見られた微小3角形の重要性を認識したのです。この微小3角形に刺激を受けたライプニッツの論文では「特性3角形」と名づけられています。

このパスカルの論文の命題1は、「4分円の任意の弧の正弦の和は、両端の正弦の間に含まれた底の部分に半径を掛けたものに等しい」という内容ですが、これは現代の表記法では、$\int yds=\int rdx$ と書かれるものです。ライプニッツはこれを任意の曲線に適用したのです。円での法線は半径$r$ですが、これを一般の法線$n$で置き換えますと、$\int yds=\int ndx$ となり、両辺に$2\pi$を掛けますと、$2\pi\int yds=2\pi\int ndx$ となります。この左辺は、その曲線が$x$軸を軸として回転して作られる回転体の表面積ですから、右辺がわかれば、

その表面積が求められるわけです。ちなみに、球の表面積は、

$$2\pi\int yds = 2\pi\int_{-r}^{r} rdx = 2\pi r\int_{-r}^{r} dx = 2\pi r\Big[\,x\,\Big]_{-r}^{r}$$
$$= 4\pi r^2$$

のように計算されます。

ライプニッツは1673年頃に、特性3角形を用いた多くの試みを行いましたが、晩年になって、この頃の微積分形成期を回顧した論文「微分算の歴史と起源」を書いています。(注18) 以下、この論文を参考にしつつ、特性3角形を利用した円の求積を見てみましょう。この中に、ライプニッツの変換定理が登場してきます。

ライプニッツは［図5］を描き、

「曲線AYRにおいて、望むだけ多くのAYが引かれたとする。そして、軸ACが引かれ、それに垂直な共軸をAEとする。これら（ACとAE）

［図5］

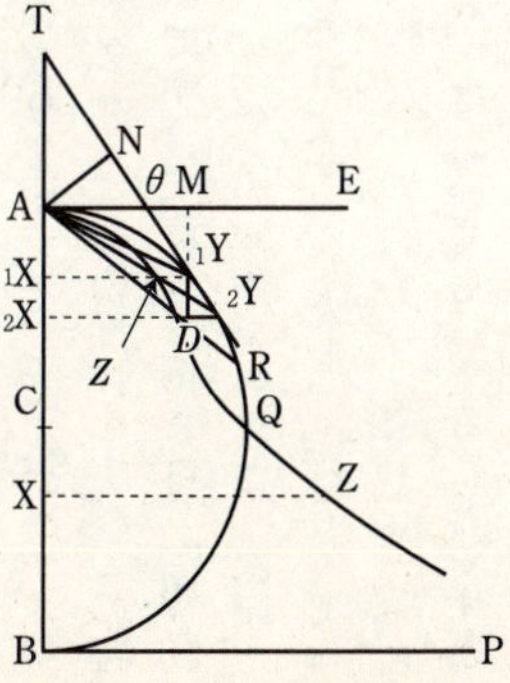


［図6］

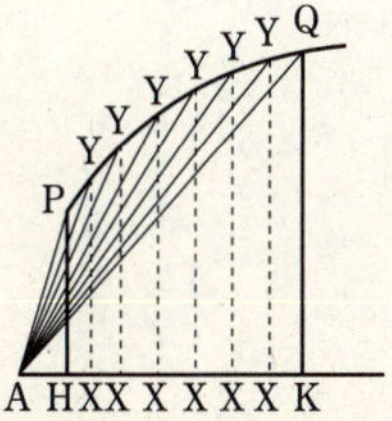

は、Yにおいて曲線それ自身に引かれた接線によって、Tとθで切られるものとする」と切り出します。そして、点Aから接線に垂線ANを下ろします。

ここで、特性3角形 ${}_1YD_2Y$ は3角形AθNと相似です。なぜなら、いずれも直角3角形であって、$\angle A\theta N = \angle D_2Y_1Y$ だからです。よって、${}_1YD : {}_1Y_2Y = AN : A\theta$ となり、$AN \cdot {}_1Y_2Y = A\theta \cdot {}_1YD$ が成り立ちます。そして、$A\theta = {}_1XZ$ とし、${}_1YD = {}_1X_2X$ を代入して、両辺を2で割れば、

$$\frac{1}{2}AN \cdot {}_1Y_2Y = \frac{1}{2}{}_1XZ \cdot {}_1X_2X$$

が得られます。この式の左辺は、3角形 $A_1Y_2Y$ の面積を表していますから、3角形 $A_1Y_2Y$ の面積は長方形 $Z_1X \cdot {}_1X_2X$ の面積の半分に等しいことになります。そして、$T_1Y_2Y$ が接線TYとなったときのAEとの交点θを線XY上に移してZとし、この操作をすべての接線について行ったとき、Zの描く曲線をAZQZとするのです。すると、例えば、[図6]において、PからQまでの無際限の特性3角形について、先ほどの操作を行うと、APY…YQAの面積は長方形XZ・XXの総和の半分であることになります。ただし、[図6]では、Zの描く曲線は記入されていません。

パスカルが微小3角形に対して述べていた注意は(注19)[図6]においても言えることですから、PQKHの面積などを［　］で括《くく》って表すことにすると、

［PQKH］＝［APQA］＋△AQK－△APH

が成り立ちます。そして、［APQA］は長方形 XZ・XX の総和の半分の極限ですから、もとの曲線を $y$、Zの描く曲線を $z$、HとKの座標をそれぞれ $a$、$b$として、現代の表記法で書けば、

$$\int_a^b ydx = \frac{1}{2}\int_a^b zdx + \frac{1}{2}(by(b) - ay(a))$$

となります。（注20）

つまり、曲線 $y$に対する積分が直接求められない場合、積分可能な曲線 $z$を用い、右辺によって求積可能になるわけです。これが「ライプニッツの変換定理」と呼ばれるものです。しかも、この変換定理での曲線 $z$はもとの曲線 $y$上の各点における接線を介して構成されるのですから、ライプニッツが面積と接線との間に深い関係があると考えるようになったのも自然なことと言えます。

さて、ライプニッツはこの変換定理を4分円に適用し、4分円の面積を求めることに成功するのです。先の変換定理の右辺の後項は、現代式に書けば、$\frac{1}{2}\Big[xy\Big]_a^b$ ですから、結局は、

$$\int_a^b ydx = \frac{1}{2}\int_a^b zdx + \frac{1}{2}\Big[xy\Big]_a^b$$

となるわけです。したがって、半径1の円を描いた［図7］において、△YθZと△CYXが相似であることから、θZ : θY = XY : YC となり、θZ = AX = $x$, θY = θA = XZ = $z$, XY = $y$ として、$x : z = y : 1$ となり、$x = zy$ が成り立ちます。

ところで、円の方程式は $(x-1)^2 + y^2 = 1$ ですから、$y^2 = 2x - x^2$ となり、$x = zy$ の両辺を2乗した式に代入すれば、$x^2 = z^2(2x - x^2)$ となります。これを変形すると、$x = \dfrac{2z^2}{1+z^2}$ が得られます。

［図7］に対して、先の変換定理を適用して4分円の面積を求める式を作りますと、$\int_0^1 ydx = \dfrac{1}{2}\int_0^1 zdx + \dfrac{1}{2}$ となりますが、［図8］に見られるように、$\int_0^1 zdx$ は $1 - \int_0^1 xdz$ で置き換えることができます。したがって、

$$\int_0^1 ydx = 1 - \int_0^1 \frac{z^2}{1+z^2}dz$$

となります。

［図7］

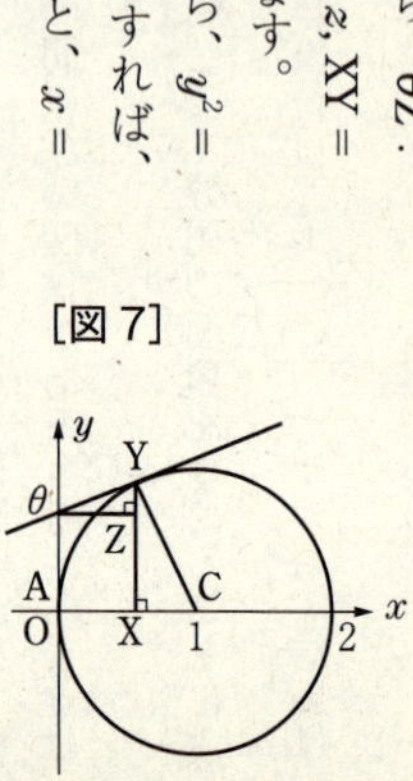


［図8］

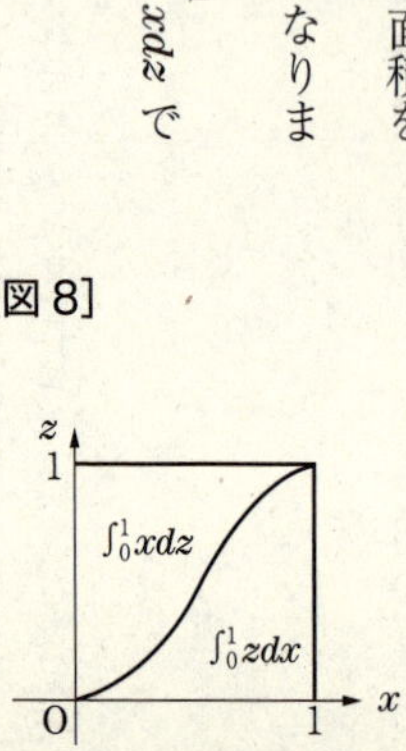

ここで、ライプニッツは1668年に出版されたメルカトルの『対数計算術』(注21)によって知り得た割算による級数展開によって、［計算5］のようにして $\int_0^1 \frac{z^2}{1+z^2}dz$ を求めることができたのです。

したがって、4分円の面積は

$$\int_0^1 ydx = 1-\frac{1}{3}+\frac{1}{5}-\frac{1}{7}+\frac{1}{9}-\frac{1}{11}+\cdots$$

と求められるのです。

この右辺の級数は、すでにグレゴリー(注22)が1671年2月の手紙の中で触れていたことから、今日では、グレゴリー・ライプニッツの級数と呼ばれています。また、半径1の4分円の面積は $\frac{\pi}{4}$ ですから、

グレゴリー

［計算5］

$$\begin{aligned}\int_0^1 \frac{z^2}{1+z^2}dz &= \int_0^1 z^2\cdot\frac{1}{1+z^2}dz \\ &= \int_0^1 z^2(1-z^2+z^4-z^6+\cdots)\,dz \\ &= \int_0^1 (z^2-z^4+z^6-z^8+\cdots)\,dz \\ &= \left[\frac{1}{3}z^3-\frac{1}{5}z^5+\frac{1}{7}z^7-\frac{1}{9}z^9+\cdots\right]_0^1 \\ &= \frac{1}{3}-\frac{1}{5}+\frac{1}{7}-\frac{1}{9}+\cdots\end{aligned}$$

$\frac{\pi}{4}=1-\frac{1}{3}+\frac{1}{5}-\frac{1}{7}+\frac{1}{9}-\frac{1}{11}+\cdots$ となりますが、これはヴィエタ、ウォリス、ニュートンに続いて史上4番目のπの級数表示と言えます。

もし変換定理を用いず、直接に円の求積を行おうとすれば、$\int_0^1 ydx=\int_0^1\sqrt{2x-x^2}\,dx$ となって、無理式の積分という困難にぶつかってしまいますが、それをライプニッツは有理化された式に変換することによって、その困難を乗り越えたわけです。いわば、一種の変数変換による置換積分が幾何学的な形態でなされたとも言えます。

ライプニッツによる円の求積の成果の背景には、パスカルの微小3角形、デカルトの幾何学、メルカトルの無限級数などがあったことがわかります。この変換定理は、さらにサイクロイドや対数曲線などにも適用されていくことになります。

１６７３年から１６７４年にかけての時期は、まさしくライプニッツが微積分法の基礎を築いた時期と言えますが、この時期、ライプニッツはまだ積分記号「∫」を持ってはいませんでした。この積分記号が登場するのは、１６７５年10月に再び逆接線問題に取り組んだ時期になります。10月29日に、ライプニッツは「求積解析第2部」[注23]という論考を書いていますが、その中で積分記号が初めて登場することになりますので、次に、この論考を見てみましょう。

### ライプニッツの「求積解析第2部」

曲線AGLが描かれた［図9］において、$BL = y$, $WL = l$, $BP = p$, $TB = t$, $AB = x$, $GW = a$, $y = omn.l$ とします。(注24)

ここでの「omn.」とは、omnes（すべての）の略記号で、カヴァリエリが使用していた「omnes lineae」（線の全体）、「omnia plana」（面の全体）を流用したものです。この［図9］に即して言えば、$BL = omn.l$ となります。

さて、$\triangle GWL \backsim \triangle LBP$ ですから、$\frac{l}{a} = \frac{p}{BL} = \frac{p}{omn.l}$ となり、$p = \frac{omn.l}{a}\,l$ が得られます。したがって、$omn.p = omn.\overline{\frac{omn.l}{a}\,l}$ となります。

ライプニッツは、この後、「ところで、別のことから私は、$omn.p = \frac{y^2}{2}$、つまり $= \frac{\overline{omn.l}\,\boxed{2}}{2}$ であることを証明した」と述べています。(注25) これを前式に代入して、

［図9］

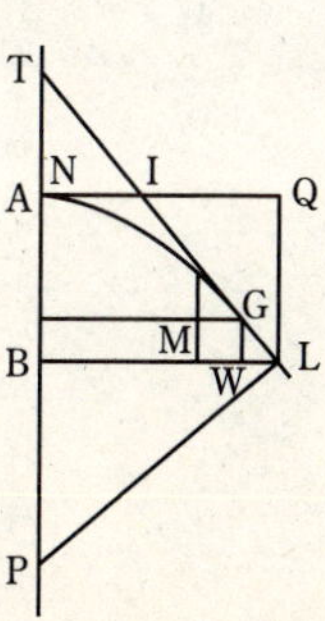

$\frac{\overline{omn.l}\,\boxed{2}}{2} = omn.\,omn.\,\overline{l}\,\frac{l}{a}$ が得られます。

ライプニッツは、「よって、1つの定理が得られるが、それは素晴らしいもので、この新しい算法は今後大いに役立つように私には思われる」と述べて、この式を示した後、さらに続けて、「これは、omn.l がその末項と掛けられ、さらに別の omn.l がその末項と掛けられ、と可能な限り続けられていくならば、それらすべての和は、一辺がそれらの $l$ の和つまり omn.l である正方形の半分に等しいであろう、ということを意味する。これは最高に美しい定理であるが、決してありふれたものではない」と自賛しているのです。

その後、ライプニッツは「omn. の代わりに $\int$ と記すと便利であろう。例えば、omn.l すなわち $l$ の和の代わりに $\int l$ と書くように」と述べているが、ここで今日の積分記号が初めて登場するのです。

積分記号を用いれば、先の定理は、$\frac{\overline{\int l}^{2}}{2} = \int\int \overline{l}\,\frac{l}{a}$ と表現されることになりますし、

さらに、この論考では、$\int x = \frac{x^2}{2}$, $\int x^2 = \frac{x^3}{3}$ なども見られます。

ライプニッツはこのような考察を整理して、「$l$と、（それの）$x$に対する関係が与えられて、$\int l$が求められている。では、逆の算法ではどうなるかというと、もし$\int l = ya$ならば、私たちは$l = \frac{ya}{d}$と置くであろう。すなわち、$\int$が次元を増すように、$d$は次元を減ずるであろう。ところで、$\int$は和を、$d$は差を意味する」と述べ、$\int$と$d$が逆の関係にあることを指摘しています。

この段階では、微分記号$d$は分母に置かれていますが、１６７５年11月11日の論考「逆接線法の諸例」では、「$dx$と$\overline{x|}\,d$とは同じであり、２つの近似する$x$の差である」と注釈がなされていて、今日の微分記号$dx$が初めて現れるのです。

## ライプニッツにおける微分と積分の統一的把握

１６８６年7月、『学術紀要』に発表されたライプニッツの論文「深奥な幾何学ならびに不可分量および無限量の解析について」（以下、「解析について」と略す）において、微分と積分が互いに逆の演算であること、すなわち微積分学の基本定理が明確に捉えられています。

ライプニッツは、すでに１６８４年10月に「分数式にも無理式にも煩わされない極大・

極小ならびに接線を求める新しい方法、またはそれらのための特殊な計算」（以下、「新しい方法」と略す）という論考を『学術紀要』に発表していましたが、そこでは、$dx$と$dy$は接線影を$t$として、$\frac{dx}{dy}=\frac{x}{t}$という関係を満たすものとして導入されていました［図10］。したがって、$\frac{x}{t}=\frac{p}{x}$から、$\frac{dx}{dy}=\frac{p}{x}$となります。

「解析について」では、「新しい方法」でのこの結果を微分等式として再確認し、さらに積分等式に変えれば、$\int pdy=\int xdx$となることを指摘しています。そして、ライプニッツは、

「接線法の中で私が提示したことから、$d,\ \frac{1}{2}xx=xdx$（注26）であることは明らかである。よって逆に、$\frac{1}{2}xx=\int xdx$（とい

［図10］

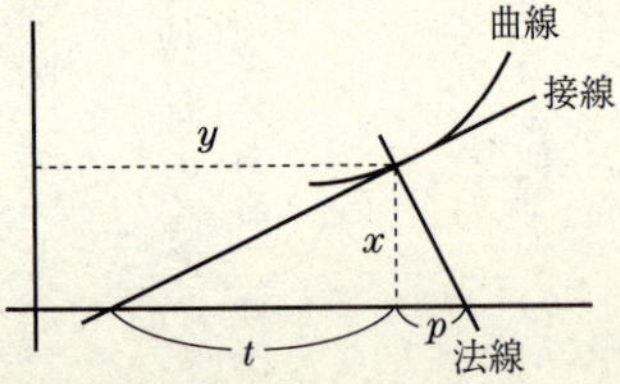

うのも、普通の計算における乗巾と開根とが逆演算であるのと同じように、積分と微分すなわち$\int$と$d$とは逆演算であるから）」と主張していますが、これは、微積分学の基本定理の直裁的な表現と言えます。

（注1）Isaac Newton（1642－1727）イギリスの数学者、物理学者。彼は生まれる3ヶ月前に父親を亡くし、3歳のとき母親も再婚で出て行ってしまったため、祖母に育てられた。司祭をしていた叔父の薦めもあって、ケンブリッジ大学のトリニティ・カレッジに進学した。デカルトやウォリスなどの著作を独学し、急速に高等数学の域に達した。そして、「驚異の諸年」と言われる1665年6月～1667年1月、ペスト流行のため休校となった大学から生家ウールスソープに帰り、いわゆる3大発見と呼ばれる「微積分法の発見」「色彩理論の発見」「万有引力の発見」をすべて成し遂げた。26歳のとき、師バローの跡を継いでルーカス教授職に就任した。後に、ロンドン造幣局長官、ロンドン王立協会会長を務めた。

（注2）Gottfried Wilhelm Leibniz（1646－1716）ドイツの数学者、哲学者。ライプツィッヒで、同大学の倫理学教授の長男として生まれた。16歳でライプツィッヒ大学に入学し、法律、哲学を学び、20歳で、後の普遍数学の芽生えが窺われる『結合術』を著した。パリ在住の後、ハノーヴァー侯爵家の法律顧問・図書館長となり、家系史の編纂《へんさん》などを手がけた。その後、ベルリン科学アカデミーを創立し、初代総裁となった。また、中国との交流のため、易と2進法の研究も行った。

（注3）Derek Thomas Whiteside（1932〜2008）ホワイトサイドは、ブリストル大学で学んだ後、1956年に大学院生としてケンブリッジ大学に入学し、数学史・科学史の研究に着手した。ニュートンの数学に関する未調査の史料を整理・編集し、全8巻から成る『ニュートン数学論文集』を、ほぼ20年かけて完成させた。この記念碑的事業によって、科学史界の最高賞であるジョージ・サートン賞を受賞した。

（注4）デカルトの『幾何学』は難解であったため、ファン・スホーテン（Frans van Schooten、1615－1660）によって、注解付きのラテン語訳が出版された。とくに第2版には豊富な注解が付された。

（注5）ウォリスの『無限算術』については、本書第Ⅲ部第6章を参照。

（注6）『ニュートン数学論文集』第1巻の107頁より。「表2」の左から3列目、上から5番目は「$-\frac{3}{128}$」となっているが、これはニュートンによる誤記で、正しくは「$-\frac{5}{128}$」である。

（注7）ニュートンは後に、王立協会書記のオルデンバーグ宛の手紙（1676年6月13日）で、さらに改良された次のような形の一般2項定理について述べている。

$$(P+PQ)^{\frac{m}{n}}=P^{\frac{m}{n}}+\frac{m}{n}AQ+\frac{m-n}{2n}BQ+\frac{m-2n}{3n}CQ+\frac{m-3n}{4n}DQ+\&c.$$

（注8）$y^2-\left(x+\frac{1}{2}a\right)^2=-\frac{1}{4}a^2$ より、この曲線は双曲線を表す。

（注9）ニュートンは無限小3角形 $erf$ と3角形 $gbe$ の相似を考えたということになる。

（注10）「流率」という用語が登場するのは、１６７０年〜１６７１年に執筆された論文「級数と流率の方法について」において。

（注11）１６６５年11月13日の論考の完成の後、１６６６年5月までの間、ニュートンは長い思索に入ったようであり、この期間に執筆されたと思われる論考は『ニュートン数学論文集』には見あたらない。

（注12）ニュートンの表記法では、$rx + xx - yy = 0$。

（注13）１６６６年という年は「驚異の年」と命名されている。この年に、ニュートンの3大発見「微積分法の発見」「万有引力の発見」「色彩理論の発見」が一気になされたからである。しかし、正確には「驚異の諸年」（１６６５年6月〜１６６７年1月）と言うべきであろう。

（注14）この10月論文は『ニュートン数学論文集』第1巻の４００頁〜４４８頁に収録されている。

（注15）命題7は、１６６５年11月13日付の論考のものの改訂版だが、内容的には同じもの。

（注16）$f_x, f_y$ は、それぞれ $x, y$ についての第1次偏導関数に相当している。

ニュートンは、

$$x^3 - axy + ayy = 0$$

を例示して、

$$\dot{\mathfrak{X}} = 3x^3 - axy$$

$$\dot{\mathfrak{X}} = - axy + 2ayy$$

と計算している（『ニュートン数学論文集』第1巻の４２２頁）。

（注17）Christiaan Huygens（１６２９－１６９５）オランダの物理学者、数学者。ハーグに生まれ、

16歳でライデン大学に入学し、ファン・スホーテンに学んだ。1665年から1681年の間はパリに、1681年からはハーグに在住した。オランダ学術協会から出版予定の『ホイヘンス論文集』は未《いま》だ完結していない。

（注18）1714年の暮れに書かれたこの論文は生前には発表されなかった。今では、この論文は『ライプニッツ数学論文集』第5巻にラテン語で収められている。

（注19）パスカルが微小3角形に対して述べていた注意については、本書第Ⅲ部第5章「パスカルの求積法」を参照。

（注20）$y(a)$、$y(b)$ はそれぞれ、HとKにおける $x$ 座標 $a$、$b$ に対する $y$ 座標を意味する。

（注21）Nicolaus Mercator（1620－1687）デンマークの数学者、天文学者。最も重要な著作は『対数計算術』（1668年）。同書の中で、双曲線の求積法を用いて、簡単な割り算で、$\dfrac{1}{1+x}$ を無限級数に展開した。

（注22）James Gregory（1638－1675）スコットランドの数学者、天文学者。アバディーンに生まれ、そこのカレッジを卒業した。後に、エディンバラ大学教授となった。

（注23）ライプニッツは1675年10月25、26日に「重心論による求積解析」という論考を書いていたため、それに続く論考という意味で「求積解析第2部」と題名を付けた。

（注24）ライプニッツは等号の記号として「⊓」を使用している。

（注25）「別のこと」とは、バローの『幾何学講義』講義11の命題1を指している。なお、ここでの $\overline{omn.l}\,\boxed{2}$ は、$(\overline{omn.l})^2$ を意味している。

（注26）この左辺は、$d\left(\dfrac{1}{2}x^2\right)$ を意味している。

# 文庫版へのあとがき

筆者は2006年1月に『はじめて読む 数学の歴史』をベレ出版から上梓《じょうし》いたしました。そのときは、編集担当の坂東一郎さんに大変お世話になりました。

幸いにして、この本の評判は良く、ネット上で「数学教育にたずさわる人や、数学のルーツをさぐってみたい人に、かなりお勧めの通史である。他に、これほどよくまとまった数学史（通史）は、現在のところ見当たらないのではないか、と思う」とか「古代の数学から微分積分までの発展を具体的に示し、数式も負担なく理解できるように丁寧に書かれてあり、文章は誤解を生じないように分かりやすく書かれている。注釈も充実している。他の本を参照することなく、本書で完結して理解が得られるのも素晴らしい。こんなに律儀にまじめに書かれている本は珍しいんではないでしょうか。大変な好著です」など、お褒《ほ》めのコメントをいただきました。

このたび、株式会社KADOKAWAから角川ソフィア文庫の1冊にしては、という大変ありがたい申し出をいただき、内容の一部を新たに書き直した改訂版として世に送り出すことができました。そして、これは筆者にとっても再考の良い機会となりました。

改訂にあたっては、ベレ出版から発行された後の新しい知見をいくつか取り入れました。たとえば、第Ⅰ部第5章「数論とその発展」で取り上げた〝完全数〟について、ベレ出版の初版本では、「2004年5月までに発見された完全数は41個」と紹介していましたが、その後もいくつか発見され、2015年9月17日には49番目の完全数が発見されました。したがって、この文庫版へのあとがきを書いている時点では49個になりました。

また、第Ⅱ部第4章「日本の数学」では、日本最古の算盤《そろばん》は文禄《ぶんろく》の役のとき、前田利家《まえだとしいえ》が肥前名護屋《ひぜんなごや》の陣中で使用したものであると紹介しましたが、それよりも少し古いと思われる算盤が2014年に発見されました。この算盤は豊臣秀吉《とよとみひでよし》に仕えた黒田官兵衛《くろだかんべえ》の家臣である久野四兵衛重勝《ひさのしへいしげかつ》が博多《はかた》の町割りに貢献したとして、秀吉から褒美《ほうび》として授かったもので「拝領算盤」と呼ばれています。

さらに、和算家の系譜図については、毛利重能《もうりしげよし》を元祖とする初期和算家のものと関孝和《せきたかかず》を元祖とする関流和算家のものの2つに分け、より詳しい系譜図に改訂しました。

江戸時代を通してベストセラーとなった和算書『塵劫記』の著者である吉田光由《よしだみつよし》の墓石について、これまでは、吉田家・角倉《すみのくら》家の菩提《ぼだい》寺である京都嵯峨《さが》・二尊院《にそんいん》にはなくて、大分県西国東郡香々地町《にしくにさきぐんかかじちょう》（もと三重村《みえむら》）大字夷字台林《おおあざえびすあざだいばやし》　四一九六番地の共同墓地にあると言い伝えられてきましたが、2012年11月22日の京都新聞は「京都吉田光由悠久会《ゆうきゆうかい》」が二尊院において、光由のものと考えられる墓石を発見したと報じました。

その後、筆者は諸資料を精査して、２０１４年9月20日には私家版『探訪・吉田光由之墓』を完成させることができました。また、２０１５年11月8日には「吉田光由記念碑建立式典」が二尊院で開催され、筆者も案内をいただき出席しました。

このように、新しい発見がなされて歴史が修正されていく様に接すると、心がわくわくと躍り、感動を覚えます。そして、躍動する歴史に心が魅了され、歴史の面白さ・楽しさに引き込まれていくものです。

数学の歴史を含めて、あらゆる文化の歴史は人間が究極の真理・真美に近づく歩みであると言えます。そして、究極の真理・真美を体現しているのが〝全能神〟だとすれば、人間の文化的営みは全能神への漸近的営みと言えます。完全数を例にとれば、新しい完全数を次々と見出《みいだ》していく数学の歴史は、すべての完全数を把握している全能神に近づく人間的営みであると言えるわけです。筆者はこのような歴史観を〝神人的《じんしんてき》歴史観〟と呼びたいと思います。

この神人的歴史観には、プラトンの〝イデア的思考〟や吉田光由の〝塵劫的《じんこう》思考〟に相通じる普遍性があることに、筆者はこの文庫版を推敲《すいこう》する過程において改めて自覚させられました。神と人とを分離する西洋的思想と、神と人とを一体化する東洋的思想という違いはありますが、洋の東西を問わず、人が神に近づこうとする様相は同一であり、それが歴史を形成するという構図では一致しています。

プラトンは自然を形成している4元素（火、土、空気、水）を正十二面体以外の4つの正多面体（正四面体、正六面体、正八面体、正二十面体）に対応させましたが、それらの構成要素は神から与えられた2種類のストイケイアでしたし、和算家の算額奉納には神への感謝の念が込められていました。

このような神人的歴史観から種々の文化の歴史を見直し、その文化の価値と意義を再考してみることは楽しい知的作業であると思います。読者の皆様には、文化史の一つである数学史を参考にして、諸分野あるいは諸事象の歴史を〝神人的歴史観〟から再考察する営みをお勧めしたいと思います。きっと、新しい知的発見に出会えることでしょう。

最後になりましたが、文庫版の刊行を勧めていただいた株式会社ＫＡＤＯＫＡＷＡと編集でお世話になりました大林哲也様に感謝申し上げます。

２０１６年７月

著　者

# 参考文献（洋書は省略し、和書だけを掲げることとした）

## 第Ⅰ部　古代の数学

『ギリシア人の数学』伊東俊太郎、講談社学術文庫、1990
『文明における数学』黒田孝郎、三省堂、1986
『数学の誕生』近藤洋逸、現代数学社、1977
『アルキメデス　方法』佐藤徹訳・解説、東海大学出版会、1990
『ギリシア数学の始原』サボー著、中村幸四郎他訳、玉川大学出版部、1978
『古代エジプトの数学』高崎昇、総合科学出版、1977
『ギリシアの科学』（世界の名著9）田村松平責任編集、中央公論社、1980
『ユークリッド原論』中村幸四郎他訳、共立出版、1971
『復刻版　ギリシア数学史』ヒース著、平田寛他訳、共立出版、1998
『科学の起原』平田寛、岩波書店、1974
『数学の黎明』村田全・佐藤勝造訳、みすず書房、1984
『ギリシャの数学』彌永昌吉他著、共立出版、1979

## 第Ⅱ部　中世の数学

『中世の数学』伊東俊太郎編、共立出版、1987
『近代科学の源流』伊東俊太郎、中央公論社、1978

『日本の数学』小倉金之助、岩波新書、1940
『中国数学史』銭宝琮編、川原秀城訳、みすず書房、1990
『インドの数学』林隆夫、中公新書、1993
『和算の誕生』平山諦、恒星社厚生閣、1993
『和算の成立』鈴木武雄、恒星社厚生閣、2004
『インド数学・天文学集』矢野道雄編、朝日出版社、1980
『中国の数学』藪内清、岩波新書、1974
『中国数学・天文学集』藪内清編、朝日出版社、1980
『中世科学論集』横山雅彦編、朝日出版社、1981

## 第Ⅲ部　近代の数学

『ガリレオ』伊東俊太郎、講談社（「人類の知的遺産」31）、1985
『近代科学の起源』荻原明男、創元社、1975
『デカルトの幾何学』河野伊三郎訳・解説、白林社、1949
『近代数学史論』近藤洋逸、白東書館、1948
『ライプニッツ著作集』第2巻（1997）、第3巻（1999）下村寅太郎他監修、工作舎
『ニュートン　流率法の変容』高橋秀裕、東京大学出版会、2003
『デカルト』所雄章、講談社（「人類の知的遺産」32）、1981
『ガリレオの生涯』（全3冊）ドレイク著、田中一郎訳、共立出版、1984－85
『ライプニッツ　普遍数学の夢』林知宏、東京大学出版会、2003

「パスカル　数学論文集」原亨吉訳（『パスカル全集Ⅰ』人文書院、1959、所収）

## 全体を通しての参考文献

『復刻版カジョリ初等数学史』小倉金之助補訳、共立出版、1997
『数学史1』（1970）『数学史2』（1971）コールマン・ユシケービッチ著、山内一次・井関清志訳、東京図書
『数学の歴史』（全5冊）ボイヤー著、加賀美鐵雄他訳、朝倉書店、1983

ヒッパルコス 159
ヒッポクラテス 99
ピュタゴラス 42
ファン・スホーテン 431
フィオル 300
フィロポノス 286
フィボナッチ 279
プェイディアス 154
フェラリ 302
フェルマー 340
フェロ 300
福田理軒 262
藤田嘉言 271
藤田貞資 271
プトレマイオス 157
プラトン 44・75
ブラフマグプタ 192
プロクロス 46
ヘシオドス 38
ペレキュデス 42
ヘロドトス 29
ヘロン 169
ヘンリー・リンド 21
ベークマン 371
ホイヘンス 444
ボエティオス 52
ホメロス 38
ボーヤイ 216
ホワイトサイド 431

【ま】
松永良弼 270
三上義夫 226
ミラー 178
村松茂清 256
メネラオス 157
メルカトル 449
メルセンヌ 380
毛利重能 251

【や】
山路主住 270
山田正重 267
ユークリッド 47・99
楊輝 236
吉田光由 260

【ら】
ラーン 306
ライプニッツ 430
ランベルト 216
李淳風 234
李冶 239
劉徽 224
ルドルフ 305
レオン 99
ロバート・レコード 305
ロバチェフスキー 216
ロベルヴァル 344

【さ】
サグレド　330
サッケリ　216
サルヴィアチ　330
沢口一之　267
シュヴァリエ・ド・メレ　338
ジャン・ビュリダン　290
朱世傑　236・240
沈括　235
シンプリキオス　136
シンプリチオ　330
甄鸞　233
スティルマン・ドレイク　314
角倉素庵　261
関孝和　267
ゼノン　85
ソクラテス　75
祖暅之　229
祖沖之　228

【た】
タービット・ベン・クッラ　218
高原吉種　256
建部賢弘　269
タルタリア　301
タレス　39
ダンテ　335
テアイテトス　88
ディオゲネス・ラエルティオス　42
ディオファントス　124
程大位　240
ディノストラトス　174
テウディオス　99
テオドシウス　157
テオン　159
デカルト　358
デデキント　110
ド・カルカヴィ　394
トマス・ブラドワーディン　290
トリチェルリ　393
トレミー　163

【な】
中西正好　256
ニコール・オレム　293
ニコマコス　121
ニコメデス　174
ニュートン　430
ネッセルマン　125

【は】
バースカラ　198
パオロ・サルピ　321
パスカル　339
パチオリ　335
パッポス　173
バロー　418
ピサのレオナルド　279
ヒッパソス　175

# 人名索引

【あ】
アーベル 304
アールヤバタ 195
会田安明 272
アキレス 85
安島直円 270
アナクシマンドロス 42
アナクシメネス 42
アポロニオス 145
荒木村英 269
アリスタルコス 152
アリストテレス 40
アル＝バッターニー 213
アル＝フワーリズミー 207
アルキメデス 132
アルキュタス 174
アルジ 380
アルハーゼン 215
アレッサンドロ・マルシリ 331
アル＝ナイリージー 215
アンドリュー・ワイルズ 126
イアンブリコス 45
磯村吉徳 275
イブヌル＝ハイタム 215
今村知商 256
ヴィエタ 306
ヴィッドマン 305
ウォリス 401
エウクレイデス 70
エウデモス 147
エウドクソス 108
榎並和澄 267
エラトステネス 154
オイラー 218
王孝通 234
オートレッド 306
オスカー・ベッカー 97

【か】
カヴァリエリ 387
ガリレオ 312・336
カルダノ 302・336
ガロア 304
キケロ 45
ギュルダン 183
グィド・ウバルド・デル・モンテ 324
クレオメデス 154
グレゴリー 449
ケプラー 383
ゲミノス 104
顧観光 236
コペルニクス 152

ミラーの立体 178
ミレトス学派 42
ミロのヴィナス 282
ムカーバラ 210
『無限算術』 402
無理量の発見 67
メソポタミア 16
メネラオスの定理 157
面積のあてはめ 147
モノコルド 54

【や】
約率 229
友愛数 217
ユークリッドの方式 57
陽馬 227
余弦定理 107
4次方程式の解法 302

【ら】
ライプニッツの変換定理 443
ラジアン 197
『リーラーヴァティー』 198
リップラ 321
立方体倍積問題 92
劉徽－祖暅之原理 230
流率法 440
『リンド・パピルス』 21
『レ・メカニケ』 317
霊魂不滅説 75
『列伝』 42

【わ】
倭冠 248
和算家の系譜図 257・258・259
和の規則 163
『割算書』 251

「微分算の歴史と起源」 445
非ユークリッド幾何学 216
ピュタゴラス学派 42
ピュタゴラス学派の徽章 60
ピュタゴラス学派の図形数 114
ピュタゴラス学派の四科 51
ピュタゴラス3角形 116
ピュタゴラス数 116
ピュタゴラス音階 58
ピュタゴラスの定理 58
比例中項定理 323
比例論 108
ピロソピア 44
フィボナッチ数列 280
フェルマーの大定理 126
フェルマーの予想 126
不可分法 388
『不可分量の幾何学』 389
プシュケー 75
不足数 123
『葡萄酒樽の新立体幾何学』 384
『ブラーフマスプタシッダーンタ』 192
ブラッチョ 330
プラトニズム 82
プラトン主義的数学観 82
プラトンの立体 87
ブラフマグプタの公式 198
振り子の等時性 329・334
『プリンキピア』 99・430
分数表 21
分析と総合 180
分析論宝典 174
分配の問題 335
平均の図示 174
平行線公準 112
平方根の近似値 26・189
「平面および立体の軌跡入門」 367
『平面板の平衡について』 141
ヘカト 22
鼈臑 227
ペリパトス学派 293
ヘレニズム 129
ヘロンの公式 169
ヘロン3角形 170
ペンタグランマ 60
法線決定法 376
放物線 146
『放物線の求積』 140
方べきの定理 106
『方法』 137
『方法序説』 358
星形5角形 60

【ま】

マートン・ルール 294
マートン学派 290
マテーマタ 50
密率 229

速度・時間比例法則 321
『測量術』 169
算盤《そろばん》 247
『孫子算経』 232

【た】
第1落下法則 328
『大なる術』 302
第2落下法則 320・325
太陽と月の大きさ 152
楕円 146
垜積術 235
単位分数 19
知恵の館 206
地球の大きさ 154
『註釈』 46
調和平均 174
通径 146
ディート 330
定義（ヒュポテセイス） 101
ディクニュミ 96
『ティマイオス』 87
『綴術』 228
『テトラビブロス』 213
デロスの問題 92
天元術 235・239
『天体論』 282
天文学における3法則 383
同次元の法則 362
特性3角形 395
取り尽し法 129
トレミーの定理 163

【な】
内碁 229
内対角定理 106
ニシュカ 201
2倍法 18
『ニュートン数学論文集』 431

【は】
『パイドン』 75
背理法 49
パスカルの3角形 241
パスカルの定理 183
ハスタ 200
『発微算法』 268
パッポス・ギュルダンの定理 183
パッポスの中線定理 182
パッポスの定理 182
パピルス草 24
パリ学派 290
パルテノン神殿 282
反角柱 178
『ビージャガニタ』 198
微小3角形 425
ピストル 340
微積分学の基本定理 418・431
非物体的運動力 289

差の規則 162
『算学啓蒙』 240
算額奉納 271
算木 239
算経十書 234
3次方程式の解法 300
算術平均 174
算盤《さんばん》 239
『算盤の書』 279
三平方の定理 58・223
『算法点竄指南録』 245
『算法統宗』 240
時間2乗法則 321
『四元玉鑑』 238
四元術 241
『自然学』 282
自然的運動 283
自然哲学者 45
『自然哲学の数学的原理』 99・430
質料 43
「4分円の正弦論」 395
ジャブル 209
自由七学科 52
修辞的代数 128・219
重心 141
十部算経 234
『竪亥録』 256
珠算 234
『シュルバスートラ』 188
準正多面体 178
小反対平均 174
省略的代数 125
『新科学対話』 330
『塵劫記』 260
『新天文学』 91
『数学集成』 173
『数学大全』 335
数学的帰納法 350
「数3角形論」 350
『数術記遺』 233
スーニャ 193
『数論』 124
『数論入門』 121
図形数 114
スタディオン 155
ストイケイア 88
『砂粒を算えるもの』 152
正角柱 178
『精神指導の規則』 359
正多面体 62・87
『世界の調和』 91
関流 267
セケドの問題 24
接弦定理 106
接線法 374・377
ゼノンの逆理 86
ゼロの発見 192
塹堵 227
線分の比喩 78
双曲線 146

カヴァリエリの原理　389
角術　270
確率論における加法定理　345
確率論における乗法定理　345
下降のモメント　318
重ね合わせの原理　47
過剰数　123
割線　380
加法定理　166
ガリレオの定理　322
慣性原理　291
完全数　119
『幾何学』　361
『幾何学講義』　418
幾何学的作図　92
幾何学的代数　106
擬角柱　178
幾何平均　174
記号的代数　128・308
『九章算術』　222
「求積解析第２部」　450
求積法　383・393
キュービット　24
『球面論』　157
強制的運動　283
極大極小法　377
ギリシア初期の証明概念　96
ギリシアの３大難問　91
靴屋のナイフ　176
グノーモーン　115
グレゴリー・ライプニッツの級数　449
『形而上学』　40
形相　43
ケト　27
ゲロシア　208
原子論　63
弦の表　159
原理からの導出　46
『原論』　46・99
合蓋　229
勾股弦の定理　223
交互差し引き法　56
交錯比　354
格子掛け算　208
公準（アイテーマタ）　101
公理（アキシオーマタ）　101
『ゴーラアディヤーヤ』　202
小数の名称　241
互除法　57
コス代数　305
コスモス　85
『国家』　78
５芒星形　60
コンコイド　174

【さ】

最上流　272
祭壇の数学　189
嵯峨本　264

# 事項索引

【英】
crd $x$ 161
De Motu 定理 317
$E$ 消去法 378
Q.E.D. 98
Q.E.F. 111

【あ】
『アールヤバティーヤ』 195
アカデメイア 82
アハの問題 22
アペイロン 86
アラビアの代数学 209
アリストテレスの運動方程式 284・286
アルキメデスの立体 178
アルゴリズム 207
アルベーロス 176
『アルマゲスト』 157
アレクサンドリア図書館 154
イオニア学派 42
石並べ算 97
遺題継承 266
イタリア学派 42
一般2項定理 431
イデア論 75
インペトゥス 289
ヴァラータカ 201
ヴィエタの公式 311
ヴェロチタ 326
ウォリスの公式 416
『宇宙の神秘』 91
『運動について』 312
エイドス 83
エラトステネスの篩 154
円周角定理 106
円周率 28・135・195・228
円錐曲線 145
『円錐曲線原論』 146
『円錐曲線論』 146・375
円積曲線 174
『円の測定』 132
円理 270
黄金長方形 282
黄金比 60
黄金分割 60
大数の名称 241
オックスフォード学派 290
音楽平均 175
音楽療法 53
オンチャ 321

【か】
『解析術入門』 306

本書は、二〇〇六年一月にベレ出版より刊行された単行本『はじめて読む　数学の歴史』を文庫化したものです。

# はじめて読《よ》む数学《すうがく》の歴史《れきし》

上垣《うえがき》 渉《わたる》

平成28年 8月25日　初版発行

発行者●郡司 聡

発行●株式会社KADOKAWA
〒102-8177　東京都千代田区富士見2-13-3
電話 0570-002-301（カスタマーサポート・ナビダイヤル）
受付時間 9:00～17:00（土日 祝日 年末年始を除く）
http://www.kadokawa.co.jp/

角川文庫 19934

印刷所●株式会社暁印刷　製本所●株式会社ビルディング・ブックセンター

表紙画●和田三造



ISBN978-4-04-400143-8　C0141

# 角川文庫発刊に際して

角川源義

第二次世界大戦の敗北は、軍事力の敗北であった以上に、私たちの若い文化力の敗退であった。私たちの文化が戦争に対して如何に無力であり、単なるあだ花に過ぎなかったかを、私たちは身を以て体験し痛感した。西洋近代文化の摂取にとって、明治以後八十年の歳月は決して短かすぎたとは言えない。にもかかわらず、近代文化の伝統を確立し、自由な批判と柔軟な良識に富む文化層として自らを形成することに私たちは失敗して来た。そしてこれは、各層への文化の普及滲透を任務とする出版人の責任でもあった。

一九四五年以来、私たちは再び振出しに戻り、第一歩から踏み出すことを余儀なくされた。これは大きな不幸ではあるが、反面、これまでの混沌・未熟・歪曲の中にあった我が国の文化に秩序と確たる基礎を齎らすためには絶好の機会でもある。角川書店は、このような祖国の文化的危機にあたり、微力をも顧みず再建の礎石たるべき抱負と決意とをもって出発したが、ここに創立以来の念願を果すべく角川文庫を発刊する。これまで刊行されたあらゆる全集叢書文庫類の長所と短所とを検討し、古今東西の不朽の典籍を、良心的編集のもとに、廉価に、そして書架にふさわしい美本として、多くのひとびとに提供しようとする。しかし私たちは徒らに百科全書的な知識のジレッタントを作ることを目的とせず、あくまで祖国の文化に秩序と再建への道を示し、この文庫を角川書店の栄ある事業として、今後永久に継続発展せしめ、学芸と教養との殿堂として大成せんことを期したい。多くの読書子の愛情ある忠言と支持とによって、この希望と抱負とを完遂せしめられんことを願う。

一九四九年五月三日

# 角川ソフィア文庫ベストセラー

## とんでもなく役に立つ数学　西成活裕

〝渋滞学〟で著名な東大教授が、高校生たちとの対話を通して数学の楽しさを紹介していく。通勤ラッシュや宇宙ゴミ、犯人さがしなど、身近なところや意外なシーンでの活躍に、数学のイメージも一新！

## 食える数学　神永正博

ICカードには乱数、ネットショッピングに因数分解、石油採掘とフーリエ解析——。様々な場面で数学は役立っている！　企業で働き数学の無力さを痛感した研究者が見出した、生活の中で活躍する数学のお話。

## 世界を読みとく数学入門　日常に隠された「数」をめぐる冒険　小島寛之

賭けに必勝する確率の使い方、酩酊した千鳥足と無理数、賢い貯金法の秘訣・平方根——。整数・分数の成り立ちから暗号理論まで、人間・社会・自然を繋ぎ合わせる「世界に隠れた数式」に迫る、極上の数学入門。

## 無限を読みとく数学入門　世界と「私」をつなぐ数の物語　小島寛之

アキレスと亀のパラドクス、投資理論と無限時間、『ドグラ・マグラ』と脳の無限、悲劇の天才数学者カントールの無限集合論——。文学・哲学・経済学・SFなど様々なジャンルを横断し、無限迷宮の旅へ誘う！

## 景気を読みとく数学入門　小島寛之

経済学の基本からデフレによる長期不況の謎、得する投資理論の極意まで。一見、難しそうに思える経済の仕組みを、数学の力ですっきり解説。数学ファンはもちろん、ビジネスマンにも役立つ最強数学入門！